高职高专机电一体化专业规划教材

高低频电子电路

李　琳　周柏青　主　编
李林会　杨正材　副主编

U0310996

清华大学出版社
北　京

内 容 简 介

全书共包括四个项目，并按完成每个项目所需的知识点进行编写。

项目 1 是直流供电电路故障排除，主要涉及半导体、PN 结特性及其具体的应用电路；项目 2 是示波器的使用与信号测量，其主要任务是正确使用示波器观察信号在传输过程中的完整特性，涉及晶体管放大电路偏置状态的设置与检查、晶体管放大组态电路的工作原理；项目 3 是集成电子器件数据手册阅读与信号合成，主要任务是在理解集成运算放大器运算电路组态、工作原理的基础上，通过查阅集成运算放大器数据技术手册，测试电路板并对可能的故障进行诊断，主要涉及运算放大器的技术参数、运算放大器基本电路构成及基本工作原理；项目 4 是遥控小车的制作与调试，主要涉及现代通信系统各个组成部件的基本电路组成及基本工作原理，包括正弦波振荡器、调制器、射频放大器、混频器及中频放大器、解调制器及功率放大器等。

本书可作为高职高专电气、机电、通信及电子类专业的教学用书，也可供相关专业的工程技术人员参考。

图书在版编目(CIP)数据

高低频电子电路/李琳，周柏青主编. —北京：清华大学出版社，2017
(高职高专机电一体化专业规划教材)
ISBN 978-7-302-46912-4

Ⅰ. ①高… Ⅱ. ①李… ②周… Ⅲ. ①高频—电子电路—高等职业教育—教材 ②低频—电子电路—高等职业教育—教材 Ⅳ. ①TN710.6

中国版本图书馆 CIP 数据核字(2017)第 067704 号

责任编辑：桑任松
装帧设计：王红强
责任校对：吴春华
责任印制：杨 艳

出版发行：清华大学出版社
　　　　　网　　　址：http://www.tup.com.cn, http://www.wqbook.com
　　　　　地　　　址：北京清华大学学研大厦 A 座　　　邮　　编：100084
　　　　　社 总 机：010-62770175　　　　　　　　　邮　　购：010-62786544
　　　　　投稿与读者服务：010-62776969, c-service@tup.tsinghua.edu.cn
　　　　　质量反馈：010-62772015, zhiliang@tup.tsinghua.edu.cn
　　　　　课件下载：http://www.tup.com.cn, 010-62791865
印 刷 者：北京富博印刷有限公司
装 订 者：北京市密云县京文制本装订厂
经　 销：全国新华书店
开　 本：185mm×260mm　　印　张：16.25　　插　页：1　　字　数：395 千字
版　 次：2017 年 6 月第 1 版　　　　　　　　印　次：2017 年 6 月第 1 次印刷
印　 数：1~1500
定　 价：39.00 元

产品编号：070921-01

前　　言

项目化的教材既不是实验或实训项目的堆积，也不是知识点的无序排列，而应该是借助项目为教学手段，实现知识的学习与应用，并引导学生在应用过程中积累经验，提高技能。本书正是以此为指导思想而编写的一本教材。

随着高职教育从规模化建设向内涵建设方向的转变，使得课程由过去较为细致的划分向相近合并，并向同类综合的方向转变，而项目化的课程设计更加快了这一转变的速度。为了适应这一转变，本书有效整合了"模拟电子技术基础"和"高频电子线路"两门课程，从知识学习与知识应用两个方面入手，借助精心设计的项目，引导学生将知识应用于问题的分析和问题的解决过程中，并通过这一过程来认知专业理论对自身技能培养的重要性。从另一方面来看，课程整合的思路也符合向中国制造 2025 方向发展与技术转型的需求。

本书的编写有以下特点。

- 针对项目进行主题学习，每个项目都有项目导引，可引导学生了解完成项目任务所需的知识，在将知识应用于项目任务解决过程的同时，理解知识置于实践的重要性，并扩展自身对专业理论知识应用的认知。

- 本书虽然简化了基本概念上烦琐的数学推导，但增强了对基本概念的物理解释和应用描述，引导学生学会用基本概念去处理复杂的电子电路或电子系统所出现的问题。

- 消除了原"模拟电子技术基础"与"高频电子线路"课程之间的清晰界线，依据项目化的编写，让学生可以从宏观角度了解模拟电子技术的应用目的和它能够解决的实际问题，提升学生的学习兴趣。

- 为适应项目化的教学过程，本书配置有较为完善的教学资源。项目任务书可以引导学生按步骤和要求完成项目任务，教师评价则可以方便教师检查学生的完成情况并给予学生相应的指导；由于本课程是专业理论技术课程，因此让学生彻底理解并能够准确描述其中基本的理论知识点是非常必要的。为此本书配置了从知识点的自我检查，到基本理论素养的实践训练及基本实践技能培养的故障诊断工作页，在方便学生自我练习的同时，也方便教师随堂或课后的任务布置。

本书由云南机电职业技术学院李琳、周柏青主编。云南机电职业技术学院的李林会副教授负责项目 1.1～主题 4.1 的编写及书中部分示图的绘制。浙江同济科技职业学院的教师周柏青负责项目 1.2～主题 4.2 的编写及书中大部分示图的绘制。李琳教授负责项目 1.3～主题 4.3 的编写、全书项目任务的讨论与设计，以及全书的统稿与审定。湖北汽车工业学院杨正材副教授负责项目 1.4～主题 4.4 的编写及项目 1.4～主题 4.4 任务的制作、验证及示范。

本书是专业理论课程项目化教学资源建设的一部分，其他教学资源，如课程课件、任务指导课件、教学设计、授课计划、微课及原理动画、资源包(含 Multisim 文件、器件技术手册、任务资料、教学视频等)可与出版社进行咨询并访问下载。

本书所有项目任务均要感谢与深圳国泰教育技术股份有限公司李全和邵磊的讨论、交流以及他们对该课程建设的技术支持。同时，还要感谢参与本书教学资源建设的大连理工大学微机电工程学院王兴博士及参与本课程建设的相关人员。

由于编者水平有限，书中不妥与不足之处在所难免，请广大读者和专家批评指正。

编　者

目　　录

项目 1　直流供电电路故障排除

项目导引

项目内容	德系紧凑式汽车发电机的直流供电系统不能向蓄电池正常充电。经检查，发电机供电系统线路与蓄电池完好，请您找到故障原因并排除故障。直流供电系统结构示意图和电路原理图分别如图 1-1 和图 1-2 所示。

1—励磁二极管；　　2—整流二极管(正组)；　　3—整流二极管(反组)负极；　　4—励磁线圈；　　5—定子线圈；
6—接触滑环；　　　7—电压调节器；　　　　　8—齿形电极转子；　　　　　　9—风扇；　　　　10—电刷；
11—二极管极板；　　12—轴承

图 1-1　德系紧凑式汽车发电机直流供电系统结构示意图

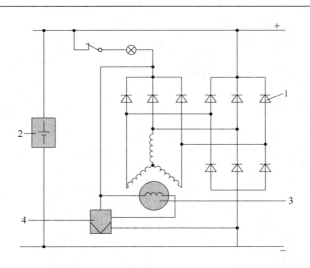

图 1-2　德系紧凑式汽车发电机直流供电系统电路原理图

项目路径	完成任务需要先期解决以下几个问题(参考问题，您还可以根据自己的实际情况，找出完成任务需要先期解决的更多问题)。 　　问题 1：在图 1-2 中，汽车发电机直流供电电路中的 1、2、3、4 都是什么器件？它们的作用是什么？ 　　问题 2：图 1-2 所示汽车发电机直流供电电路中的电流是如何流动的(如何从正极流向负极)？ 　　问题 3：图 1-2 所示的汽车发电机直流供电电路与电路基础中的电路相比，它们之间有何异同？

主题 1　模拟电子电路的基本概念

1.1　电路基础与电子技术基础的区别

电路基础是指用来分析在电路中流经各个电路元件的电流与其两端所产生电压的一套计算方法与相关理论。它主要关注的是电能安全与有效利用的方式，电路安全与正常运行的条件，在特殊情况下(如开路、短路、开关闭合及开启时)所出现的电路现象以及利用与避免的方法。电子技术则是利用半导体材料制造出某些能够用来控制电路中电流运动的电子元件(如二极管、三极管)，并用这些电子元件设计和制造出某种具有特定功能的电路(电子部件，它往往是一个完整电路中的某个中间环节)，以解决诸如电流在电路中流动时的控制、非电量的转换与传送等实际的技术应用问题。

电子技术基础可以划分成许多分类来进行研究和应用。其中最基本的一种分类是将电信号分成由连续变化量表示的模拟信号和可以用二进制表示的数字信号。

模拟信号是自然界最常见的信号，如温度、压力、流速等。这些非电的自然信息经过传感器转换成电压或电流之后，就形成了模拟信号，便可以通过由半导体器件所组成的电子电路来对这些信号进行加工和处理，使它们能够按着我们的意图进行运行和传输。能够完成这些功能的电路就被称为模拟电路。但随着计算机和其他数字设备的发展，这些模拟信号越来越多地被电子电路转换成可以用二进制表示的数字信号进行处理和传递。尽管如此，我们仍然无法越过模拟信号而直接接触到数字世界。因此，在现代电子技术中，模拟器件和模拟功能将继续发挥重要的作用。

现代电子技术基础起源于 1907 年，Lee de Forest(李·德福雷斯特，1873－1961，无线电之父，发明了真空三极管，见图 1-3)的发明。他第一次将金属网格插入真空管中并能够在一个电路中控制电流。今天，电子器件还在控制着电路中的电压和电流，但采用了固态器件(半导体器件)。

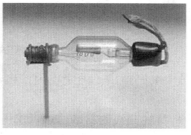

图 1-3　德弗雷斯特和他的网格三极管

1.1.1 线性电阻

在初等代数中，线性方程代表的是一条直线。在通常情况下，可写成如下形式：

$$y = kx + b$$

式中，y 是因变量；x 是自变量；k 是斜率；b 是 y 轴上的截距。

如果方程的图形经过坐标原点，y 轴上的截距是 0，此时方程可简化成如下形式：

$$y = kx$$

这与欧姆定律的形式

$$I = \frac{U}{R} \tag{1-1}$$

一样。并且由此可以看出，在欧姆定律中，电流 I 是因变量，电压 U 是自变量，斜率是电阻的倒数 $1/R$。回顾一下电路基础，简单来说，斜率 $1/R$ 就是电导 G。很显然，通过变量代换，欧姆定律的线性方程可以更为明显，就是

$$I = GU$$

线性电阻是指在欧姆定律给定形式中，电流的增加正比于所施加电压的变化。一般而言，能够反映出一个器件两个变化特性之间关系的图被称为特性曲线。对于大多数的电子元件来说，特性曲线是指一幅将电流 I 表示成电压 U 的函数的图形。例如，线性电阻的电流-电压特性曲线是如图 1-4 所示的一条直线。注意，y 轴代表电流，因为它在式(1-1)中是因变量。

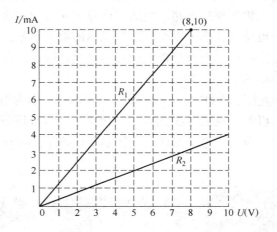

图 1-4　两个线性电阻的电流-电压特性

【**例 1-1**】　图 1-4 中画出了两个电阻的电流-电压特性曲线，R_1 的电导和电阻各是多少？

解：通过测量 R_1 特性曲线的斜率，可以求出电导 G_1，斜率就是 y 轴的变化量(记为 Δy)除以 x 轴的变化量(记为 Δx)，等于 $\frac{\Delta y}{\Delta x}$。

从图 1-4 中选择点($x = 8V$，$y = 10mA$)和原点($x = 0V$，$y = 0mA$)，可以求出斜率，因此电导是

$$G_1 = \frac{10\text{mA} - 0\text{mA}}{8\text{V} - 0\text{V}} = 1.25\text{mS}$$

对于一条直线而言，斜率是一个常数，因此可以选择直线上的任意两点来求出电导，电阻是电导的倒数，所以有

$$R_1 = \frac{1}{G_1} = \frac{1}{1.25\text{mS}} = 0.8\text{k}\Omega$$

实践练习：求出电阻 R_2 的电导和电阻。

1.1.2　非线性电阻

如前所述，线性电阻的特性曲线是一条通过坐标原点的直线。直线的斜率是常数，代表电阻器的电导，斜率的倒数表示电阻。但在电子技术基础中，基本电子元件(二极管、三极管)的电流和电压不成正比，因此，其特性曲线也就不能够用一条直线来表示。

如图 1-5 所示是基本电子元件二极管的电流-电压特性曲线(关于二极管的特性，我们将会在主题 2 中讨论)。讨论这种非线性电阻的问题，通常会借助微分的概念，即将电压的变化限制在一个微小的区域内，从而使这个区域内电流的变化基本上能够呈现为线性，从而使其与电压变化成正比。这个方法被称为非线性电阻的线性化方法。

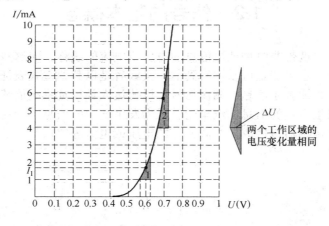

图 1-5　二极管的电流-电压特性曲线

在图 1-5 所示的两个电压变化区域内，区域内的点由这个电压变化区域内的电压中间值确定。一旦电压的变化区域及电压中间值被确定，则在其所对应的电流线性变化区域内，电流的中间值也就随之确定。因此，在这个选定区域内，由中间点的电压与其相对应电流的点的比值被称为直流电阻；而这个线性化区域内，电压变化量与其所对应的电流变化量的比值则被定义为交流电阻，表示为

$$r = \frac{\Delta U}{\Delta I} \tag{1-2}$$

从图 1-5 中可以观察到：当将电压变化限制在相同的区域内时，由于二极管工作电流-电压的非线性特性，其线性化后电流的变化区域却大不相同。这说明，对于非线性电子元器件来说，选择不同的直流电阻以及相应的电压变化区域，元器件对电流所产生的阻碍作用是不一样的。

【例 1-2】 在图 1-5 所示的电流-电压特性曲线上，区域 1 的直流电阻与交流电阻各是多少？

解： 通过测量特性曲线上区域1工作点的电流与电压值，得 $I_1 = 1.7\text{mA}$、$U_1 = 0.6\text{V}$，则可求出该工作点的直流电阻是

$$R_1 = \frac{U_1}{I_1} = \frac{0.6\text{V}}{1.7\text{mA}} \approx 0.353\text{k}\Omega \approx 353\Omega$$

测量区域1上电流的变化量，有

$$\Delta I_1 = 2.5\text{mA} - 1\text{mA} = 1.5\text{mA}$$

测量区域1上电压的变化量，有

$$\Delta U_1 = 0.62\text{V} - 0.57\text{V} = 0.05\text{V}$$

则可计算出在该工作区域内，二极管的交流电阻是

$$r_1 = \frac{\Delta U_1}{\Delta I_1} = \frac{0.05\text{V}}{1.5\text{mA}} \approx 0.03\text{k}\Omega = 30\Omega$$

实践练习： 求出图 1-5 中区域 2 的直流和交流电阻，并结合例 1-2 比较两个区域内直流电阻与交流电阻的计算结果，总结非线性电阻电路及电子电路的特点。

1.2 信号的基本概念

电信号是指任何携带非电物理量信息的电压或电流的统称。而这些非电的物理信息可能是可以被听到的，也可能是可以被看到的，又或者是以其他方式表征的信息。例如，声音信号可以传达语言或音乐信息；图像信号可以传达人类视觉系统能够接受的图像信息。再如，房间温度发生变化的信息、汽车轮胎压力发生变化的信息等。这些随时间变化的非电物理量信息借助传感器转换成随时间变化的电压或电流等电信号，然后输入到电子设备中做进一步的处理。

傅里叶(1768—1830)，法国著名数学家，他在数学上用三角级数表示了周期信号，这个级数就被称为傅里叶级数，即除了正弦波本身外，所有周期函数都是一系列正弦波的组合。

图 1-6 傅里叶和傅里叶级数

从数学描述的角度上看，这些电信号基本是时间的函数(它们代表了对自然界中非电物理量随时间变化的模拟)。在高低频电子技术中，电信号一般满足狄利克雷条件，这也就是说，进入高低频电子设备中的绝大部分电信号都可以展开成为傅里叶级数。

例如，图 1-7(a)所示的方波电压信号，可以分解成如下式所表示的傅里叶级数，即

$$u(t) = \frac{4U_s}{\pi}\left(\sin\omega_0 t + \frac{1}{3}\sin 3\omega_0 t + \frac{1}{5}\sin 5\omega_0 t + \cdots + \frac{1}{k}\sin k\omega_0 t + \cdots\right) \quad (k = 1,3,5,\cdots)$$

在傅里叶表达式中，不含正弦函数的分量被称为直流分量，含有正弦函数的分量被称

为谐波分量。方波的傅里叶表达式中没有直流分量，它由各种不同频率的谐波分量组成。其中ω_0所代表的分量叫基波分量，其他的则称为高次谐波分量。例如，在方波的傅里叶级数中，频率为$3\omega_0$的谐波分量被称为三次谐波，同理含有$5\omega_0$的谐波分量就被称为五次谐波。鉴于正弦函数所具有的单纯性，即在进行信号分析时，可以只考虑正弦函数的频率和幅值大小，因此傅里叶发明了频谱图。即纵轴(y轴)上通常以电压或者功率为单位来表示各谐波分量的幅度大小，在横轴(x轴)上，以 Hz(赫兹)为单位来表示各谐波分量所占据的频率。示例中方波信号的频谱图如图 1-7(b)所示。

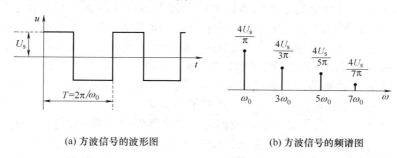

(a) 方波信号的波形图　　　　　　　　(b) 方波信号的频谱图

图 1-7　方波信号的波形与频谱

1.2.1　信号的合成

傅里叶级数理论和他的频谱图解释了电信号的组成。反过来说，任何一个非正弦周期信号也是可以用不同频率、不同幅值的正弦信号进行合成。例如，根据傅里叶分析，方波信号可以分解成若干个奇数频率的谐波分量。同样，我们也可以利用$\omega_0 = 1\text{kHz}$的基波、$\omega_0 = 3\text{kHz}$的三次谐波和$\omega_0 = 5\text{kHz}$的五次谐波等来合成如图 1-8 所示的频率为1kHz 的方波。

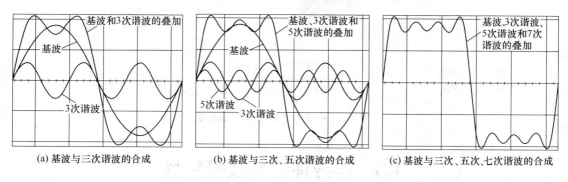

(a) 基波与三次谐波的合成　　　(b) 基波与三次、五次谐波的合成　　　(c) 基波与三次、五次、七次谐波的合成

图 1-8　奇次谐波的组成构成方波信号

1.2.2　信号的失真

在任何一个电子电路中，信号的失真都是一个不得不考虑的问题。用傅里叶级数理论来解释信号失真是比较容易理解的。由图 1-8 可以看出，用来合成方波的奇次谐波分量越多，合成的方波波形就越接近理想方波的波形。然而在信号传输过程中，由于电路本身的非线性以及对信号能量的消耗，高频率低幅值的高次谐波在很大程度上会因为能量损失过

大而无法被传送到负载端去参与信号合成，从而导致信号失真。因此，能否不失真地传递电信号的一个重要限制就是带宽(用 BW 表示)。

带宽包括信号带宽和系统带宽。

所谓信号带宽就是指某电信号所包含的最高谐波频率和最低谐波频率的差值。例如，语音信号一般可分解为300～3000Hz 之间正弦谐波分量，因此，根据信号带宽的定义，该语音信号的带宽为

$$BW = 3000Hz - 300Hz = 2700Hz$$

而系统带宽则是指一个电子系统所能允许通过的最高谐波频率与最低谐波频率的差值(也称为通带)。如前所述，一个电子系统的带宽必须足够大(宽)，才能够使其电信号所包含的各种频率的谐波分量无损通过。如上例中，要想让语音信号不失真地传送，那么传送语音信号的电子设备就必须有大于或等于2700Hz 的系统带宽。因此，衡量电子器件质量好坏的一个重要性能参数就是：被制造出来的器件在不同的工作环境中，其带宽是否能够满足所有不同频率和大小的正弦信号不失真地采集与传递。另外，电子元件非线性特性是造成信号失真的另一个来源，关于这一点，我们将在电子器件的介绍中做进一步的讨论。

综上所述，与电路基础中电路讨论的任务不同，电子电路是一个讨论如何对电信号进行处理与传送的系统。一个典型的例子就是公共广播系统，它用来传递语音信号，使人们在一个较大的范围内能接收到并听到。图 1-9 表示语音信号通过语音传感器(麦克风)获取，转换为一个电压信号，电压信号经过处理和线性放大后，最后传送到扬声器(负载)上，再由扬声器将放大的电压信号转换成语音信号。

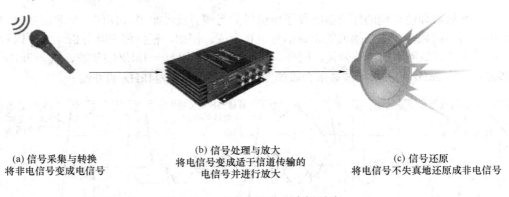

(a) 信号采集与转换
将非电信号变成电信号

(b) 信号处理与放大
将电信号变成适于信道传输的
电信号并进行放大

(c) 信号还原
将电信号不失真地还原成非电信号

图 1-9　一个基本的公共广播系统

1.3　半导体材料及其特性

物质按导电性能可分为导体、绝缘体和半导体。

物质的导电特性取决于物质的原子结构。导体一般为低价元素，如铜、铁、铝等金属，其最外层电子受原子核的束缚力很小，因而极易挣脱原子核的束缚成为自由电子。因此，在外电场的作用下，这些电子产生定向运动(称为漂移运动)形成电流，从而呈现出较好的导电特性。高价元素(如惰性气体)和高分子物质(如橡胶、塑料)最外层电子受原子核的束缚力很强，不易摆脱原子核的束缚成为自由电子，所以其导电性极差，可作为绝缘材料。而半导体材料最外层电子既不像导体那样极易摆脱原子核的束缚成为自由电子，也不

像绝缘体那样被原子核束缚得那么紧，因此，半导体的导电特性介于二者之间。

元素硅、锗以及一些其他的化合物(如砷化镓或锑化铟)都可以作为半导体材料，如表 1-1 所示。

表 1-1　半导体材料

材　料	应　用
硅(Si)	二极管、晶体管、集成电路、晶闸管、太阳能电池
锗(Ge)	高频晶体管、检波管
砷化镓(GaAs)	发光二极管、高频晶体管
砷化铟(InAs)、锑化铟(InSb)	霍尔发生器
硫化镉(CdS)	光电阻、太阳能电池
碳化硅(SiC)	热敏电阻、压敏电阻、发光二极管

1.3.1　本征半导体

纯净晶体结构的半导体称为本征半导体。其制作纯度可达到 10^{10} 个原子中仅有一个是外来原子。

在极度低温的条件下，本征半导体为非导电材料。但是在常温条件下，本征半导体因为受到热、光等能量的辐射，会产生一定的导电能力。而这种由于受外部能量辐射而产生导电的过程，就被称为本征激发。

从原子结构上看，半导体材料的原子会形成晶格结构，而且都为四价元素，即在原子结构最外层轨道上有四个价电子。每个价电子都围绕着自己的原子核和相邻的原子核旋转，从而形成了共价键，如图 1-10 所示。

在常温下，本征半导体中的价电子受到热、光的作用而产生本征激发，挣脱共价键束缚。而某些挣脱共价键束缚的价电子在做无序运动时，又会破坏另一些共价键，从而使得原子最外层的价电子离开原子核而可以在晶格内自由运动，形成能够导电的自由电子。这个过程如图 1-11 所示。这时若给本征半导体施加外加电压，那么在外部电场的作用下，自由电子便能够进行定向运动，从而形成由负极指向正极的电流，如图 1-12(a)所示。

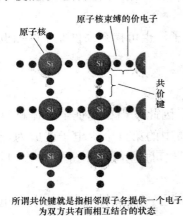

所谓共价键就是指相邻原子各提供一个电子
为双方共有而相互结合的状态

图 1-10　硅原子最外层共价键的示意图

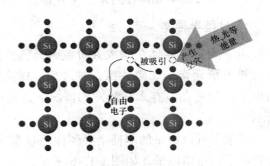

图 1-11　硅半导体中的导电电子

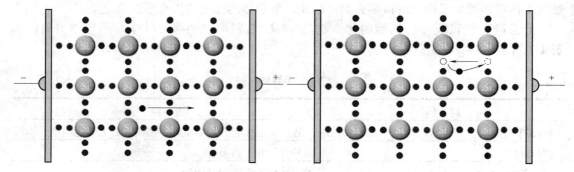

(a) 在外电压作用下硅半导体中自由电子的运动方向　　　　(b) 在外电压作用下硅半导体中空穴的运动方向

图 1-12　在外电压作用下硅半导体中电流的形成

如图 1-11 所示，在价电子变成自由电子的同时，会在其原来的共价键中留下一个称为空穴的电子空位，贡献出电子的空穴同样能传导电流。当一个空穴产生时，相邻共价键上的价电子会受到此空穴的吸引，而来填充此空穴，这样又会在这个相邻位置上再次形成一个新的空穴。空穴如此地出现与填充，便形成了空穴在晶格内的自由运动(能够导电的空穴)。这时若给本征半导体施加同样的外加电压，那么在外部电场的作用下，空穴的出现与填充便能够进行定向运动，从而形成由正极指向负极的电流，如图 1-12(b)所示。

由此可见，半导体中存在着两种载流子(能够导电的粒子)：一种是带负电的自由电子，另一种是由于失去电子而带正电的空穴。通过以上对自由电子和空穴生成情况的讨论可知：在受本征激发的本征半导体中，自由电子与空穴是同时成对产生的。其原因则在于：共价键上的价电子从外界获得能量，挣脱共价键的束缚变成了自由电子。而价电子一旦变成自由电子，那么在其原来的位置上就留下了一个空穴。

1.3.2　杂质半导体

在本征半导体材料中掺入极微量的杂质，例如把一个硼原子掺进 10^5 个硅原子中，其导电能力可提高几千倍。

对于本征半导体来说，可掺杂低价原子，如三价原子，也可掺杂高价原子，如五价原子。掺入杂质的半导体称为杂质半导体。

1. N 型半导体

由于本征半导体在构成共价键时只需要四价电子。因此，当在本征半导体材料中掺入微量五价元素，如磷、锑、砷之后，剩余的五价杂质中的第五个价电子就成为一个自由电子，即使在没有本征激发的情况下，这个自由电子也可成为导电粒子，如图 1-13(a)所示。

掺杂了五价原子的本征半导体称为 N 型半导体。在 N 型半导体材料中，参与导电的多数载流子是自由电子，如图 1-13(b)所示。

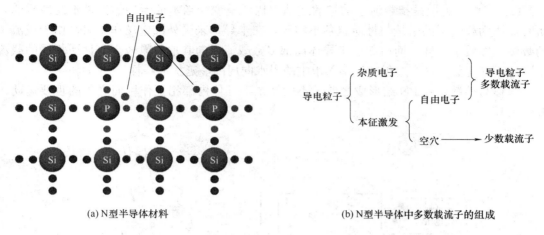

(a) N型半导体材料　　　　(b) N型半导体中多数载流子的组成

图 1-13　N 型杂质半导体

2. P 型半导体

在本征半导体中掺入微量三价元素，如硼、镓、铟之后，在构成完整的共价键时，将缺少一个电子，为了补充此电子将留下一个正极性的空穴。同理，这个留下来的空穴也将构成导电粒子，即使在没有本征激发时，这个空穴也能导电，如图 1-14(a)所示。

掺杂了三价原子的本征半导体称为 P 型半导体。在 P 型半导体材料中，参与导电的多数载流子是空穴，如图 1-14(b)所示。

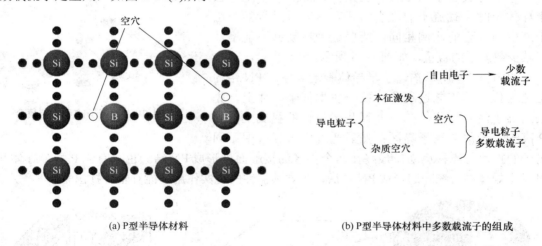

(a) P型半导体材料　　　　(b) P型半导体材料中多数载流子的组成

图 1-14　P 型杂质半导体

1.4　PN结及单向导电

在讨论 PN 结之前，先来了解一下 PN 结形成过程中的几个专业术语。

(1) 漂移：漂移是指载流子的漂移运动。也就是在给半导体施加外部电压时，作为载流子的自由电子和空穴受电场力作用而产生运动的现象。

(2) 扩散：扩散是指载流子的扩散运动。也就是说，当本征半导体掺进不同性质的杂质时，作为载流子的数量与性质也各不相同，在半导体未受外部电场作用时，由于载流子的数量、性质不一样，而引起的半导体局部多数载流子向其他数量较少而性质相同的载流子区域迁移现象。这个过程就像滴入水中的墨水向周围蔓延扩散一样。

漂移与扩散是在 PN 结形成之前，不同掺杂半导体内部相互作用而产生的重要运动，如图 1-15 所示。

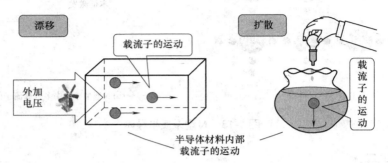

图 1-15　载流子的运动

(3) 复合：复合是指由于热、光、掺杂和外加电压的作用，使半导体内产生了载流子(自由电子和空穴)，它们产生后，也会在一定时间内相互结合而消失。这种现象称为载流子的复合。当来自外部的能量施加在半导体上时，载流子的产生与复合是同时进行的，由于产生与复合的比例相同，所以这种运动并不能增加或减少载流子的数量，如图 1-16 所示。

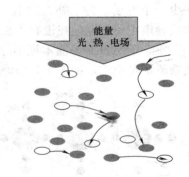

图 1-16　载流子的产生与复合

如图 1-17 所示描述了半导体制造商生产 PN 结的工艺流程。其工艺过程是：在一块本征半导体上，先采用离子注入工艺，在一个 N 型半导体的衬底上注入 P 离子，形成 P 离子界区；然后通过两个界区中不同离子的扩散与漂移运动，最终在两个界区的接触面处形成 PN 结。也只有当 P 型半导体和 N 型半导体结合在一起形成 PN 结后，半导体器件的现实作用才能真正发挥出来。

提纯、切片,制作成本征半导体(晶元)　　　　在本征半导体上先注入五价杂质,形成N型衬底　　　　在N型衬底上注入三价杂质,形成P界区,在P界区和N型衬底的接触面上形成PN结

图 1-17　PN 结生产工艺的简化流程示意图

1.4.1   PN 结的形成原理

如图 1-18 所示描述了 PN 结的形成原理。在未施加外部电压时，在 N 型半导体区域与 P 型半导体区域的接触面上，由于电子的热运动使自由电子从 N 型半导体区域向 P 型半导体区域扩散，并与 P 型半导体中的空穴复合；同样，P 型半导体区域中的空穴也向 N 型半导体区域扩散，并与 N 型半导体区域中的自由电子复合。于是在两个区域接触面的两侧，N 型半导体区域因缺少自由电子而带正电，而 P 型半导体区域则因缺少空穴而带负电，从而在半导体内部形成了一个厚度约 1μm 的、方向由 N 掺杂区指向 P 掺杂区的空间电场。这个空间电场被称为 PN 结。由于空间电场(PN 结)并不存在能够导电的载流子(自由电子和空穴)，因此这个空间电场在被称 PN 结时，也被称为耗尽层，即所有掺杂区的载流子在经过 PN 结时都会被复合(消耗)掉。

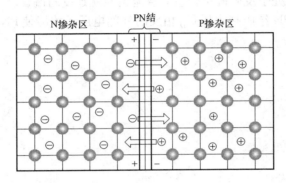

图 1-18   PN 结的形成原理

1.4.2   PN 结的单向导电性

从本质上看，PN 结是一个空间电场，因此它的作用相当于一个充电之后的电容器。如果我们用电容电压 U_D 来表示 PN 结对外施电压(外电场)的阻挡，那么在施加外部电压时，能否克服 PN 结所产生的阻挡电压 U_D 就是 PN 结能否导通的关键所在。

在电子技术中，给 PN 结施加外部固定直流电压的工作条件，被称为"偏置(Bias)"。偏置也是电子技术应用中的一个常用术语。图 1-19 所示描述了不同偏置情况下，PN 结的导电特性。

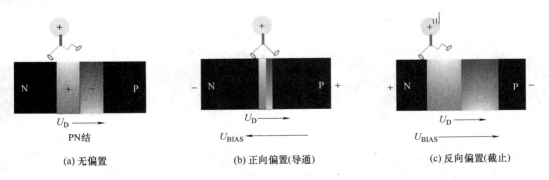

(a) 无偏置   (b) 正向偏置(导通)   (c) 反向偏置(截止)

图 1-19   PN 结的单向导电性

1. 正向偏置

如图 1-19(b)所示，当使 PN 结的 P 掺杂区连接外施直流电源的正极，而 N 掺杂区连接外施直流电源的负极时，其外施电压 U_{BIAS} 的方向就与 PN 结阻挡电压 U_D 的方向相反，内部电场被削弱(克服)，电流因此得以通过 PN 结。电流通过 PN 结的状态称为 PN 结正向导通，而能够使 PN 结处于正向导通状态的直流条件就被称为正向偏置。

2. 反向偏置

如图 1-19(c)所示，当使 PN 结的 P 掺杂区连接外施直流电源的负极，而 N 掺杂区连接外施直流电源的正极时，其外施电压 U_{BIAS} 的方向就与 PN 结阻挡电压 U_D 的方向相同，内部电场得以加强，电流因此不能通过 PN 结。电流不能通过 PN 结的状态被称为 PN 结反向截止，而能够使 PN 结处于反向截止状态的直流条件就是反向偏置。

这种只有施加与 PN 结阻挡电压 U_D 相反的外部电压，才能使 PN 结导通的特性被称为 PN 结的单向导电性。

主题 2 半导体二极管及其应用

2.1 半导体二极管的特性

一个 PN 结就构成了一只半导体二极管,因此半导体二极管的特性实质上就是 PN 结的特性,即在不施加外部电压时,二极管中就没有电流。半导体二极管的主要用处就是它能够根据偏置情况,控制电流只朝着一个方向流动。

2.1.1 半导体二极管的结构与符号

普通二极管由一个 PN 结加上金属引线和管壳构成,其封装形式(外形及外形机械尺寸)、内部结构和电路符号如图 1-20 所示。

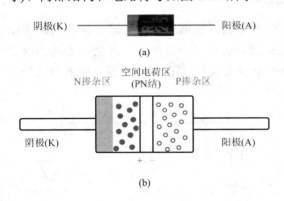

普通二极管的封装形式。有银色色环的一端是二极管的阴极(K);未标颜色的一端是阳极(A)。

普通二极管内部结构示意图。与阴极相连接的区域是 N 掺杂区,与阳极相连接的区域是 P 掺杂区。半导体二极管是由一个 PN 结构成的电子器件。

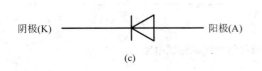

普通二极管电路符号。箭头所指方向为电流的流通方向,永远指向阴极(K)。竖线代表阻挡层,即 PN 结。当在阴极(K)上施加极性为正的外部电压时, PN 结将阻止电流通过;而当在阳极(A)上施加极性为正的外部电压时, PN 结将不能阻止电流通过。

图 1-20 整流二极管的外形、内部结构及电路符号

普通二极管除了图 1-20(a)所示的封装形式外,根据通用二极管所能通过的电流大小及允许电压的高低,还有其他一些封装形式。图 1-21 给出了几种二极管的典型封装形式和它们的极性标识。

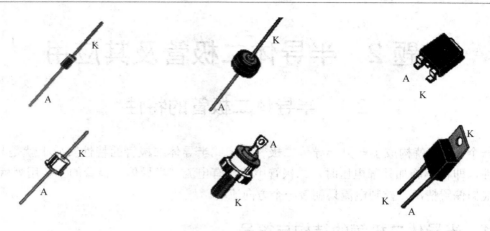

图 1-21　通用二极管的典型封装形式

2.1.2　半导体二极管的伏安特性曲线

由于二极管只有一个 PN 结，所以它的偏置条件相对简单，即当普通二极管的阳极接外施电压的正极，且外施电压值足够大，则二极管就会处于导通状态；反之，若将普通二极管的阴极接外施电压的正极，则二极管就会处于截止状态。图 1-22 是通过电流测试与电压测试来绘制二极管特性曲线的实验电路。

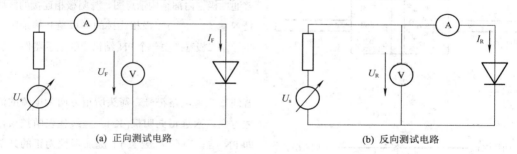

(a) 正向测试电路　　　　　　　　　　　　　　(b) 反向测试电路

图 1-22　绘制半导体二极管特性曲线的测试电路

例如，通过一个 $1k\Omega$ 的前置电阻，将型号为 MR500 的二极管测试电路接上可调电源，缓慢调节电源电压(正向测试时，其正向电压 U_F 不应超过 1V；反向测试时，其反向电压 U_R 可达到 50V)，并记录二极管两端电压和其所通过的电流值。待测试完成后，将所记录的外施电压与电流的数据用光滑的曲线连接起来，就可以绘制出二极管 MR500 的伏安特性(电流-电压特性)曲线，如图 1-23 所示。

1. 正向特性

如图 1-22(a)所示，外接电源的正极接整流二极管的阳极，而负极接整流二极管的阴极，此时二极管中的 PN 结处于正向偏置状态。

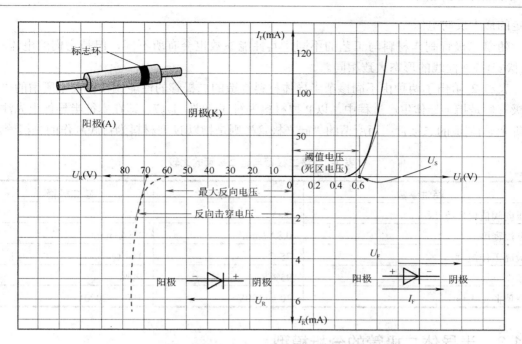

图 1-23　硅半导体二极管(MR500)的伏安特性(电流-电压特性)曲线

正向特性曲线如图 1-23 的右半平面的曲线所示。当外施的正向偏置电压小于 PN 结的阻挡电压(在二极管特性曲线中也被称为正向阈值电压或死区电压)时，没有正向电流(I_F)；只有当外施正向偏置电压接近阈值电压时，二极管中才有电流开始流动。一旦外施正向偏置电压大于阈值电压，则正向电流 I_F 将随着外施偏置电压的微增而急剧增大。这意味着 PN 结的阻挡电压被克服，二极管正向导通，整个电路连通，并形成大小为 I_F 的正向电流。

正向偏置时，流过二极管的电流在其两端所产生的电压几乎等于二极管的阈值电压，但会随着正向电流的增大而略微增加。因此，对正向偏置的二极管来说，阈值电压就是二极管正向导通时的端电压，而这个端电压也被称之为管压降。

2. 反向截止

如图 1-22(b)所示，当外接电源的正极接二极管的阴极，而负极接二极管的阳极时，二极管中的 PN 结处于反向偏置状态。反向特性曲线如图 1-23 左半平面的曲线所示。二极管反向偏置时，二极管不能导通，这相当于整个电路被断开。因此，在电路中也就不能形成电流。

3. 反向击穿

随着反向偏置电压 U_R 的提高，二极管内部载流子的漂移运动开始，电路中会有很小的反向漏电流 I_R 在流动。当反向电压超过限定的最大反向电压时，二极管内会产生较大的反向电流。如果不对这个反向电流进行限制，二极管将会被损坏。通常，二极管不会运行在反向击穿区域内，这也就是说，二极管在实际使用时，其反向偏置电压都不允许超过其规定的最大反向电压。

随着二极管制作材料与工艺的不同，其性能参数也会有所不同，但是它们的电流-电压(伏安)特性曲线的形态大致相同。

表 1-2 给出了两种由不同掺杂半导体材料制造的二极管的性能比较。表中所谓的"锗二极管"是指半导体生产过程中，以 P 型材料为衬底(见图 1-17，即在本征半导体上先注入三价杂质)制造的二极管；而所谓的"硅二极管"则是指以 N 型材料为衬底制作的二极管。

表 1-2　锗二极管与硅二极管的比较

特性参数	锗二极管	硅二极管
正向阈值电压(管压降)	0.3V	0.7V
电流密度	0.8A / mm²	1.5A / mm²
最高工作温度	75℃	150℃
效率	95%	99%
峰值截止电压	30～120V	100～2000V

2.1.3　半导体二极管的分析模型

1. 理想模型

根据二极管的伏安特性关系，最简单的方法是将二极管视为一个开关。在理想情况下，二极管正向偏置，相当于开关闭合；而二极管反向偏置，则相当于开关断开。此时，图 1-23 所示的二极管的伏安特性曲线可绘制成如图 1-24(c)所示的理想伏安特性曲线。

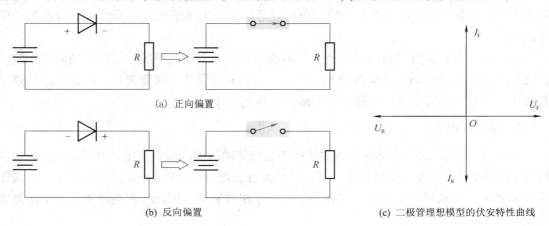

(a) 正向偏置

(b) 反向偏置

(c) 二极管理想模型的伏安特性曲线

图 1-24　等效开关的二极管理想模型

值得注意的是，在理想情况下，二极管的管压降和反向漏电流始终为零。当然，这是二极管的理想模型，这种模型忽略了 PN 结的阻挡电压、内部阻抗和其他一些因素。在大多数情况下，这种模型已经足够精确，尤其是当偏置电压是 PN 结正向阈值电压的十倍或者更高倍数时。

2. 偏移模型

二极管的偏移模型是一种比理想模型精度更高的分析模型，它主要考虑了 PN 结阻挡电压的作用。在二极管的偏移模型中，PN 结的阻挡电压等效于一个与闭合开关串联的小"电池"，如图 1-25 所示，这个小"电池"的电压值等于二极管的正向阈值电压(锗管约为 0.3V，硅管约为 0.7V，详见表 1-2)。这个等效电路只用于二极管施加正向电压时的分析，因为施加在二极管上的正向电压只有克服了这个 PN 结阻挡电压的作用，才能使二极管导通。偏移模型反向偏置时，其模型与理想模型一样，都等效为一个断开的开关。

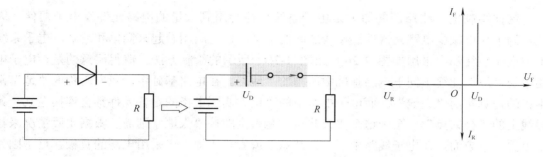

图 1-25　等效开关的二极管偏移模型

2.2　整　流　器

由于二极管只在一个方向上允许电流通过，而在另一个方向上却阻止电流通过，因此普通二极管通常用在整流电路(整流器件)中，把交流电压转换成直流电压。把交流电压源变成直流电压源，都需要有整流器，从最简单的电子系统到最复杂的电子系统，直流电源都是它们的基本组成部分。

在接下来的讨论中，我们将介绍三种基本的整流器件：半波整流器、中间抽头的全波整流器和全波桥式整流器。

2.2.1　半波整流器

整流器是一个可以把交流转换成脉动直流的电子电路。

图 1-26(a)给出了半波整流器的电路组成。在一个半波整流器中，电路由一个交流电源、一个整流二极管和一个负载串联组成。

图 1-26(b)是半波整流电路的电子线路图，与 1-26(a)的电路图相比，它简化了电源，只用一端来表示电源的一极(极性和大小)，电源的另一极因隐含接"地"而未被表示。负载端则保留了接"地"符号。

图 1-26(c)是电子线路图的另一种画法，与图 1-26(b)相比，它保留了电路中的电源，但将原来与负载相连的"地"线拆开，使电源与负载分别接"地"。

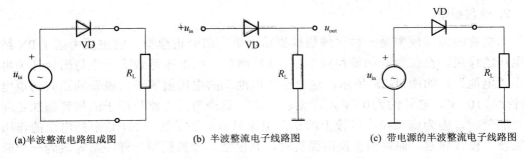

(a)半波整流电路组成图　　(b) 半波整流电子线路图　　(c) 带电源的半波整流电子线路图

图 1-26　半波整流电路图与电子线路图

　　这样绘制电子线路图的原因是电子系统往往会用到大量的电路元件及电子器件。因此，为了尽量减少电路元器件连接线之间的交叉，使电路图看起来简单和清晰，电子系统中的电路往往都会采用如图 1-26(b)或图 1-26(c)所示的绘制方法。值得注意的是，电子电路中的"地"往往不同于电路基础中所指的"地"。在电路基础中，我们所称的"地"常常指的是真实的"大地"。而电子电路中的"地"实际上指的是各元件都会连接在某一条导线上的"公共点"。至于这个"公共点"是否真的接"大地"则需要根据实际情况来具体设置。一方面，在电子线路中，"公共点"或者是"地"多采用电源的负极，这是因为所有与电源连接的器件，其最后总有一端一定与电源的负极相连接。另一方面，电子电路虽然可以绘制成图 1-26(c)的样子，但在一个电子电路或一个电子系统中"地"只有一个，这也意味着我们随时都可以用一条导线将电路图中各个标有"接地"符号的"地"连接起来。随着学习的深入，大家可以进一步熟悉并体会到这种绘制方法的优越之处。

　　图 1-27 描述了半波整流的过程。如图 1-27(a)所示，当正弦波输入电压为正时，二极管是正向偏置的，电流顺利通过并被送到负载电阻上，从而在负载两端形成了与输入电压正半周期具有相同形状的输出电压。此时，输出电压的峰值等于输入电压的峰值减去二极管的正向阈值电压(二极管的管压降，见表 1-2)，即有

$$U_{P(out)} = U_{P(in)} - 0.7V$$

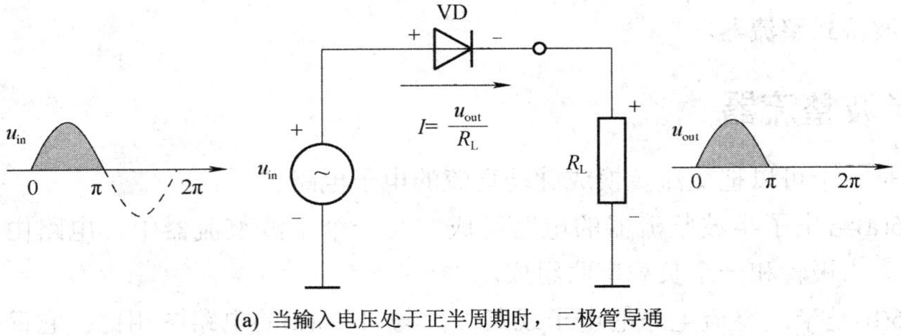

(a) 当输入电压处于正半周期时，二极管导通

图 1-27　半波整流器的工作原理

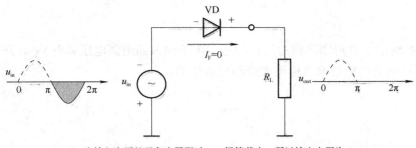

(b) 当输入电压处于负半周期时，二极管截止，所以输出电压为 0

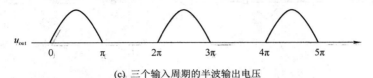

(c) 三个输入周期的半波输出电压

图 1-27　半波整流器的工作原理(续)

上面的讨论，需要注意以下两个问题。

(1) 上式中使用的是硅二极管，如果是锗二极管则应减去 0.3V，详见表 1-2。电流在负载两端产生电压，这个电压与输入电压的正半周期具有相同的形状。当正弦波输入电压进入负半周期变为负值时，二极管反向偏置。因为电路中没有电流，所以负载电阻两端的输出电压为 0，如图 1-27(b)所示。最终的结果是仅在交流输入电压的正半周期，负载电阻上有电压，使输出成为一个脉动的直流电压。需要注意的是：在负半周期时，二极管需要承受住电源的负半周峰值电压而不被损坏(反向击穿，详见二极管反向特性)。

(2) 上述分析采用了二极管的偏移模型，因此负载两端的电压为输入电压减去二极管的管压降。在二极管电路中，当所加电压的峰值远远大于二极管的正向阈值电压时，通常可以忽略二极管的管压降。

【例 1-3】　如图 1-28 所示，对于给定的输入电压，确定整流器的峰值输出电压和二极管的反向峰值电压(PIV)，并画出二极管和负载电阻端电压的波形。

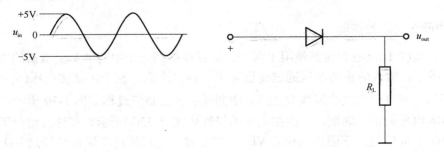

图 1-28　例 1-3 图

解： 峰值半波电压为

$$U_{\text{P+}} = 5\text{V} - 0.7\text{V} = 4.3\text{V}$$

当二极管反向偏置时，PIV 是二极管两端的最大电压，在负半周期，PIV 有最大电

压值

$$PIV = U_{P-} = 5V$$

图 1-29 给出了波形图。值得注意的是，由于输入的电源电压只有5V，所以在此我们使用了更为精确的二极管偏移模型来绘制相关波形。

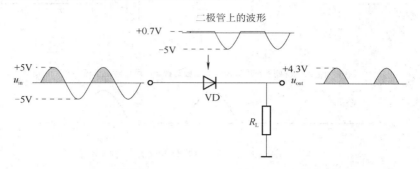

图 1-29 二极管和负载上的电压波形图

实践练习：假设交流电压的峰值是3V，确定图 1-28 中的峰值输出电压和整流器的PIV，并画出二极管和负载电阻两端电压的波形。

2.2.2 全波整流器

全波整流器和半波整流器的区别是：全波整流器在整个输入周期允许单向电流流过负载，而半波整流器只在半个周期内允许电流流过负载。全波整流后的结果是一个按照输入电压半个周期的节拍重复输出的直流电压，如图 1-30 所示。

图 1-30 全波整流器

1. 中间头全波整流器

中间抽头(CT)全波整流器使用了两个二极管连接到一个中间抽头变压器的二次侧，如图 1-31 所示。输入的正弦电压通过变压器耦合到二次侧，整个二次侧电压(u_{sec})的一半出现在中间抽头和每个二次绕组线端之间。中间抽头全波整流过程如图 1-30 所示。

在输入电压的正半周期，二次侧电压的极性如图 1-32(a)所示。在这种情况下，上面的二极管VD_1正向偏置；下面的二极管VD_2反向偏置。电流流过的路径是经过VD_1和负载电阻R_L，并在负载电阻两端形成与输入电压正半周期具有相同极性和形状的输出电压。电流路径由如图 1-32(a)中的红线标出。

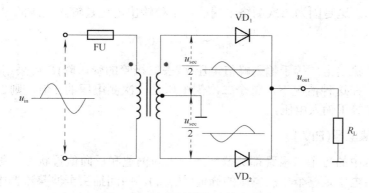

图 1-31   中间抽头全波整流电路

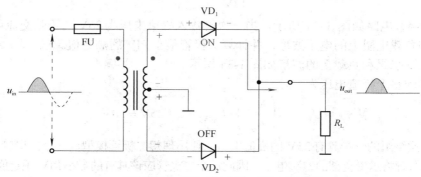

(a) 在正半周期，VD_1 正向偏置、VD_2 反向偏置

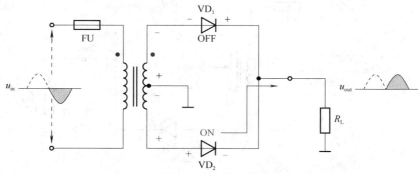

(b) 在负半周期，VD_1 反向偏置、VD_2 正向偏置

图 1-32   全波整流器的工作原理(见彩插)

在输入正弦电压负半周期，二次侧电压的极性如图 1-32(b)所示。在这种情况下，上面的二极管 VD_1 反向偏置，下面的二极管 VD_2 正向偏置。电流流过的路径是经过 VD_2 和负载电阻，在图 1-32(b)中也用红线标出。

因为在输入周期的正半周期和负半周期部分，流过负载的电流具有相同的方向，所以在负载电阻两端产生的输出电压是全波直流电压。

2. 匝数比对全波输出电压的影响

如果变压器的匝数比是 1∶1，则整流输出电压的峰值等于一次侧输入电压峰值的一半

减去二极管压降。这是因为二次侧绕组端的一半处输出电压是输入电压的二分之一，即

$$U_{\text{P(out)}} = \frac{U_{\text{P(in)}}}{2} - 0.7\text{V}$$

为了使峰值输出电压等于输入峰值电压(减去二极管的管压降)，可采用匝数比为 1 : 2 的升压变压器。在这种情况下，整个二次侧电压是一次侧电压的 2 倍，则二次侧电压一半的输出电压正好等于输入电压。

3. 反向峰值电压(PIV)

全波整流器中的每个二极管都交替地处于正向偏置和反向偏置状态。每个二极管需要承受的最大反向电压是整个二次电压的峰值($U_{\text{P(sec)}}$)。中间抽头全波整流器中每个二极管的反向峰值电压是

$$\text{PIV} = U_{\text{P(out)}}$$

【例 1-4】 电路如图 1-33 所示，当一次侧输入峰值电压为 25V 的正弦交流电时，画出二次绕组和负载电阻上的电压波形，并计算二极管最小 PIV 的额定值。

解： 二次绕组和负载上的波形如图 1-34 所示。

二次侧的整个峰值电压为

$$U_{\text{P(sec)}} = \left(\frac{N_{\text{sec}}}{N_{\text{fri}}}\right) \times U_{\text{p(in)}} = 2 \times 25\text{V} = 50\text{V}$$

每个二次绕组的一半具有 25V 的峰值电压。使用理想二极管模型，一个二极管导通，另一个截止的二极管将承受全部的二次电压。因此每个二极管应该具有的最小 PIV 额定值是 50V。

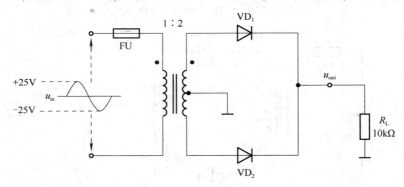

图 1-33 例 1-4 图

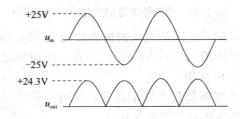

图 1-34 二次绕组和负载上的波形

实践练习： 假设交流电压的峰值是 160V，确定图 1-33 中二极管的 PIV，并画出负载

电阻两端电压的波形。

2.2.3　桥式整流器

　　桥式整流器使用四个二极管，这样使用是为了不再需要中心抽头的变压器。桥式整流器是电源中普遍使用的结构方式。四个二极管放置在一起，它们之间用导线连接成桥式结构。桥式整流器是全波整流的一种，它每次把正弦波的一半传送到负载上。

　　桥式整流电路的工作方式如下：当输入处于正半周期时，如图 1-35(a)所示，二极管 VD_1、VD_2 正向偏置并导通，VD_3、VD_4 反向偏置并截止，电流的流经路径如图 1-35(a)中的虚线所示，负载 R_L 产生电压，电压的波形与输入的正半周期波形相同。

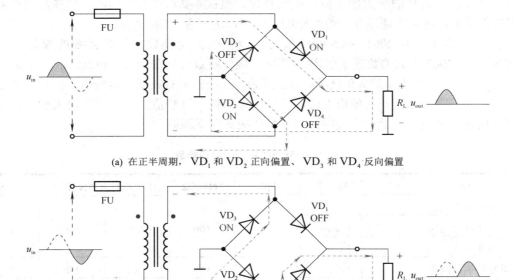

(a) 在正半周期，VD_1 和 VD_2 正向偏置、VD_3 和 VD_4 反向偏置

(b) 在负半周期，VD_1 和 VD_2 反向偏置、VD_3 和 VD_4 正向偏置

图 1-35　桥式全波整流器的工作原理

　　当输入处于负半周期时，如图 1-35(b)所示，二极管 VD_3、VD_4 正向偏置并导通，VD_1、VD_2 反向偏置并截止，电流的流经路径如图 1-35(b)中虚线所示，负载 R_L 两端又产生电压。由于流过负载电阻上的电流和正半周时相同，所以其所产生的电压与正半周时也相同。

1. 桥式全波整流器的输出电压

　　忽略二极管的管压降，整个二次电压 u_{sec} 都落在了负载电阻上，因而有

$$u_{out} = u_{sec}$$

　　如图 1-35 所示，不管是在正半周期还是在负半周期，两个二极管始终和负载电阻串联。因此，如果考虑二极管的管压降，则输出电压(假设是硅二极管)应该是二次侧电压减去1.4V，即

$$u_{out} = u_{sec} - 1.4V$$

2. 峰值反向电压(PIV)

当二极管 VD_1、 VD_2 正向偏置时，反向电压加在 VD_3、 VD_4 上。若不计管压降(理想状态)，则二极管 VD_1、 VD_2 相当于短路，反向峰值电压等于二次侧峰值电压。

$$PIV = U_{P(sec)}$$

2.2.4 半导体整流二极管的主要参数

半导体器件的制造商会对其制造的半导体器件给出一个详尽的器件信息，这个器件信息被称为数据手册(Data Sheet)，从而使器件能够合理地在具体的电子电路中应用。典型的数据手册提供了器件的最大额定值、电气特性、机械参数(封装尺寸)和各种参数的图表，利用数据手册。可以方便地在一组给定的指标下，选择合适的二极管。

表 1-3 给出了 $1N4001 \sim 1N4007$ 系列二极管的主要参数，更为详细的参数可参见 $1N4001 \sim 1N4007$ 系列的数据手册(该系列的二极管参数可以在 www.alldatasheet.com 上找到)。表 1-3 给出的值是最大值(也称极限参数)，二极管只有在低于这些值工作时，才不会被损坏。为了安全和更长的使用寿命，二极管应该低于这些值工作。通常最大额定值是指在 25℃ 时的测试值，当温度升高时这些参数值应该向下调整。

表 1-3 整流二极管的极限参数

额 定 值	符 号	1N4001	1N4002	1N4003	1N4004	单 位
峰值重复反向电压	V_{RRM}					
反向工作峰值电压	V_{RWM}	50	100	200	400	V
直流阻断电压	V_R					
不重复峰值反向电压	V_{RSM}	60	120	240	480	V
反向电压有效值	$V_{R(rms)}$	35	70	140	280	V
平均整流正向电流(单相，阻性负载60Hz， T_A=75℃	I_O	1.0				A
不重复峰值浪涌电流(浪涌用于额定负载条件)	I_{FSM}	30(for 1 cycle)				A
工作和存储结温度范围	T_1, T_{stg}	$-65 \sim +75$				℃

需要注意的是，在制造商给出的数据手册中，电压是用大写字母 V 来表示的。这与书中采用大写字母 U 来表示电压有所不同。为了兼顾电路基础及其他专业课程中电压的表示方法，本书仍然采用大写字母 U 和小写字母 u 来表示直流或交流电压，而字母 V 则会用来表示"电位"这个物理量。

表 1-3 中的一些参数解释如下。

V_{RRM} ：二极管可重复的最大反向峰值电压。注意，在这种情况下，1N4001 是 50V，1N4004 是 280V。这与 PIV (反向峰值电压)相同。

V_R ：二极管的最大反向直流电压。

V_{RSM} ：二极管不重复(一个周期)最大反向峰值电压。

I_O：60Hz 整流正向电流的最大平均值。

I_{FSM}：不重复(一个周期)的正向电流的最大峰值。图 1-36 中的曲线图是在 25℃时显示的多周期参数(参见该系列二极管的数据手册)。

表中给出的是出现一个周期的 I_{FSM}。当出现10个周期时，浪涌电流的极限值是15A，而不是30A。

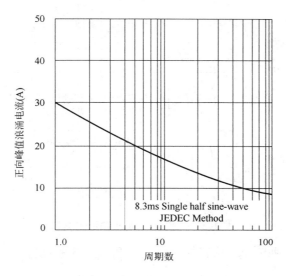

图 1-36 不重复浪涌电流能力

表 1-4 列出了1N4001～1N4007 系列中部分二极管电气特性的典型值和最大值，这些值不同于表 1-3 所示的最大额定值，它们并不是通过设计来选择的，而是二极管在指定条件下的使用结果。

表 1-4 整流二极管的电气参数

特性和条件	符 号	典 型 值	最 大 值	单 位
最大瞬时正向压降($I_F = 1A$，$T_J \approx 25℃$)	v_F	0.93	1.1	V
最大全周期平均正向压降($I_O = 1A$，$T_L \approx 75℃$，lin 引线)	$V_{F(avg)}$	—	0.8	V
最大反向电流(额定直流电压)$T_J \approx 25℃$ $T_J \approx 100℃$	I_R	0.05 1.0	10.0 50.0	μA
最大全周期平均电流($I_O = 1A$，$T_L \approx 75℃$，lin 引线)	$I_{R(avg)}$	—	30.0	μA

表 1-4 中的参数解释如下。

I_R：当二极管用直流电压反向偏置时的最大电流。

$V_{F(avg)}$：在整个周期上平均的最大正向压降(在一些数据手册中也表示为 V_F)。

$I_{R(avg)}$：一个周期上的平均最大反向电流(用交流电压反向偏置时)。

T_L：引线温度。

v_F：当正向电流为1A，在25℃时，正向偏置二极管的瞬时电压。图 1-37 给出了正向电压随正向电流变化的曲线。

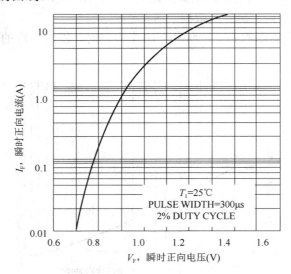

图 1-37　瞬时正向电压和正向电流

表 1-5 给出了一系列整流二极管的 I_O、I_{FSM} 和 V_{RRM} 的额定值。

表 1-5　整流二极管的 I_O、I_{FSM} 和 V_{RRM} 的额定值

封装形式	平均正向整流电流 I_O（A）				
	0.1	1.5	3.0		6.0
	DO-4	59-04	60-01	267-03	149-04
V_{RRM}（V）					
50	1N4001	1N5391	1N4719	MR500	MR750
100	1N4002	1N5392	1N4720	MR501	MR751
200	1N4003	1N5393	1N4721	MR502	MR752
400	1N4004	1N5395	1N4722	MR504	MR754
600	1N4005	1N5397	1N4723	MR506	MR756
800	1N4006	1N5398	1N4724	MR508	MR758
1000	1N4007	1N5399	1N4725	MR510	MR760
I_{FSM}	30	50	300	100	400

实践练习：从表 1-5 中选出满足下列参数要求的整流二极管：$I_O = 3A$，$I_{FSM} = 300A$，$V_{RRM} = 100V$。

2.3　二极管稳压器

2.3.1　稳压二极管

稳压二极管又称为齐纳二极管，其结构和伏安特性曲线是与整流二极管类似的硅半导体器件。与整流二极管不同之处在于其反向击穿区域的设计。稳压二极管在制造时，是通过精细地控制掺杂浓度来设置其反向击穿电压的。从 2.1.1 节的讨论中可知，当二极管反向击穿时，即使电流急剧变化，二极管两端的电压仍几乎保持恒定。而稳压二极管正是利用这一特性来实现电压稳定的。

稳压二极管的封装形式(示例)、器件符号和伏安特性曲线如图 1-38 所示。由于稳压二极管是工作在反向击穿区域的器件，所以图 1-38 中主要给出了稳压二极管的反向伏安特性曲线。

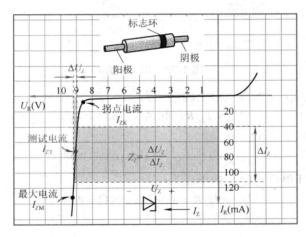

图 1-38　稳压二极管的外形(封装形式)、电路符号及伏安特性曲线

从稳压二极管的反向特性曲线中可以看到，随着反向电压 U_R 的增加，反向电流 I_R 始终非常小，直到曲线到达拐点处，并在这一点上，开始出现击穿效应。如图 1-38 所示，随着反向电流的快速增大，内部的稳压交流电阻(通常这个电阻在参数表中表示为齐纳阻抗 Z_Z)开始减小。在其工作区域内(齐纳击穿区，如图 1-38 中的阴影所示)稳压二极管击穿电压 U_Z 基本保持不变。

要使稳压二极管工作在稳压状态，稳压二极管中流过的反向电流必须高于其拐点电流 I_{ZK}。从图 1-38 中可以看到，当反向电流减小到低于拐点电流 I_{ZK} 时，电压将急剧减小，稳压功能也就失去了。同样，作为一种电路器件，稳压二极管也存在最大电流 I_{ZM}，超过这个电流值，则意味着稳压二极管会被损坏(也即稳压二极管将出现雪崩击穿现象)。因而，基本情况是，当通过稳压二极管中的反向电流在 $I_{ZK} \sim I_{ZM}$ 范围内变化时，其击穿电压 U_{ZT} 几乎保持恒定。

在数据手册中，额定击穿(齐纳)电压 U_{ZT} 是指反向电流处于稳压电流 I_{ZT} (也称为齐纳测试电流，如图 1-38 所示)时所对应的稳压二极管两端的电压值。

【**例 1-5**】 某稳压二极管工作在伏安特性曲线 $I_{ZK} \sim I_{ZM}$ 之间的线性部分，当其电流产生 2mA 的变化时，U_Z 出现了 50mV 的变动，则这个稳压二极管的齐纳阻抗是多少？

解：

$$Z_z = \frac{\Delta U_z}{\Delta I_z} = \frac{50\text{mV}}{2\text{mA}} = 25\Omega$$

实践练习： 如果稳压二极管稳压电流出现 5mA 的变化，对应的稳压电压出现了 120mV 的变化，计算齐纳阻抗。

【**例 1-6**】 图 1-39 有一个输出端稳压值为 10V 的稳压二极管，假设其齐纳阻抗为零，稳压电流范围为 4～40mA。那么在该电流范围下，其稳压范围是多少？

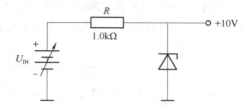

图 1-39 例 1-6 图

解： 对于最小电流，1.0kΩ 电阻上的电压为

$$U_R = I_{ZK}R = 4\text{mA} \times 1.0\text{k}\Omega = 4\text{V}$$

因为 $U_R = U_{IN} - U_Z$，所以

$$U_{IN} = U_R + U_Z = 4\text{V} + 10\text{V} = 14\text{V}$$

对于最大电流，1.0kΩ 电阻上的电压为

$$U_R = I_{ZK}R = 40\text{mA} \times 1.0\text{k}\Omega = 40\text{V}$$

所以

$$U_{IN} = U_R + U_Z = 40\text{V} + 10\text{V} = 50\text{V}$$

实践练习： 电路如图 1-39 所示，若其中电阻 R 的阻值改为 680Ω，稳压二极管电流变化范围是 2.5～35mA。试确定这个稳压二极管可以稳定的电压范围。

2.3.2 整流滤波与稳压

电源滤波大大减小了整流器输出电压的波动，形成了幅度接近恒定不变的直流电压。滤波的原因是电子电路常常需要恒定的直流电压源或直流电流源来提供电能，以便电子电路能够正常工作。

通常在整流后会用大电容器来进行滤波。为了改善滤波效果，电容器后面会紧跟着稳压器。最简单的稳压器可由单个稳压二极管构成，但如果想要得到更为平滑的直流电源，则会采用集成(IC)稳压器。

1. 电容滤波器

图 1-40 给出了一个带有电容滤波的半波整流器，我们将用半波整流器来描述电容滤波

的工作原理，然后再推广到全波整流器。

在图 1-40 所示的半波整流滤波过程中，电容器充电及放电时间的长短取决于充电及放电电路的时间常数($\tau = RC$)。当滤波电容器 C 选定后，充电时，电路由电源、二极管和电容器组成。在不计电源内阻的理想情况下，由于二极管正向偏置时的交流电阻非常小，从而使得电路的充电时间也很小，电容可以进行非常快速的充电。而电容器放电时，电路由电容器和负载电阻组成，负载电阻的大小决定了放电时间的长短。负载电阻越大，则放电时间就越长，放电的速度也就越慢。

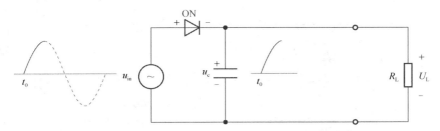

(a) 当电源正半周期开始时，电容两端并没有电压，此时二极管处于正向偏置状态，电容开始充电

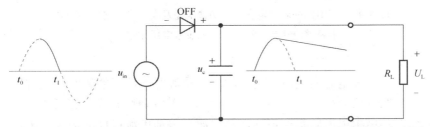

(b) 在正周期峰值电压过后，电容通过 R_L 开始放电，此时二极管处于反向偏置。放电过程占据的时间段用红色实线标出

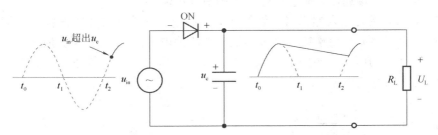

(c) 当下一个正周期到时，二极管又处于正向偏置状态，电容又开始充电，而再次达到输入电压的峰值。充电过程和持续时间段在输入电压波形中用红色实线标出。值得注意的是，在第二个充电周期内，由于电容上已经有了一定的电压，这个电压在电源电压没有超过 0.7V 时，二极管则会一直处于反向偏置状态而不能导通

图 1-40　具有电容滤波的半波整流器的工作原理(见彩插)

接下来，我们讨论两个问题。

1) 纹波电压

如图 1-40(c)所示，电容在一个周期开始时快速充电，在正向峰值以后通过负载电阻 R_L 开始慢慢放电(此时二极管反向偏置)。由于充电和放电会引起电容电压的变化，而这种变化就形成了所谓的纹波电压。纹波电压越小，滤波效果也就越好。

对于给定的输入频率，全波整流器的输出频率是半波整流器输出频率的两倍。所以当负载电阻和滤波电容器相同时，对全波整流器进行滤波的效果要优于半波整流。全波整流滤波电压的纹波也小于半波整流滤波电压的纹波。这是因为，全波整流两个峰值之间的间隔时间比半波整流两个峰值之间的间隔时间更短，因此其电容器的放电电压就少，电压纹波也越小。图 1-41 显示了半波整流和全波整流滤波的纹波电压的比较。

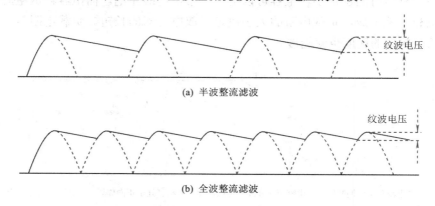

图 1-41　当电路的滤波电容器、负载电阻及电源输入电压相同时，
半波整流和全波整流滤波的纹波电压比较

2) 浪涌电流

开始滤波前，滤波电容器是没有充电的。当电源开始接通的瞬间，电容器两端的电压由于不能发生突然变化而相当于短路。这时电源电压将全部加载到整流器上，并在器件中流过较大的电流，这个电流就是所谓的浪涌电流。浪涌电流最坏的情况发生在电源电压达到峰值时，电路正好接通，这时会产生最大的浪涌电流。

浪涌电流很可能会因为超出二极管的最大正向电流而造成二极管的损坏。因此，在实际应用时通常会在整流器后连接一个限制浪涌电流的电阻器，如图 1-42 所示。为了避免在电阻器上产生过大的压降，电阻器的取值必须要小。同样，二极管也必须具有能够承受瞬间浪涌电流的正向额定电流。

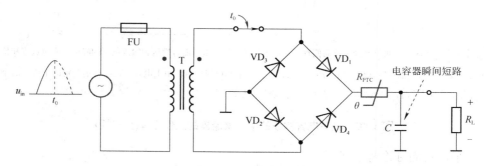

图 1-42　电容滤波中加入限流电阻

电路说明：热敏电阻广泛应用在需要测试温度的电路或系统中，其电路符号如图 1-42 中红色标识的元件所示。在整流电路中，通常用 PTC(正温度系数)热敏电阻来控制浪涌电流。热敏电阻是阻值随温度急剧变化并且可以预知变化值的电阻器件。

在本例中，用来限制浪涌电流的热敏电阻具有从 $0.2 \sim 200\Omega$ 的初始阻值。初始阻值的多少取决于电路或系统要求。在没有浪涌电流出现时，热敏电阻处于冷态，其电阻就是其初始阻值。当设定电流流过热敏电阻时，由于阻值较小，其两端所产生的压降不会对负载产生较大影响；而当出现浪涌电流时，过大的电流加热了热敏电阻，使得热敏电阻阻值增加，从而限制了浪涌电流对电路的冲击。

2. IC(集成)稳压器

全波整流滤波虽然将电源的纹波电压降到了很小，但如果想进一步减小纹波电压，最有效的方法是将电容滤波器与稳压器结合起来使用。利用集成稳压器在使负载两端电压保持恒定的同时，也可使纹波电压减小到可以忽略的水平。图 1-43 所示是采用稳压二极管进行稳压的电路。

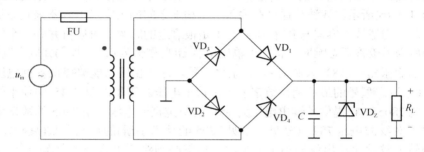

图 1-43   用稳压二极管构成的滤波稳压电路

但在实际应用中，由于 IC(集成电路)是在一个小的硅芯片上构建完整功能的电路器件，其价格便宜且性能优于单独使用的稳压二极管。因此，用大电容和一个 IC 稳压器组合而成的滤波稳压电路应用十分广泛，并且有助于产生一个较为理想的直流电源。

最流行的 IC 稳压器具有三个子端(引脚)，它们分别是输入端、输出端和参考端(或调节端)，因而也称为三端稳压器。电容器首先对稳压器的输入进行滤波，使纹波减小到10%以下，然后稳压器再进一步将纹波减小到可以忽略的水平。此外，大多数稳压器具有内部参考电压、短路保护和热切断电路。它们可以用在各种正、负极性输出的电压中。典型的IC 稳压器可以提供具有很强纹波抵制能力的一至数安培电流的输出。负载电流超过 5A 的IC 稳压器也有应用。

部分典型封装形式及集成稳压器的电路符号如图 1-44 所示。

(a) 稳压器的封装形式

图 1-44   7800 系列集成(三端)固定正电压稳压器

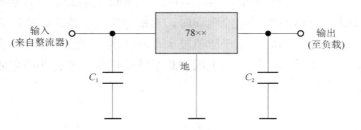

型号	输出电压
7805	+5.0V
7806	+6.0V
7808	+8.0V
7809	+9.0V
7812	+12.0V
7815	+15.0V
7818	+18.0V
7824	+24.0V

(b) 集成(三端)稳压器电路符号、标准配置以及 7800 系列稳压范围

图 1-44　7800 系列集成(三端)固定正电压稳压器(续)

为了稳定输出电压而设计的三端稳压器只需要连接外部电容器就可以完成对电源的稳压调整，如图 1-44(b)所示。滤波是通过在输入电压和地之间的大容量电容器来完成的。有时，为了防止振荡，当滤波电容器与 IC 稳压器并不是很靠近的时候，可以再并联一个较小的输入电容器。最后为了改善暂态响应，将一个输出电容器(典型值为 0.1～1μF)并联在其输出端。

固定三端稳压器有 78×× 和 79×× 系列两种。这些稳压器能够提供各种电压并提供达到 1A 的负载电流。型号的最后两位数字表示了输出电压。例如，图 1-45 中使用的三端固定稳压器型号为 7805。它提供了输出电压为 +5V 的恒定直流电压。由 7805 的数据手册可知，该器件提供了对纹波电压 78dB(分贝，参见 7805 的技术手册)的抑制参数(衰减)，为了能够清楚地知道输入纹波比输出纹波小了多少，我们就必须对分贝这个概念作一个了解。

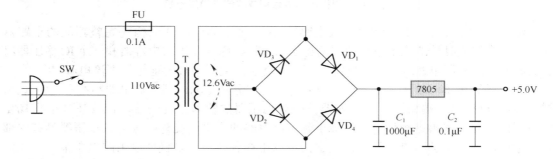

图 1-45　基本 +5V 的直流电源电路

3. 分贝(dB)

分贝(decibel ， dB)是以美国发明家亚历山大·格雷厄姆·贝尔(图 1-46)命名的。他因发明了电话而闻名于世。因为贝尔的单位太大，而不能充分描述人们对声音的感觉，因此就在贝尔前面加了"分"字，代表十分之一的贝尔。

在早期电话通信系统的开发过程中，工程师们就用分贝对电子通信系统的输入与输出功率进行比较。因此，分贝功率就定义为两个相互比较的功率对数的 10 倍，即

$$dB = 10 \times \log\left(\frac{P_{\text{out}}}{P_{\text{in}}}\right)$$

图 1-46　贝尔(1847—1922)

由于电功率又可以表示为 $P = U^2 / R$，所以分贝功率又可以写成

$$dB = 10 \times \log\left(\frac{U_{out}^2 / R_{out}}{U_{in}^2 / R_{in}}\right)$$

如果电阻相等，则有

$$dB = 10 \times \log\left(\frac{U_{out}^2}{U_{in}^2}\right) = 10 \times \log\left(\frac{U_{out}}{U_{in}}\right)^2$$

因为对数有如下特性，即

$$\log x^2 = 2\log x$$

因此，分贝电压比可以表示为

$$dB = 20\log\left(\frac{U_{out}}{U_{in}}\right) \tag{1-3}$$

回到本例，从数据手册中查得，三端稳压器 7805 纹波电压的抑制参数是 78dB 的衰减，那么其典型的输出纹波电压则可通过分贝电压比的概念计算出来。

因为三端稳压器 7805 纹波电压的抑制参数是 78dB 的衰减，所以它是负值，那么由式(1-3)有

$$-78dB = 20\log\left(\frac{U_{out}}{U_{in}}\right)$$

两边除以 20，有

$$-3.9dB = \log\left(\frac{U_{out}}{U_{in}}\right)$$

消除对数，得到

$$10^{-3.9} = \frac{U_{out}}{U_{in}} \quad \Rightarrow \quad U_{out} = 0.00013U_{in}$$

这个结果说明，经过三端稳压器稳压后，输出直流电压的纹波大约只有滤波后输入纹波电压的 0.013%。这个结果表明，经过三端稳压后，负载得到的电压基本可以看成是电压恒定不变的理想直流电压源。

实践练习：假设 MC7812 的输入纹波是 100V。从该器件的数据手册中可知，其典型的纹波抑制是 60dB。试确定该三端稳压器输出纹波的大小。

4. 百分比调整率

百分比调整率是用百分比的数值来描述稳压器性能好坏的参数。百分比调整率可以用输入(线路)调整率或负载调整率来表示。线路调整率规定为给定的输入电压变化引起多少输出电压变化。它通常定义为输出电压变化和相应输入电压变化的百分比。

$$线路调整率 = \left(\frac{\Delta U_{OUT}}{\Delta U_{IN}}\right) \times 100\% \tag{1-4}$$

负载调整率规定为负载电流在一定范围内变化时，输出电压的变化有多大。负载电流变化的范围通常从最小电流(空载，NL)到最大电流(满载，FL)。它通常表示成百分比，一般可用下面的公式进行计算

$$负载调整率 = \left(\frac{U_{NL} - U_{FL}}{U_{FL}} \right) \times 100\% \qquad (1\text{-}5)$$

式中，U_{NL} 是空载时的输出电压；U_{FL} 是满载(最大负载)时的输出电压。

【例 1-7】 假设有一个型号为MC7805B的稳压器在空载时的输出电压为5.185V，满载时的输出电压为5.152V，表示成百分比的负载调整率为多少？这是否在制造商的指标之内？

解： 由式(1-5)可得

$$负载调整率 = \left(\frac{U_{NL} - U_{FL}}{U_{FL}} \right) \times 100\% = \left(\frac{5.185V - 5.152V}{5.152V} \right) \times 100\% \approx 0.64\%$$

MC7805B的参数表(详见数据手册)指明了其最大输出电压变化是100mV(负载电流从5mA变化到1.0A)，这表明了最大负载调整率为2%(典型值0.4%)，因此算得的百分比调整率处于指标之内。

实践练习： 假设某稳压器空载时的输出电压为24.8V，满载时的输出电压为23.9V，则用百分比表示的负载调整率为多少？

2.4 二极管限幅器和钳位器

限幅电路又称为限幅器或削波器，它用来对信号电压高于或低于某值的部分进行限幅；钳位电路也称为钳位器，它用来将直流电压还原成电信号。这两种器件一般用于信号整形或信号频率测量电路中，它们利用PN结的偏置条件和非线性特性，来达到限制信号幅度或平移信号(提升信号的抗干扰能力)的目的。

2.4.1 二极管限幅器

图 1-47 给出了被称为限幅器或削波器的二极管电路，它用来限制或削掉输入信号的正半周期的部分信号。

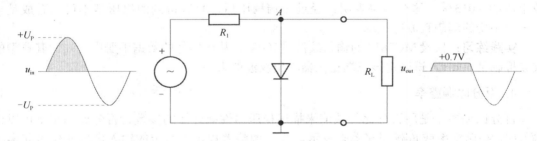

图 1-47　正半周期的限幅器：二极管正半周期导通

如图 1-47 所示，当输入信号变为正半周期时，二极管正向偏置。因为阴极接地(电位为0V)，所以阳极电位(A点电位)就不会超过0.7V(这里假设为硅二极管)。因此，当输入的信号电压超过0.7V时，A点的值就被钳制在 +0.7V。

当输入信号变为负半周期时，由于输入信号在A点产生的电位低于二极管阴极电位，所以二极管处于反向偏置状态，即此时二极管可视为开路。这样电路就由信号源、电阻 R_1 和负载电阻 R_L 组成，则负载上所获得的电压将由 R_1 和 R_L 的分压大小决定，即

$$u_{out} = \left(\frac{R_L}{R_1 + R_L} \right) \times u_{in}$$

如果 R_1 远小于 R_L ，则 $u_{out} \approx u_{in}$ ，其输出波形如图 1-47 所示。

把二极管反转，图 1-48 给出了负半周期限幅的电路。与正半周期限幅类似，由于二极管的阳极接地(电位为 $0V$)。因此，当输入为负半周期时，二极管正向偏置，A 点处的电压被恒定在 $-0.7V$ ，即二极管的管压降。当输入大于 $-0.7V$ 时，二极管不再正向偏置，负载 R_L 上的电压与输入电压成正比。

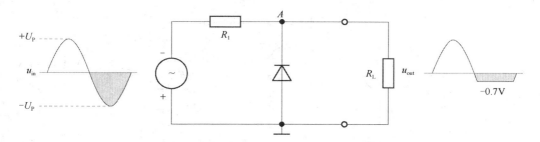

图 1-48　负半周期的限幅器：二极管负半周期导通

【例 1-8】　如图 1-49 将二极管限幅器连接到示波器上，请描述示波器上的输出波形。

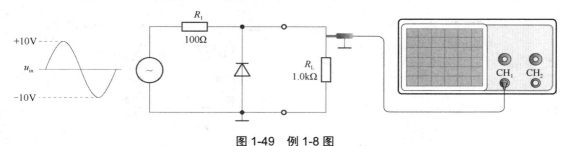

图 1-49　例 1-8 图

解： 当输入电压低于 $-0.7V$ 时，二极管正向偏置并导通。所以，该负限幅器在 R_L 两端产生的峰值输出电压可以由下式计算得到

$$U_{P(out)} = \left(\frac{R_L}{R_1 + R_L} \right) \times U_{P(in)} = \frac{1.0k\Omega}{1.1k\Omega} \times 10V \approx 9.1V$$

因此示波器上的波形如图 1-50 所示。

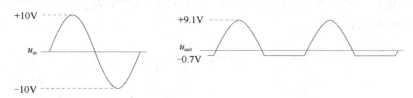

图 1-50　示波器上的波形

实践练习： 电路如图 1-49 所示，若将负载电阻 R_L 的阻值变为 680Ω ，试描述示波器上的输出波形。

2.4.2　限幅电压的调节器

为了对限幅电压进行调节，可以将一个可调的偏置电压与二极管串联，从而获得所需的限幅电压，如图 1-51 所示。

此时二极管能否导通的条件是输入信号在 A 点的电位是否大于偏置电压 U_{BB} 在 B 点形成的电位，若有电位 $V_A - V_B \geqslant 0.7\text{V}$（硅二极管），则二极管处于正向偏置并导通，负载上获得的电压将被限制在 $U_{BB} + 0.7\text{V}$。调节 U_{BB} 的大小就可以改变限幅电压的大小。

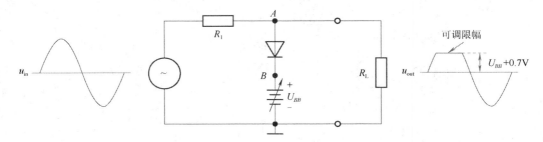

图 1-51　限幅值可调的正限幅器

【例 1-9】　图 1-52 给出了正偏置和负偏置组合的限幅器电路，试确定其输出波形。

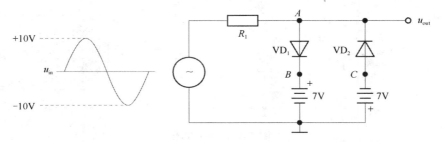

图 1-52　例 1-9 图

解：当 A 点电位超过 B 点电位 $+0.7\text{V}$ 时，二极管 VD_1 导通，但在此时及此后情况下二极管 VD_2 截止。VD_1 导通后将电压限制在 $7\text{V} + 0.7\text{V} = 7.7\text{V}$ 处。这种情况将维持到输入信号开始下降，并使 A 点电位降至比 C 点电位低 -0.7V 时。

当 A 点电位比 C 点电位低 -0.7V 时，二极管 VD_1 截止，但在此时及此后情况下，二极管 VD_2 导通。VD_2 导通后将电压限制在 $-7\text{V} + (-0.7\text{V}) = -7.7\text{V}$ 处。

输出波形如图 1-53 所示。

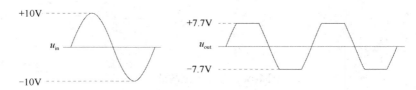

图 1-53　例 1-9 电路的输出波形

实践练习：电路如图 1-52 所示，输入信号的峰值电压不变，偏置电压分别为 $+5\text{V}$ 和 -5V，试绘制电路的输出波形。

2.4.3　二极管钳位器

二极管钳位器在交流信号上加了一个直流电平，它有时也称被为直流分量还原器。如图 1-54 所示的是一个二极管钳位器，它在输出波形中插入了一个正的直流电平。为了理解这种电路的工作原理，我们首先要考虑输入电压的负半周期。

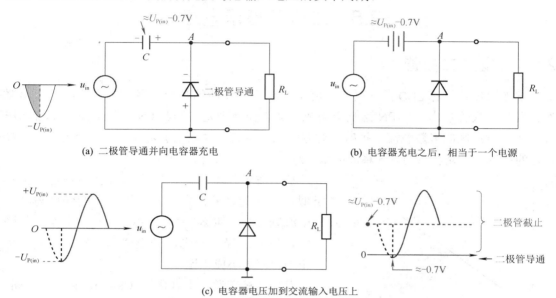

(a) 二极管导通并向电容器充电　　　　(b) 电容器充电之后，相当于一个电源

(c) 电容器电压加到交流输入电压上

图 1-54　正钳位，二极管允许电容器快速充电；电容器只能通过 R_L 放电

当输入开始为负时，二极管正向偏置，允许电容器充电到接近输入峰值 $U_{P(in)} - 0.7V$ (硅二极管)，如图 1-54(a)所示。一旦越过了负峰值，二极管就变成反向偏置，这是因为电容器通过充电将二极管的阴极维持在 $U_{P(in)}$。

当二极管截止后，电容器两端的电压本质上就与输入信号源之间构成了一个串联关系，即电容器上的电压将被叠加到交流输入电压上，如图 1-54(b)所示。在理想情况下，电容器不能放电。因此，电容器两端的直流电压就会通过这种叠加方式被加到负载交流输出上，从而在输出端的负载上产生一个与输入信号波形相同，但进行了直流平移的输出信号，如图 1-54(c)所示。

【例 1-10】　在如图 1-55 所示的钳位电路中，负载 R_L 两端的输出电压会发生怎样的变化？

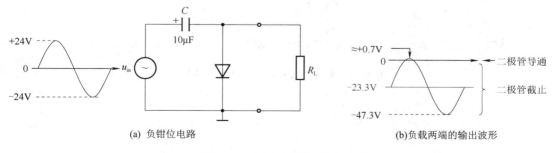

(a) 负钳位电路　　　　　　　(b)负载两端的输出波形

图 1-55　例 1-10 图及输出波形

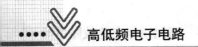

解：如图 1-55(a)所示，理想情况下，电容充电后的电流电压值 U_{DC} 等于输入峰值减去二极管的管压降(硅二极管)，有

$$U_{DC} = -(U_{P(in)} - 0.7V) = -(24V - 0.7V) = -23.3V$$

所以负载 R_L 两端的输出电压如图 1-55(b)所示。

2.5 二极管指示电路

2.5.1 发光二极管

发光二极管简称 LED，它是一种将电能转换为光能的半导体器件，主要用作指示器件。发光二极管也由一个 PN 结制造而成。其工作原理是：当其 PN 结加上正向偏置电压时，P 区和 N 区的多数载流子扩散至对方区域，与其少数载流子复合。在复合过程中，被复合的载流子以光和热的方式释放能量，从而使二极管发出可见光。

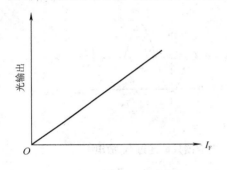

图 1-56 光输出与正向电流的关系

从伏安特性上来说，发光二极管与普通二极管类似。但除此之外，发光二极管发光的强度与其正向电流成正比。如图 1-56 所示，当正向电流 I_F 足够大时，发光二极管发光，转换成光的输出功率直接与正向电流大小成正比。

发光二极管通常由砷化镓(GaAs)、磷化镓(GaP)和砷化镓磷(GaAsP)等半导体材料制成。其中并没有硅或锗，这是因为硅或锗是会发热的材料，会影响发光性能。砷化镓可以释放不可见的红外光，砷化镓磷要么释放红色光要么释放黄色光，磷化镓可释放红色光或绿色光，释放蓝色光的发光二极管也是有的。典型的发光二极管的外形及电路符号如图 1-57 所示。

(a) 用于指示的小型发光二极管

(b) 用于照明的发光二极管

(c) 发光二极管的电路符号

图 1-57 发光二极管的外形及电路符号

2.5.2　发光二极管电路

图 1-58　七段显示器

标准的发光二极管用于各种各样的仪器指示灯和读出数据显示。从消费类电子产品到科学仪器，使用发光二极管的一类最常见的器件是七段显示器，如图 1-58 所示。除此之外，在许多应用中，如交通红绿灯、汽车照明、室内和室外广告与信息招牌、家居照明灯等，都需要发光二极管产生出比标准发光二极管大得多的光。目前，一些高强度的发光二极管也广泛地应用于汽车尾灯的照明。随着技术的不断发展与完善，作为一种节能性发光器件，发光二极管将会有更为广阔的应用领域。

图 1-59 是一个带工作指示的二极管整流电路，它可以指示整流电路的正常工作状态。当电源接通并开始工作时，发光二极管正向导通并发光，指示工作正在进行。在此电路中，假设整流输出电压是 +5V，若采用标准的发光二极管作为指示器件，则其允许通过的最大电流是 10mA (可参见标准发光二极管的数据手册)。为了保护发光二极管，需要选择一个合适的限流电阻，来限制流过发光二极管的电流。本例中，在已知上述条件下，限流电阻的大小应为

$$R = \frac{5V}{10mA} = 0.5k\Omega$$

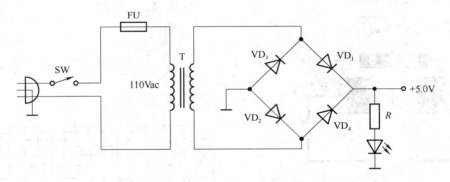

图 1-59　带工作指示的二极管整流电路

2.6　特殊二极管

2.6.1　变容二极管

PN 结又称为结电容，因为其电压会随着反向偏置电压的大小而变化，因此变容二极管又称为可变电容器。可变电容器是专门为了利用可变结电容特性而设计的二极管，可以通过改变其反向电压来改变电容。这些器件主要用于通信系统中的电子调谐电路。

可变电容器本质上是一个反向偏置的 PN 结，利用了 PN 结内电场(耗尽层)的固有特性。由于反向偏置时耗尽层不导电，所以它充当了电容器中的电介质。又因为 PN 结的 P 区和 N 区是导电的，因此它们又充当了电容器的两个极板，如图 1-60(a)所示。

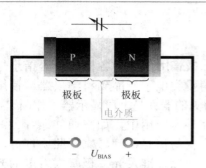

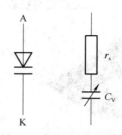

(a) 反向偏置时变容二极管用作可变电容   (b) 变容二极管的电路符号和等效电路

图 1-60　变容二极管的工作原理及电路符号

图 1-60(b)给出了变容二极管的等效电路图。这个电路图是经过简化的，其中，内部反向串联电阻记为 r_s，可变电容标记为 C_V。

回想一下，电容器的容量(电容)是由极板面积(A)、介电常数(ε)和电解质厚度(d)决定的，公式如下

$$C = \frac{A \times \varepsilon}{d}$$

当反向偏置电压增加时，耗尽层变宽，相当于增加了电解质的厚度，所以减小了变容二极管的电容。当反向偏置电压减小时，耗尽层变窄，相当于增大了变容二极管的电容。图 1-61 反映了这种作用。

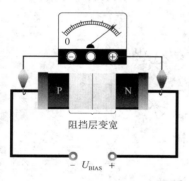

(a) 反向偏置越大，电容越小

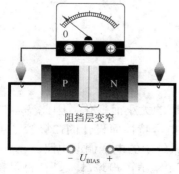

(b) 反向偏置越小，电容越大

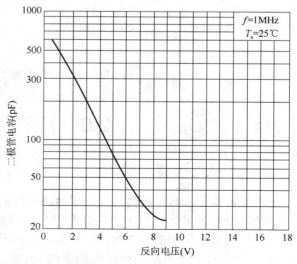

(c) 某型号(1SV100)二极管电容与反向电压的关系曲线

图 1-61　变容二极管电容量随反向偏置电压变化

变容二极管主要应用于通信系统中的"调谐电路"。在电视机的电子调谐器中或其他一些商用接收机中，变容二极管都是重要的元件。

在如图 1-62(a)所示的调谐电路中，变容二极管作为可变电容器在一个并联谐振电路中提供了总的可变电容。U_C 是可变直流电源，用来控制变容二极管的反向偏置电压。而这就相当于控制了变容二极管的电容量。

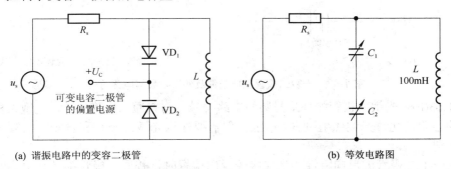

(a) 谐振电路中的变容二极管　　　　　　　　　　(b) 等效电路图

图 1-62　某调谐电路及其等效电路

【例 1-11】某变容二极管的电容可以从 5pF 变到 50pF。若变容二极管所应用的调谐电路如图 1-62(a)所示，当 $L=100\text{mH}$ 时，该调谐电路能够获得多大的调谐范围？

解：调谐电路的等效电路如图 1-62(b)所示，由该电路可知，变容二极管的可变电容是串联的，因此，其总电容的计算公式为

$$C_\text{T} = \frac{C_1 \times C_2}{C_1 + C_2}$$

因为本例是需要确定调谐器的频率范围。因此，当取最小电容时，则总电容量为

$$C_\text{T} = \frac{C_1 \times C_2}{C_1 + C_2} = \frac{5\mu\text{F} \times 5\mu\text{F}}{5\mu\text{F} + 5\mu\text{F}} = 2.5\mu\text{F}$$

此时能够获得的最大调谐频率是(回顾电路基础，关于谐振电路中的谐振频率公式。这个公式非常重要，我们在后面的学习过程中还会用到)

$$f_\text{max} = \frac{1}{2\pi\sqrt{LC}} = \frac{1}{2\pi\sqrt{100\text{mH} \times 2.2\mu\text{F}}} \approx 1\text{MHz}$$

同理，当取最大电容时，则总电容量为

$$C_\text{T} = \frac{C_1 \times C_2}{C_1 + C_2} = \frac{50\mu\text{F} \times 50\mu\text{F}}{50\mu\text{F} + 50\mu\text{F}} = 25\mu\text{F}$$

所以最小频率为

$$f_\text{min} = \frac{1}{2\pi\sqrt{LC}} = \frac{1}{2\pi\sqrt{100\text{mH} \times 25\mu\text{F}}} \approx 381\text{kHz}$$

实践练习：某个由 1SV100 变容二极管所组成的谐振电路如图 1-62(a)所示。如果电路结构不变，则当可变电容二极管的偏置电压调至 3V 时(需要查阅 1SV100 电压-电容关系图，见图 1-61(c))，该电路能够接收到频率为多少的无线电信号？

2.6.2　光敏二极管

与变容二极管类似，光敏二极管也是一个工作在反向偏置状态下的 PN 结器件，其工作条件如图 1-63(a)所示。其中 I_λ 是反向电流。

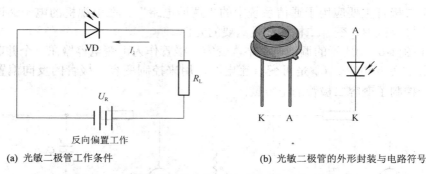

(a) 光敏二极管工作条件   (b) 光敏二极管的外形封装与电路符号

图 1-63 光敏二极管工作条件及外形封装与电路符号

图 1-63(b)是光敏二极管的外形封装与电路符号。与普通二极管相比，光敏二极管上有一个小的透明窗允许光线照射到 PN 结上。但需要注意光敏二极管和发光二极管在电路符号上的区别。

回顾一下二极管的反向特性，当二极管反向偏置时，普通二极管都具有很小的反向漏电流。光敏二极管的情况也一样，反向电流是由耗尽层内受到外界热激发的"电子-空间对"产生的。反向偏置电压施加在 PN 结上，使得这些"电子-空穴对"定向移动而形成反向电流。在此，我们讨论以下两种情况。

(1) 若此时没有入射光照在 PN 结上，那么这个反向电流 I_λ 就被称之为"暗电流"。暗电流与温度关系密切，因为随着温度的升高，这些由本征激发而产生的"电子-空穴对"的数量会随着温度升高而增多。

(2) 若此时有入射光照在 PN 结上，那么反向电流则随着照射在 PN 结上光的强度的增加而增大，而此时的反向电流 I_λ 被称为"明电流"。

光能量(用每平方米的流明数 lm 来衡量，lm/m^2，单位是勒克斯 lux)的增加会使得反向电流变大，如图 1-64(a)所示。图 1-64(b)则描述了暗电流与反向偏置电压之间的关系。

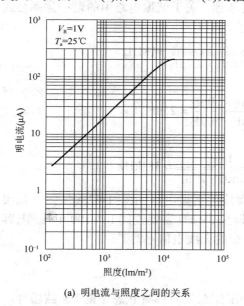

(a) 明电流与照度之间的关系

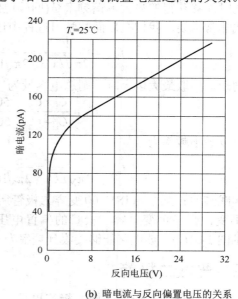

(b) 暗电流与反向偏置电压的关系

图 1-64 光敏二极管反向电流与照度、反向电压之间的关系(PNZ3112 数据手册图)

由图 1-64(b)所示的特性曲线，当没有入射光时，若外加电压为 $U_R = 1V$ ，则可查得此时的暗电流为 90pA ，所以这个器件在没有入射光照射时，其反向电阻为

$$R_R = \frac{1V}{90pA} = 11.1 \times 10^6 \, k\Omega$$

在同等反向偏置电压作用下，若有大小为 200lm/m² 的入射光照射时，可由图 1-64(a)查得此时的明电流为 4μA ，所以该器件在有入射光照射时，其反向电阻为

$$R_R = \frac{1V}{4\mu A} = 250k\Omega$$

以上计算表明，通过控制光的强度就可以将光敏二极管用作可变电阻器。

主题 3 故障检查

电子电路故障检查与故障的排除结果取决于以下一系列因素。

(1) 基础知识：电子电路基础知识是分析具体电子电路系统特性和故障原因的先决条件。

(2) 操作规程：严格遵守相关的检查步骤和维修说明，如检测设备的可用性，工具选择的要求以及操作场地的安全保护等。

一般来说，电源几乎是电子电路的支柱，许多电子电路的失效都与电源有关。因此，在本主题中，将通过分析单相直流电源的失效和影响来扩展我们对三相直流电源以及一般电子电路故障检测的认识。

3.1 故障检测计划

有效的故障检测与故障排除需要利用逻辑思维准确地找到问题的原因所在，因此在进行故障检测与故障排除之前的准备工作时，可根据脑图(见图 1-65)和因果分析图(见图 1-66)提出问题，然后依据基础知识对这些问题进行信息收集、分析、制订检测计划并进行具体的检测工作。

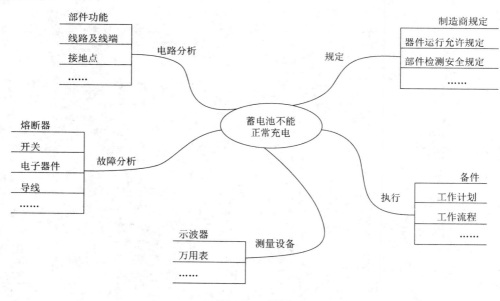

图 1-65 脑图

回顾检测计划，我们重新回到故障分析。当发现一个故障现象时，你下一步应该问，如果某器件在电路中失效，则该器件反映出来的故障现象是什么呢？当你找出不正确的电压或波形时，就可以利用基础知识对不正确的电压或波形进行系统地分析。例如，当你通过示波器观察到输出的整流电压有很大波动时，根据自己的电路知识，你可以推测一个失效的电容或稳压器是导致故障的原因。

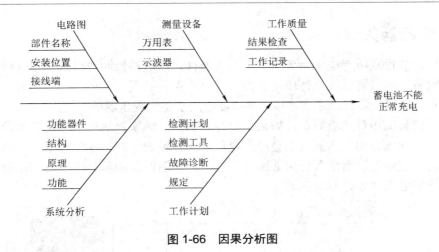

图 1-66 　因果分析图

下面，我们就以全波桥式整流为例，来讨论几种因器件失效而出现的故障现象。

3.2 　全波桥式整流故障检测

如图 1-67 所示，我们用 Multisim 电子仿真软件搭建好了一个全波桥式整流电路和相应的检测设备(示波器)。

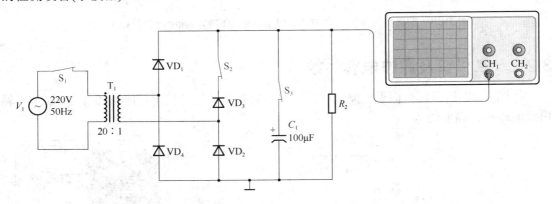

图 1-67 　全波桥式整流 Multisim 仿真电路

图 1-67 中，用 S_1、S_2 和 S_3 代替电路或器件故障。

S_1：熔断器故障。当 S_1 打开时，表示熔断器被熔断。

S_2：二极管整流器件故障。当 S_2 断开时，表示二极管 VD_3 断路，器件失效。

S_3：滤波电容故障。当 S_3 打开时，表示滤波电容器 C_1 断路，器件失效。

在 Option 菜单下的 Global Preferences 和 Sheet Properties 选项中可以对仿真中所有的器件进行个性化界面设置，Multisim 10 提供了两套电气元器件符号标准。

ANSI：美国国家标准学会，美国标准，系统默认为该标准。

DIN：德国国家标准学会，欧洲标准，与中国符号标准一致。本主题中，所有仿真电路图均采用 DIN 标准。

3.2.1 熔断器失效

过流保护装置是所有电子设备必不可少的器件。当电路短路或过载时，这些装置可以防止损坏设备，并且降低灾难性破坏的概率。过载保护装置包括熔丝、断路器、固态电流限制装置和过热保护装置。通常，单个熔断器会用于整流变压器的一次侧。

熔断器的测试相对比较简单。如果电源是合上的，熔断器的熔断会使其两端产生的电压开路，那么变压器的二次侧就不会产生电压，用万用表进行二次侧的测量是最简单的方法。当然，在假定整流器没有任何故障的情况下，用示波器测量其输出端，示波器上也不会有任何输出电压，如图 1-68 所示。

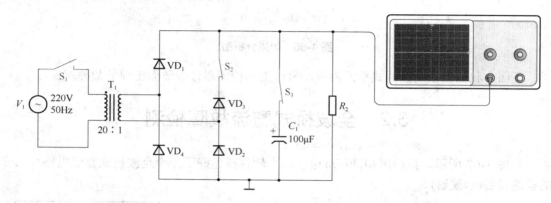

图 1-68 熔断器熔断时，全波桥式整流滤波电路的 Multisim 仿真输出波形

3.2.2 二极管及滤波电容失效

如图 1-67 所示，当假设电路完好时，二极管整流滤波输出电压应如图 1-69 所示。输出纹波较小，幅值约为 5.6V。

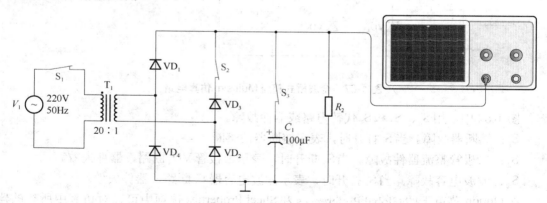

图 1-69 全波桥式整流滤波电路的 Multisim 仿真输出波形

(1) 只有滤波电容失效。

当滤波电容 C_1 因为某种原因而断开，则滤波器对全波整流波形的平滑作用失效，这时会从示波器上观察到一个全波整流输出的电压波形，如图 1-70 所示。

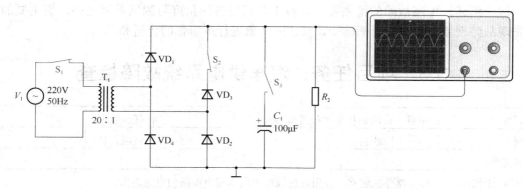

图 1-70 电容断开时，全波桥式整流电路的 Multisim 仿真输出波形

(2) 二极管与滤波电容同时失效。

二极管 VD₃ 失效断开，这使得整流桥中只有 VD₁ 和 VD₂ 构成的电流通路能够在半个周期内导通。这样全波整流实质上变成了半波整流。再加上滤波电容 C₁ 断路失效，因此在示波器上，将会观察到一个半波整流的输出波形，如图 1-71 所示。

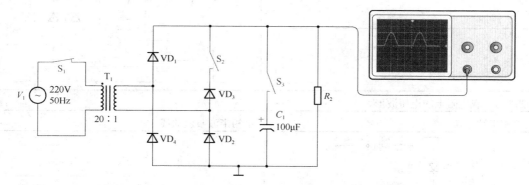

图 1-71 二极管与滤波电容同时失效时，全波桥式整流滤波电路的 Multisim 仿真输出波形

(3) 只有二极管失效。

由于二极管 VD₃ 失效断开，使得全波整流实质上变成了半波整流，但是由于滤波电容的作用，输出电压波形仍然连续，如图 1-72 所示，但是与图 1-69 相比，由于缺少了半个波，使得滤波电容的放电时间延长，电压下降增加，从而导致了更大的纹波电压。

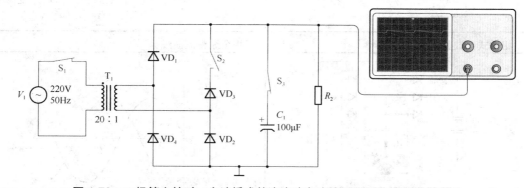

图 1-72 二极管失效时，全波桥式整流滤波电路的 Multisim 仿真输出波形

　　综上所述，电路故障的检测除了依赖于测试设备的精度与测试难度之外，更主要的是在发现故障现象之后，应用基础知识对故障现象进行逻辑化的分析和总结。

3.3　项目任务：汽车供电系统故障检查

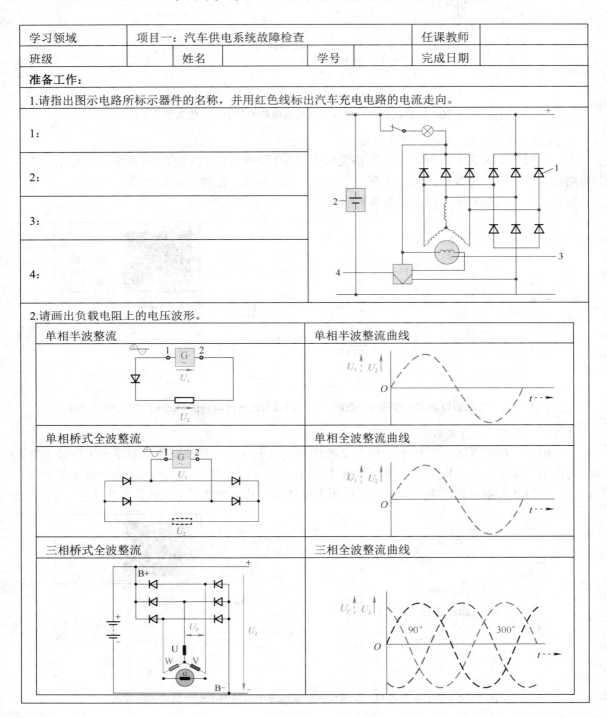

3.请写出下图中所示模拟示波器上，数字所指各部分的功能。

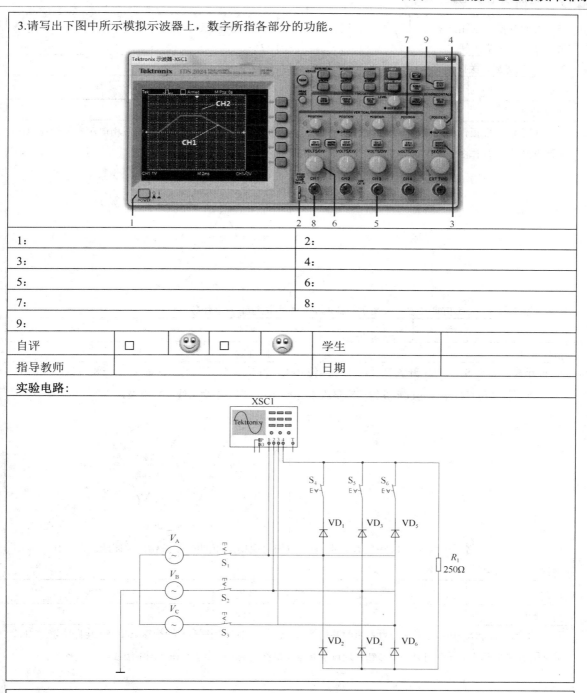

1:	2:
3:	4:
5:	6:
7:	8:

9:

自评	□	😊	□	😞	学生	
指导教师					日期	

实验电路：

任务内容：

1. 将开关组 $S_1 \sim S_3$ 和开关组 $S_4 \sim S_6$ 全部闭合，打开示波器面板，关闭通道4（CH_4）。打开仿真按钮，观察三相电源波形，完成下列任务。

(1) 从示波器上读出三相电源的峰–峰值	$U_{A(P-P)} =$	$U_{B(P-P)} =$	$U_{C(P-P)} =$
(2) 计算三相电源的有效值	$U_A =$	$U_B =$	$U_C =$

(3) 从示波器上读出三相电源一个周期所需时间	$t_T =$	(4) 计算该三相电源的频率 $f =$	
2. 完成任务后，关闭仿真按钮，关闭示波器面板，准备进行下一个任务。			
自评	□ ☺ □ ☹	学生	
指导教师		日期	

3. 打开示波器面板，将通道(CH_4)打开，然后再次打开仿真按钮，通过示波器观察三相电源整流后在电阻元件上产生的输出波形，并在下图中用线绘制出来。

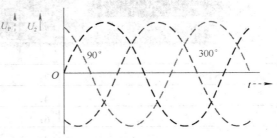

4. 完成任务后，关闭仿真按钮，关闭示波器面板，准备进行下一个任务。			
自评	□ ☺ □ ☹	学生	
指导教师		日期	

5. 将开关组 $S_1 \sim S_3$ 中的 S_1 开关打开，查验其他开关，并使其都处于接通状态(模拟一相电源断线的情况)。重新打开仿真按钮，通过示波器观察整流输出波形，并在下图中用线绘制出来。

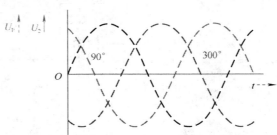

6. 完成任务后，将开关组 $S_1 \sim S_3$ 中的开关重新闭合(恢复现场)，关闭仿真按钮，关闭示波器面板，准备进行下一个任务。

自评	□ ☺ □ ☹	学生	
指导教师		日期	

7. 将开关组 $S_4 \sim S_6$ 中的 S_4 开关打开，查验其他开关，并使其都处于接通状态(模拟三相整流电路中，一相二极管阴极故障情况)。重新打开仿真按钮，通过示波器观察整流输出波形，并在下图中用线绘制出来。

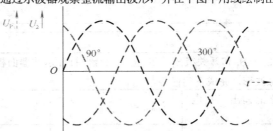

8. 完成任务后，将开关组 S_4 ～ S_6 中的开关重新闭合(恢复现场)，关闭仿真按钮，关闭示波器面板，结束任务。

自评	□	 😊	□	 ☹	学生	
指导教师					日期	

任务总结：

1. 分析产生任务 5 中整流输出波形的原因。

2. 分析产生任务 7 中整流输出波形的原因。

3. 观察下图所示波形，判断汽车供电电路的故障原因。

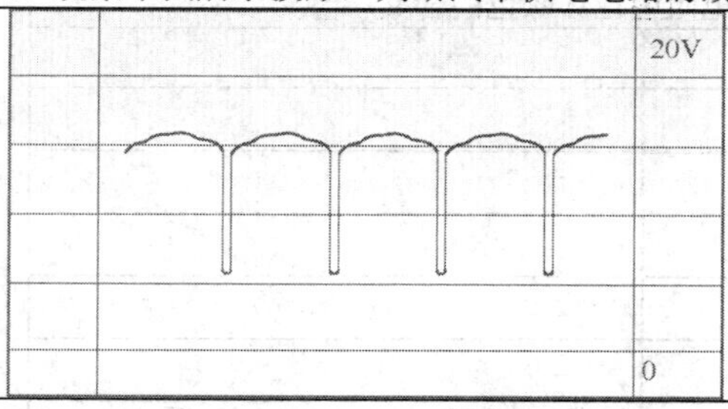

	故障诊断：

4. 任务实施过程中，你遇到的问题与自己的思考。(针对问题提出自己的观点和看法)

5. 任务实施过程中，你最有感触的是什么？

自评	□	 😊	□	 ☹	学生	
指导教师					日期	

扩展任务：

1. 在汽车供电系统仿真电路图中，加入滤波电容，通过示波器观察加入滤波电容后，负载两端的电压波形，并用线绘制出来。

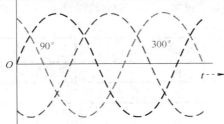

2. 给你一只标示不明的二极管，请描述你如何使用万用表判断它的极性。

3. 查阅色环电阻的计算方法，并完成下表。

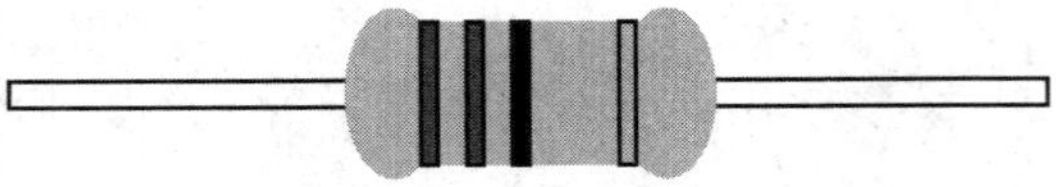

色环电阻中色环的含义	色环电阻中色环颜色的含义	
	黑	
第一环表示：	棕	
	红	
	橙	
第二环表示：	黄	
	绿	
	蓝	
第三环表示：	紫	
	灰	
	白	
第四环表示：	金	
	银	
	无色	
	左图(见彩插)所示色环电阻的阻值：	

自评	☐	😊	☐	😞	学生	
指导教师					日期	

4.1 工 作 页

学习领域	项目一 直流供电电路故障排除				
班级		姓名		学号	完成日期

自 我 检 查

1. 线性方程的图像_____。

A. 斜率始终是常量	B. 始终经过原点	C. 必须有正斜率	D. 以上答案都对

2. 交流电阻的定义_____。

A. 电压除以电流	B. 电压的变化除以电流的变化
C. 电流除以电压	D. 电流的变化除以电压的变化

3. 离散信号_____。

A. 平滑的变化	C. 和模拟信号一样	B. 可以取到任何值	D. 以上都不对

4. 给信号分配数值的过程叫_____。

A. 采样	B. 复用
C. 量化	D. 数字化

5. 一个周期信号重复时间的倒数是_____。

A. 频率	B. 角频率
C. 周期	D. 振幅

6. 如果一个正弦波的峰值是10V,那么它的有效值是_____。

A. 0.707V	B. 6.37V	C. 7.07V	D. 20V

7. 谐波是指_____。

A. 基率的整数倍	B. 给系统加上噪声后不希望出现的信号
C. 一个瞬间信号	D. 一个脉冲

8. 假设正弦波的方程是$u(t)=200\sin 500t$,那么峰值电压是_____。

A. 100V	B. 400V	C. 200V	D. 500V

9. 假设功率衰减的值是20dB,那么衰减倍数是_____。

A. 10	B. 20	C. 100	D. 200

10. 假设放大器的分贝电压增益是100dB,那么输出比输入大_____倍。

A. 100	B. 1000	C. 10000	D. 100000

11. 当一个中性原子失去或者得到一个价电子时,原子变成_____。

A. 共价的	B. 一种金属	C. 一种晶体	D. 一种离子

12. 半导体晶体里的原子由_____结合在一起。

A. 金属键	B. 亚原子粒子	C. 共价键	D. 价带

13. 将杂质原子加入纯净半导体材料的过程称为_____。

| A. 复合 | B. 结晶化 | C. 结合 | D. 掺杂 |

14. 在半导体二极管中，PN 结附近由正离子组成的区域称为_____。

| A. 中性区 | B. 复合区域 | C. 耗尽区 | D. 扩散区 |

15. 在半导体二极管中，两种偏置情况是_____。

| A. 正和负 | B. 阻塞和非阻塞 | C. 开和闭 | D. 正向和反向 |

16. 正向偏置硅二极管的管压降大约为_____。

| A. 0.7V | B. 0.3V | C. 0V | D. 取决于偏置电压 |

17. 下图中，具有正向偏置二极管的电路是_____。

D. 答案 A 和 C

18. 当欧姆表的正表棒接二极管的负极，负表棒接二极管的正极，欧姆表读数显示_____。

| A. 很低的电阻 | B. 无限大的电阻 |
| C. 开始是高电阻，然后减小到100Ω左右 | D. 电阻逐渐增加 |

19. 一个 60Hz 正弦输入的全波整流器的输出频率是_____。

| A. 30Hz | B. 60Hz | C. 120Hz | D. 0Hz |

20. 如果一个中间抽头全波整流器中有一个二极管开路，则输出是_____。

| A. 0V | B. 半波整流后的波形 | C. 不受影响 | D. 幅度减小后的波形 |

21. 在桥式整流器输入信号的半个周期内，_____。

| A. 有一个二极管是正向偏置的 | B. 所有二极管都是正向偏置的 |
| C. 所有二极管都是反向偏置的 | D. 有两个二极管正向偏置 |

22. 将一个半波或者全波整流电压转化成直流电压的过程叫_____。

| A. 滤波 | B. 交流直流转换 | C. 衰减 | D. 纹波抑制 |

23. 假设一个实际的 IC 稳压器将输入纹波衰减了 60dB，则输出纹波的衰减倍数是_____。

| A. 60 | B. 600 | C. 1000 | D. 1000000 |

24. 一个二极管限幅电路将_____。

| A. 移去波形的一部分 | B. 把输出信号耦合到负载 |

C. 产生与输入的平均值相等的输出		D. 增大输入的峰值	

25. 钳位电路是一个＿＿＿＿＿＿＿＿。

A. 平均电路	B. 倒相器	C. 直流还原器	D. 交流还原器

26. 齐纳二极管运行于＿＿＿＿＿＿＿＿。

A. 齐纳击穿状态	B. 正向偏置状态	C. 反向偏置状态	D. 雪崩击穿状态

27. 齐纳二极管广泛应用于＿＿＿＿＿＿＿＿。

A. 限流器	B. 配电器	C. 稳压器	D. 可变电容器

28. LED 基于的原理是＿＿＿＿＿＿＿＿。

A. 正向偏置	B. 电致发光	C. 光子灵敏度	D. 电子空穴复合

29. 在光敏二极管中，光产生＿＿＿＿＿＿＿＿。

A. 反向电流	B. 正向电流	C. 光致电流	D. 暗电流

实　践　练　习

1. 负载电路和输入电压的波形如下图所示，指出其输出的峰值电压。

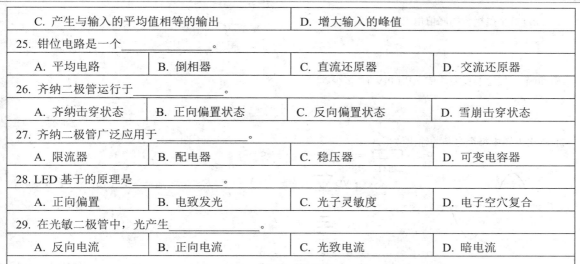

2. 考虑下图所示电路：

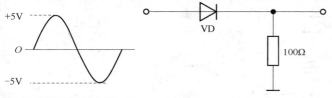

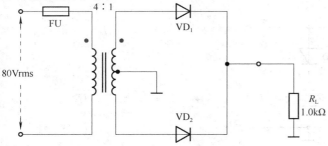

(1) 这是什么类型的电路？

(2) 线圈二次侧的总峰值电压是多少？

(3) 找出线圈二次侧一半处的峰值电压。

(4) 画出负载 R_L 两端的电压波形。

(5) 经过每个二极管的峰值电流是多少？

(6) 每个二极管的反向峰值电压(PIV)是多少？

3. 画出下图中每个电路的输出波形。

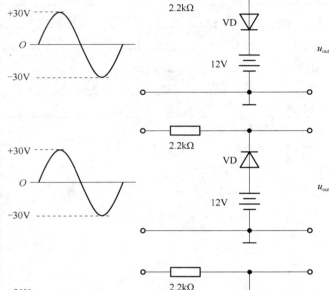

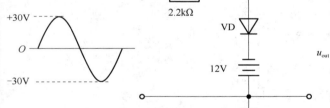

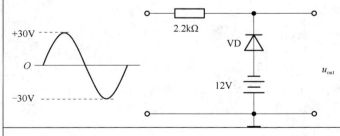

故 障 诊 断

某二极管整流稳压电路的印刷电路板如下图所示，变压器正常输出为12.6V，请按步骤要求，完成以下任务内容。

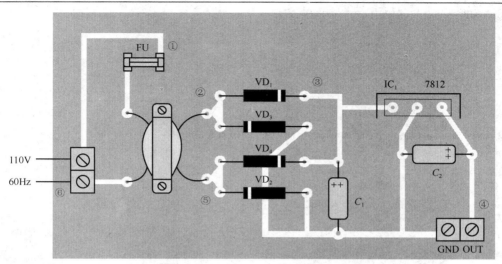

1. 绘制该电路板的电路图，计算变压器的变压比，并指出该直流稳压电路的直流输出值。

2. 根据电路板的故障现象，描述你所采取的改正措施。

(1) ①点和⑥点之间没有电压。

(2) ①点和⑥点之间有110V 的电压，但②点和⑤点之间没有电压。

(3) ①点和⑥点之间有110V 的电压，②点和⑤点之间的电压为11.5V 。

(4) ③点和地之间有峰值为19V 的全波整流脉动电压。

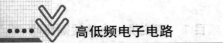

(5) ③点和地之间有超过120Hz 的纹波电压。

(6) ③点和地之间有频率为60Hz 的纹波电压。

(7) ③点带有120Hz 纹波电压的17V 直流电压，但④点没有直流电压。

项目 2　示波器的使用与信号测量

项目导引

项目内容	单晶体管放大器的实验电路板如图 2-1 所示。现在发现，放大器在传送某正弦交流信号时，其输出端交流信号出现了削顶失真。经检查，单晶体管放大器实验电路板上的各器件与接线完好，请您找到故障原因并排除故障。

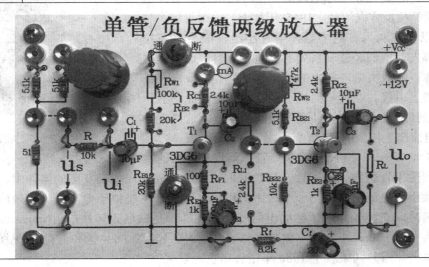

图 2-1　单晶体管放大器的实验电路板

项目路径	要完成任务，首先必须了解什么是削顶失真，以及是什么原因造成了输出信号的削顶失真。而这些都需要能够理解由单个晶体管组成的放大器的基本工作原理，并且能够使用示波器对输入和输出放大器的信号进行判断与比较，查找问题原因，然后根据问题原因来排除故障。 要完成这些工作步骤，必须对以下知识和技能有所理解和应用。 ① 晶体管器件的基本工作原理与性能参数。 ② 由晶体管组成的晶体管放大器正常工作的条件和基本的工作原理。 ③ 能够正确使用示波器，并能够通过观察示波器所显示的波形来判断电路的故障原因。

主题 1 半导体晶体管器件

1.1 半导体晶体管的诞生与影响

20 世纪初，含有半导体材料的矿石收音机已经在通信系统中开始应用。在设法改进矿石收音机(见图 2-2)中所用的矿石触须式检波器时，人们发现有一根与矿石表面相接触的金属丝，它既能让信号电流沿一个方向流动，又能阻止信号电流朝相反方向流动。1945 年秋天，美国贝尔实验室成立了以肖克利为首的半导体研究小组，成员有布拉顿、巴丁等人。他们经过一系列的实验和观察，逐步认识到了半导体电流放大效应产生的原因。布拉顿发现，在锗片的底面接上电极，在另一面插上细针并通上电流，然后让另一根细针尽量靠近它，并通上微弱的电流，这样就会使原来的电流产生很大的变化。

图 2-2 矿石收音机

1950 年，第一只"PN 结型晶体管"问世了，它的性能与肖克利原来设想的完全一致。科学家们惊奇地发现，在他们发明的器件中，竟然可以通过一个微小的电流来控制另一个很大的电流，从而产生类似于电流放大的效应。在为这种器件命名时，布拉顿想到了它的电阻变换特性，于是取名为转换电阻(trans-resistor)，后来被缩写为 transistor，中文译名就是晶体管。同时，巴丁、布拉顿和肖克利(见图 2-3)这 3 位科学家也因此而共同荣获了 1956 年诺贝尔物理学奖。

约翰·巴丁

沃尔特·布拉顿

威廉·肖克利

图 2-3 推动晶体管发展的三位主要人物

晶体管器件的发明是人类现代科技史上具有划时代意义的成果，是微电子技术革命的先声。它的发明又为后来集成电路的诞生吹响了号角。因为它是在圣诞节前夕发明的，而且对人类生活产生如此巨大的影响，所以晶体管又被称为"献给世界的圣诞节礼物"。

晶体管是所有现代电子电路中的关键活动(active)元件。电子计算机和自动控制装置是应用电子技术的典型设备，其中广泛而大量地使用着晶体管。随着大规模和超大规模集成电路的出现，应用电子技术取得了非常迅速的发展，从而使人类的生活变得与电子技术越来越密不可分。

　　需要说明的是，自晶体管发明以来，真空电子管的应用虽然迅速地衰落，但并没有完全消失。在某些需要对信号进行大功率处理的设备中，真空电子管仍然在使用。从这一点上看，大功率晶体管器件仍需取得进一步突破。但在当时，由于晶体管与具有同样功能的真空电子管一样，有三个电极，所以晶体管又被称为晶体三极管。

　　1946 年 2 月 14 日，世界上第一台 ENIAC 计算机在美国宾夕法尼亚大学诞生，其占地170 平方米，主要电子器件是真空电子管。

　　世界上第一台计算机与现代计算机如图 2-4 所示。

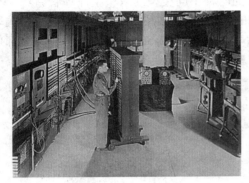
(a) 世界上第一台计算机

(b) 现代计算机

图 2-4　世界上第一台计算机与现代计算机

1.2　半导体晶体管器件

　　晶体管是一种用于信号放大的半导体器件，它分为双极型晶体管(BJT)和单极型晶体管(FET)。表 2-1 给出了这两种晶体管类型的基本分类及电路符号。

表 2-1　晶体管的分类及电路符号

双极晶体管 (BJT)		IGBT*	单极晶体管(FET)					
			结型场效应晶体管(JFET)		绝缘栅型场效应管(MOSFET)			
			耗尽型		耗尽型(D-MOS)		增强型(E-MOS)	
NPN	PNP		P 沟道	N 沟道	P 沟道	N 沟道	P 沟道	N 沟道

　　注：　IGBT 是双极晶体管与单极晶体管的组合。

　　双极晶体管和单极晶体管虽然在制造工艺和工作原理上完全不同，但从晶体管的放大效应上看，双极晶体管可视为一种电流控制器件，即用基极的微小电流来控制集电极的较大电流；而单极晶体管则可视为一种电压控制器件，即用栅极的微小电压来控制漏极(或源极)的较大电压。接下来，我们将主要针对这两类器件进行讨论。

1.2.1 晶体管的结构

1. 双极晶体管的结构

术语"双极"的意思是指在这种类型的晶体管中，空穴和电子都是载流子，都参与导电活动。双极晶体管包括三个掺杂半导体区域：发射区、基区和集电区。这三个区域被两个 PN 结隔开。图 2-5 表示在这种结构下所构成的两种不同类型的双极型晶体管。第一种类型是由被一个薄的 P 区分隔开的两个 N 区组成的 NPN 型，如图 2-5(b)所示；第二种类型是由被一个薄的 N 区分隔开的两个 P 区组成的 PNP 型，如图 2-5(c)所示。这两种类型都使用广泛，但是，因为 NPN 型晶体管的使用更加普遍，所以接下来，我们将多以这种类型的晶体管为例进行讨论。

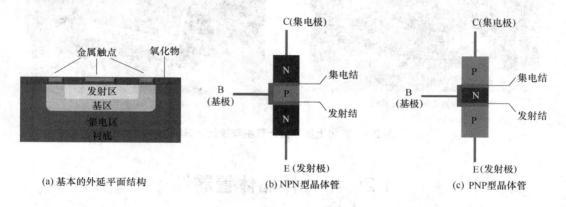

(a) 基本的外延平面结构　　　(b) NPN型晶体管　　　(c) PNP型晶体管

图 2-5　双极晶体管结构

连接基区和发射区的 PN 结称为发射结；连接基区和集电区的 PN 结称为集电结。这些 PN 结类似于项目 1 中讨论的 PN 结。电极从每个区引出一个，从发射区引出的电极称为发射极，标识为 E；从基区引出的电极称为基极，标识为 B；从集电区引出的电极称为集电极，标识为 C。尽管发射区和集电区由同种类型的材料制成，但它们的掺杂浓度和其他特性不尽相同。

表 2-1 虽然给出了 NPN 和 PNP 两种晶体管的电路符号，但是为了强调，我们再次给出双极晶体管的标准电路符号，如图 2-6 所示。

2. 单极晶体管的结构

与术语"双极"的意思相近，"单极"是指在这类晶体管中，只有一种载流子参与导电活动。虽然单极晶体管的发明早于双极晶体管，但直到 20 世纪 60 年代，单极晶体管才实现了商业化生产。单极晶体管主要分为两类，一类称为结型场效应管(JFET)，另一类称为金属-氧化物场效应管(MOSFET)。虽然单极晶体管有众多的系列，但不同种类的单极晶体管的区别之一主要体现在直流偏置，而其工作原理基本类似。所以，我们在此仅以结型场效应管为例，来讨论单极晶体管的基本结构。图 2-7 给出了结型场效应管的基本结构及相应的电路符号。

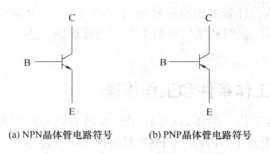

(a) NPN晶体管电路符号　　　(b) PNP晶体管电路符号

图 2-6　双极晶体管的标准电路符号

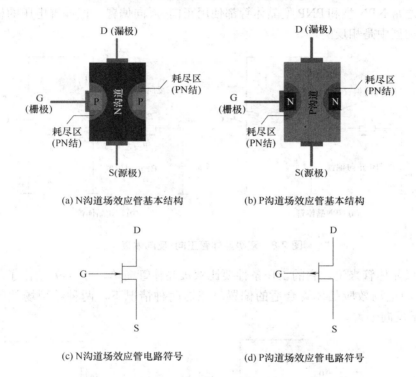

(a) N沟道场效应管基本结构　　　　　(b) P沟道场效应管基本结构

(c) N沟道场效应管电路符号　　　　　(d) P沟道场效应管电路符号

图 2-7　两种单极晶体管的基本结构和电路符号

图 2-7(a)给出了 N 沟道结型场效应管的基本结构。连接到沟道的两根引线中，位于上端的称为漏极，标识为 D，位于下端的称为源极，标识为 S。沟道是一个导体：对于 N 沟道而言，自由电子是它的载流子；对于 P 沟道而言，空穴则是它的载流子。在没有施加外加电压的情况下，沟道在两个方向都能导通电流。在 N 沟道器件中，将 P 型材料掺杂到 N 沟道中来形成 PN 结，并连接到栅极。

图 2-7(b)显示的是将 N 型材料参杂到 P 沟道中形成的两个 PN 结。这两个 PN 结一般由制造商在内部进行连接，从而形成单一栅极，标识为 G (有一种专用的单极型场效应晶体管，也称为双栅，它们有独立的电极连接到两个 PN 结的区域。在结构图 2-7 中，为了简单起见，两个 PN 结区域之间的连接被省略掉，只给出其中一个 PN 结区域的连接引线)。图 2-7(b)给出了 P 沟道结型场效应晶体管的基本结构。

N 沟道结型场效应晶体管的电路符号如图 2-7(c)所示，P 沟道结型场效应晶体管的电路符号如图 2-7(d)所示，它们从栅极的箭头方向进行识别。更多单极晶体管的电路符号可参见表 2-1。

1.2.2　晶体管的工作条件和工作原理

为了使晶体管正常工作，晶体管中的两个 PN 结必须由外部直流偏置电源来提供合适的工作条件。图 2-8 给出了 NPN 型和 PNP 型两种双极型晶体管合适的工作条件。在这两种情况下，它们的发射结(BE)都为正向偏置，而集电结(BC)都为反向偏置，这称为正向-反向偏置。通常 NPN 型和 PNP 型晶体管都使用正向-反向偏置，但偏置电压的极性和电流方向在两种类型中是相反的。

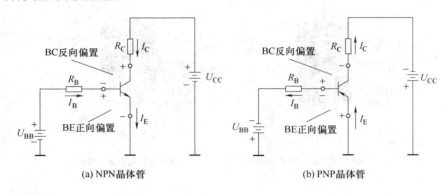

图 2-8　双极晶体管正向-反向偏置

对于单极晶体管来说，它的工作条件要比双极晶体管简单。图 2-9 给出了单极晶体管 N 沟道和 P 沟道场效应晶体管合适的偏置。在这两种情况下，两种结型场效应晶体管的 PN 结都处于反向偏置。

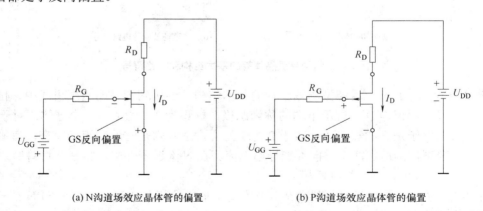

图 2-9　单极晶体管偏置

为了说明晶体管是如何工作的，我们以 N 沟道场效应晶体管为例，来了解当给晶体管施加适合的直流偏置后晶体管内部发生了什么。

如前所述，单极晶体管中的沟道是栅极和源极之间的一个狭窄的导电通路。沟道的宽度，也就是沟道的导电能力是由栅极电压进行控制的。当没有栅极电压时，沟道能够通过最大电流，而当栅极施加反向偏置电压时，沟道宽度变窄，导电能力下降。

为了说明上述过程，我们给一个N沟道场效应晶体管施加一个合适的工作电压，如图 2-10(a)所示。其中U_{DD}是一个正的漏极-源极之间的电压，它使电子由源极向漏极流动。U_{GG}是栅极与源极之间的反向偏置电压。那么当改变栅极电压时，例如增加栅极电压U_{GG}的值时，由于外施电压与栅极和源极之间的PN结内电场方向一致，从而使PN结的阻挡电压得以加强，PN结变厚。PN结的变厚导致沟道宽度变窄，则沟道电阻增加，从而使得漏极电流I_D减小，如图 2-10(a)所示。

反之，若减小栅极电压U_{GG}的值，则由于外施电压与栅极和源极之间的PN结内电场方向相反，从而使PN结的阻挡电压被减弱，PN结变薄。PN结的变薄使沟道变宽、沟道电阻减小，从而使漏极电流I_D增加。

这样，上述过程就形成了漏极电流I_D随栅极电压变化而变化的控制过程，这个过程类似于水龙头，如图 2-10(b)所示。供水端的水压可以类比于漏极到源极所施加的电压。于是，水龙头水流(电流)的大小，就可以通过阀门(栅极)的操作(外加信号)来进行控制。

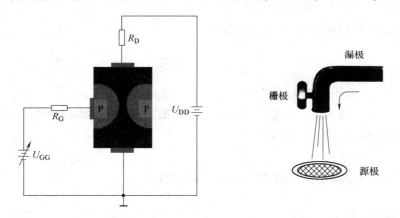

(a) 增加U_{GG}时，N沟道场效应晶体管的沟道变窄　(b) 水龙头模拟的JFET电压控制电流的机制

图 2-10　单极晶体管的工作原理

一般来说，由于施加在单极晶体管栅极上的电压通常比漏极电流至少小一个单位级，因此在电子技术中，将这种用小电压(电流)控制大电流(电压)的过程称为放大效应，简称放大。

值得注意的是，在单极晶体管中，没有需要正向偏置的PN结(这也是单极晶体管与双极晶体管的主要区别)。也正因为如此，单极晶体管就其工作原理而言要比双极晶体管简单，特别是在制造大规模集成电路中，单极晶体管，尤其是金属氧化物场效应晶体管(MOSFET)被广泛采用。尽管单极晶体管在制造面积、电路组成及性能参数等方面具有优势，但双极晶体管仍然在放大增益及线性程度等方面要优于单极晶体管。因此，在本课程中，我们将仅以双极晶体管中的NPN型晶体管为例，来讨论晶体管的结构、工作原理、参数特性及由晶体管组成的放大器电路的工作原理等基本内容。

不过需要指出的是，实际应用哪种类型的晶体管是与其应用环境及需求相关的。例如，在某些应用场合，采用单极晶体管好，但在另一些场合，可能采用双极晶体管更好。在许多电子电路设计中，同时使用两种类型的晶体管，往往会取得更好的效果，如IGBT。因此，从两种晶体管的工作原理上来理解它们才是我们讨论的重点。即单极晶体管是用一个小的(栅极)电压来控制一个大的(漏极)电流的电子器件；而双极晶体管是用一个小的(基极)电流来控制一个大的(集电极)电流的电子器件。

1.3　双极型晶体管器件的性能参数

1.3.1　晶体管的偏置电流

将 NPN 型晶体管偏置电路(见图 2-8(a))重画，如图 2-11 所示。基尔霍夫电流定律(KCL)指出，进入节点的总电流必须等于流出该节点的总电流。将该定律应用到 NPN 晶体管上(对 PNP 晶体管也是一样的)，可以看到发射极电流 I_E 是集电极电流 I_C 和基极电流 I_B 之和，即

$$I_E = I_C + I_B \qquad (2\text{-}1)$$

与 I_E 或 I_C 相比，基极电流 I_B 非常小(至少小一个单位级)，因此可以近似得到 $I_E \approx I_C$，在分析晶体管电路时，这是一个非常有用的假设。

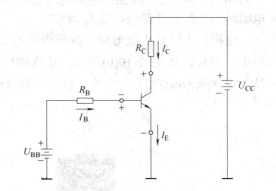

图 2-11　NPN 型晶体管中的偏置电流

实践练习：利用图 2-8(b)，写出 PNP 晶体管的电流关系。

1.3.2　晶体管的直流

当晶体管在一定的限制条件下(线性区域)工作时，晶体管的集电极电流与基极电流成比例。晶体管的电流增益的直流 β(也称为 β_{DC})定义为集电极电流与直流基极电流之比，即

$$\beta_{DC} = \frac{I_C}{I_B} \qquad (2\text{-}2)$$

直流 β 被称为电流增益，在晶体管数据手册中通常表示为 h_{FE}。只要晶体管工作在线性区域，它就有效。当晶体管工作在线性区域时，集电极电流等于 β_{DC} 乘以基极电流，即

$$I_C = \beta_{DC} \times I_B \qquad (2\text{-}3)$$

β_{DC} 的值变化范围很大，并取决于晶体管的类型。一般来讲，它的数值为 20(功率晶体管)～200(小信号晶体管)。甚至两个相同类型晶体管的 β_{DC}(电流增益)也会有很大的差别。虽然对于用作放大器的晶体管而言，晶体管电流增益是必需的参数，但是一个好的晶体管放大器电路的设计方案应该不依赖于特定的 β_{DC} 值来进行工作。

1.3.3 晶体管的偏置电压

图 2-12 中给出的是晶体管三个引脚上的直流偏置电位，它们分别为发射极电位(V_E)、集电极电位(V_C)和基极电位(V_B)。这些单字母下标电位均表示以"地"为参考点。集电极电源电压用 U_CC 表示，基极电源电压用 U_BB 表示，它们的电压用两个重复的下标字母表示。晶体管基极引脚与发射极引脚之间的电压用 U_BE 表示，晶体管集电极引脚与发射极引脚之间的电压用 U_CE 表示，它们分别表示晶体管基极到发射极和集电极到发射极之间的电压(也分别称为基极管压降和集电极管压降)，它们的电压用两个不同字母的下标表示。

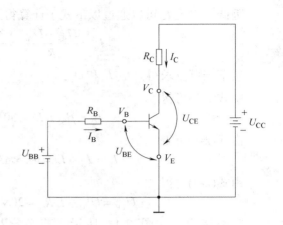

图 2-12 NPN 型晶体管的偏置电压

在图 2-12 中，因为发射极接地，所以集电极到发射极之间的电压等于直流电源电压 U_CC 减去电阻 R_C 两端的电压，即

$$U_\mathrm{CE} = U_\mathrm{CC} - I_\mathrm{C}R_\mathrm{C} \tag{2-4}$$

基尔霍夫电压定律(KVL)指出，一个闭环回路的电压之和为零。而上面的式子就是该定律的一个具体的应用。

如前所述，当晶体管处于一般工作状态时，发射结可视为二极管正向偏置。正向偏置的发射结二极管压降 U_BE 近似等于 0.7V。这就意味着基极电位要比发射极电位高出一个二极管的管压降，表示为

$$V_\mathrm{B} = V_\mathrm{E} + U_\mathrm{BE} = V_\mathrm{E} + 0.7\mathrm{V} \tag{2-5}$$

【例 2-1】如图 2-13 所示，求 I_B、I_C、I_E 和 U_CE、U_BE 的值。

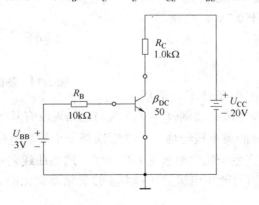

图 2-13 例 2-1 图

解：因为发射极接地，所以有 $V_\mathrm{E}=0$。由式(2-5)可得 $U_\mathrm{BE}=0.7\mathrm{V}$。由基尔霍夫电压定律

可知，电阻 R_B 两端的电压为

$$U_{R_B} = U_{BB} - U_{BE}$$

因此，电流 I_B 可以通过以下式子计算得到

$$I_B = \frac{U_{BB} - U_{BE}}{R_B} = \frac{3V - 0.7V}{10k\Omega} = 0.23mA$$

接下来可以求得 I_C、I_E 和 U_{CE}。

由式(2-3)可得

$$I_C = \beta_{DC} \times I_B = 50 \times 0.23mA = 11.5mA$$

由式(2-1)可得

$$I_E = I_B + I_C = 0.23mA + 11.5mA = 11.73mA$$

由式(2-4)可得

$$U_{CE} = U_{CC} - I_C R_C = 20V - 11.5mA \times 1.0k\Omega = 8.5V$$

实践练习：如图 2-13 所示，若 $R_B = 22k\Omega$、$R_C = 220k\Omega$、$U_{BB} = 6V$、$U_{CC} = 9V$、$\beta_{DC} = 90$，求 I_B、I_C、I_E 和 U_{CE}、U_{BE} 的值。

1.3.4 晶体管的特性曲线

1. 基极-发射极特性曲线

基极-发射极特性曲线如图 2-14 所示。可以看到，它与普通二极管的 I-V 特性曲线相同。因此可以用项目 1 中给出的两种二极管模型中的任何一种来对发射结建立模型。在大多数情况下，这些模型是足够精确的。这意味着，如果要对一个由双极晶体管构成的电路中的双极晶体管进行检测，则可以通过检测发射结在正向偏置时，其两端的压降是否为 0.7V 来确定晶体管是否正常工作。如果晶体管在正向偏置时，基极管压降为零，则晶体管损坏；如果远大于 0.7V，则该晶体管很有可能是发射结开路。

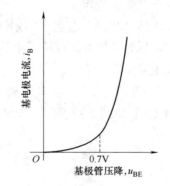

2. 集电极特性曲线

图 2-14 基极-发射极特性曲线

由前所述，在线性工作条件下，双极晶体管集电极电流与基极电流成比例($I_C = I_B \times \beta_{DC}$)。如果没有基极电流，则集电极电流为零。为了画出双极晶体管的集电极特性，就必须选择一个基极电流并保持其固定不变。用图 2-15 所示的电路可以产生一组集电极的 I-V 曲线。这些曲线表示了在给定基极电流的情况下，集电极电流 I_C 是如何随集电极管压降 U_{CE} 的变化而变化的。这些(一组)曲线就称为集电极特性曲线。

在电路图 2-15 中可以看到，直流电源电压 U_{BB} 和 U_{CC} 都是可以调整的。先将 U_{BB} 设置为产生一个特定的 I_B 值，然后通过调节 U_{CC} 来测量晶体管 CE 之间产生的管压降 U_{CE} 和流过

晶体管的集电极 I_C 。如设置 $U_{CC}=0$ ，则可以测出，此时 $I_C=0$ 、$U_{CE}=0$ 。

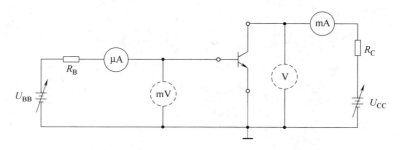

图 2-15　测试晶体管集电极特性曲线的电路图

随着 U_{CC} 的逐渐增大，U_{CE} 将增大，I_C 也将增大，其变化如图 2-16(a)中的 A 点到 B 点之间的曲线所示。而当 U_{CE} 达到 0.7V 时，集电结变为反向偏置，I_C 达到其最大值，$I_C=I_B\times\beta_{DC}$ 之后，继续增大 U_{CE} ，I_C 则基本保持固定不变，如图 2-16(a)中 B 点右侧曲线所示。实际上，随着 U_{CE} 的增大，I_C 会稍微增大，但是由于这个增大的数值非常微小，因此，在理想情况下，可以认为在这个区域内集电极电流 I_C 将不随 U_{CE} 的变化而变化。图 2-16(a)中所示的集电极电流 I_C 陡峭上升的一段区域(C 点右侧部分)称为击穿区域，其中 I_C 的陡峭程度由一个称为"正向厄尔利电压"的参数决定，它是由器件所允许通过的额定功率决定的。

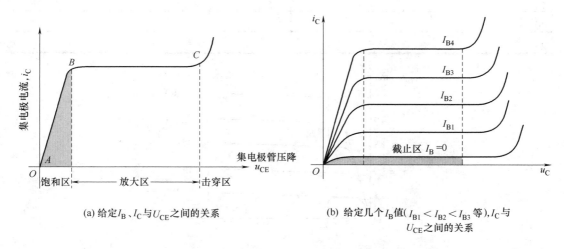

(a) 给定 I_B 、I_C 与 U_{CE} 之间的关系　　　　(b) 给定几个 I_B 值($I_{B1}<I_{B2}<I_{B3}$ 等)，I_C 与
　　　　　　　　　　　　　　　　　　　　　　　　U_{CE} 之间的关系

图 2-16　集电极特性曲线

将 I_B 设置为其他固定值，就可以产生 I_C 与 U_{CE} 之间的其他 I-V 曲线，如图 2-16(b)所示。这些曲线组成了特定双极晶体管集电极的 I-V 曲线簇。集电极特性曲线使得晶体管 I_B 、I_C 、U_{CE} 三个变量之间的相互作用关系变得清晰可见。

【例 2-2】如图 2-17 所示，若 I_B 以 $5\mu A$ 开始，并以 $5\mu A$ 为步幅增大到 $25\mu A$ 。假设该晶体管的 $\beta_{DC}=100$ ，试绘制出该电路的集电极特性曲线。

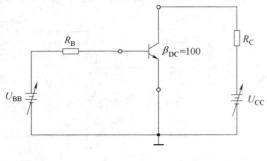

图 2-17　例 2-2 图

解：表 2-2 给出了利用 $I_C = \beta_{DC} \times I_B$ 计算得到的 I_C 值。由此表数据所绘制出来的集电极特性曲线如图 2-18 所示。

为了说明"正向厄尔利电压"，所绘制的曲线均有略向上扬的斜率。

表 2-2　I_B 与 I_C 值

I_B / μA	I_C / mA
5	0.5
10	1.0
15	1.5
20	2.0
25	2.5

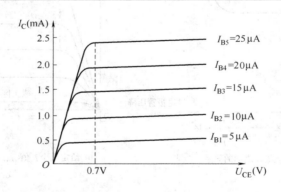

图 2-18　集电极曲线簇

实践练习：在理想情况下，若 $I_B = 0$，则曲线在什么位置？

1.3.5　截止和饱和

当 $I_B = 0$ 时，晶体管处于截止状态，在理想情况下，集电极电流也应该为零。但实际上集电极电流并不完全为零，而是存在一个非常微小的、由半导体材料本身所具有的本征激发而产生的集电极泄漏电流 I_{CEO}。不过通常来说，由于该泄漏电流非常小，因此常可以忽略不计。发射结反向偏置或发射结断路故障都可以导致晶体管截止状态的产生。由于晶体管正常工作时，其集电结是反向偏置的，因此，若一旦晶体管处于截止状态，在不考虑集电极泄漏电流 I_{CEO} 的情况下，集电极电流 I_C 就为零，这样集电极电阻上就没有电压。集电极和发射极之间的电压 $U_{CE(off)}$ 就几乎等于集电极偏置电源的开路电压。

现在考虑相反情况。当图 2-15 中基极电流增大时，则集电极电流也增大，集电极电阻 R_C 两端的电压也将增大，因此由式(2-4)可知，集电极和发射极之间的电压 U_{CE} 就会减少。在理想情况下，若基极电流足够高，使得偏置电压 U_{CC} 全部加在集电极电阻 R_C 两端的话，则意味着晶体管集电极和发射极之间没有电压。这种工作状态被称为晶体管饱和。当晶体管饱和时，其电流可表示为

$$I_{C(sat)} = \frac{U_{CC}}{R_C} \tag{2-6}$$

基极电流很大或集电结正向偏置都会使晶体管处于饱和状态。一旦晶体管基极产生饱和状态，$I_C = \beta_{DC} \times I_B$ 将不再成立。一般情况下，NPN 晶体管集电极与发射极之间的饱和电压 $U_{CE(sat)}$ 约在 0.7V (如图 2-16(a)所示)以下，PNP 晶体管集电极与发射极之间的饱和电压 $U_{CE(sat)}$ 约在 0.5V 以下。而在理想情况下，晶体管集电极与发射极之间的饱和电压 $U_{CE(sat)}$ 可视为零，即 $U_{CE(sat)} = 0$。

进行晶体管电路故障检测时，对截止或饱和状态进行快速检查，可以对故障判断提供非常有用的信息。必须牢记，当晶体管处于截止状态时，集电极和发射极之间的电压 $U_{CE(off)}$ 几乎就是整个集电极偏置电源的电压；当晶体管处于饱和时，晶体管集电极和发射极之间的电压 $U_{CE(sat)}$ 非常小，一般在 0.7V 以下(典型值为 0.1V)。

1.3.6　直流负载线

由戴维南定律可知，任何一个含有电源的线性电路都可以视为一个电压源与一个电阻串联的电源电路(戴维南电源)。考虑图 2-19(a)所示的电路，集电极偏置电源电压 U_{CC} 和集电极电阻 R_C 可以组成一个戴维南电源，而晶体管则可视为其负载。这样，等效的戴维南电源能够向晶体管提供的最小和最大电流分别为 0 和 U_{CC}/R_C，也就是前面定义的晶体管截止电流与饱和电流值。值得注意的是，饱和点和截止点仅取决于戴维南电路，晶体管本身对此没有什么影响。截止点和饱和点之间所画的一条线段就是图 2-19(a)所示电路的直流负载线，如图 2-19(b)所示。而该线段给出了图 2-19(a)所示电路所有可能的直流工作状态。

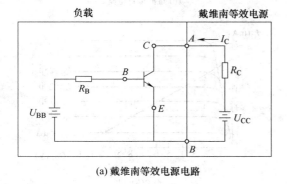

(a) 戴维南等效电源电路

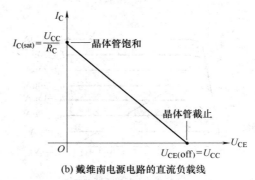

(b) 戴维南电源电路的直流负载线

图 2-19　直流负载线

任何类型的负载，其 $I\text{-}V$ 特性曲线都可以作为直流负载加到直流负载线中来得到电路工作的图形化表示。图 2-20 给出了某晶体管集电极 $I\text{-}V$ 特性曲线和一条直流负载线的叠加。只要保持直流工作状态，任何 I_C 值以及相应的 U_{CE} 值都将位于这条直线上。

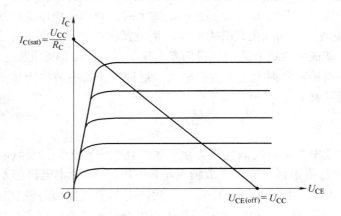

图 2-20　叠加在直流负载线上的集电极特性曲线

现在我们来讨论如何运用直流负载线和晶体管特性曲线来说明晶体管的工作属性。假定有一个晶体管，它具有如图 2-21(a)所示的特性曲线，现将它叠加在图 2-21(b)所示的直流偏置电路中。通过绘制直流负载线，可以用图解方式求得晶体管的偏置电流和偏置电压。

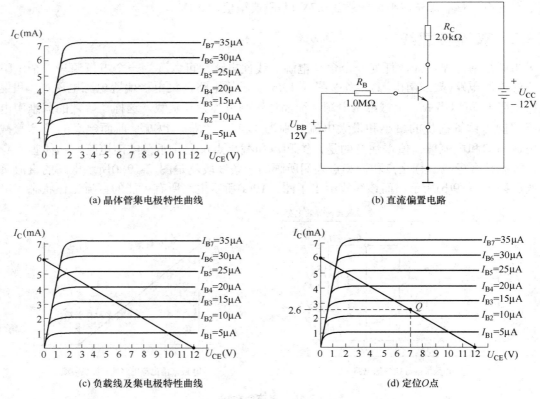

图 2-21　直流负载线与 Q 点

首先根据图 2-21(b)所示的电路，确定直流负载线的截止点。在理想情况下，当晶体管截止时，集电极上没有电流，因此集电极与发射极之间的电压和电流为

$$U_{CE(off)} = U_{CC} = 12V \text{ , } I_{C(off)} = 0mA$$

然后，确定负载线的饱和点。同样在理想情况下，当晶体管饱和时，$U_{CE(sat)} = 0V$，因此，R_C 两端的压降为 U_{CC}，对集电极电阻应用欧姆定律可求得集电极的饱和电流值为

$$I_{C(sat)} = \frac{U_{CC}}{R_C} = \frac{12V}{2.0k\Omega} = 6mA$$

该值为集电极电流 I_C 的最大值。在没有改变 U_{CC} 或 R_C 的情况下，该值不可能变得更大。

接下来，在该晶体管的特性曲线上，根据所求出来的截止点与饱和点的数值，在同一个图上画出截止点和饱和点，并在两点之间画出一条线段，这就是所谓的直流负载线，它表示该晶体管偏置电路所有可能的工作状态，如图 2-21(c)所示。

1.3.7   静态工作点

在求得实际集电极电流之前，需要建立基极电流 I_B。参考原始电路图 2-21(b)，显然基极偏置电源 U_{BB} 是基极电阻 R_B 和正向偏置的发射结串联组合后的端电压。这意味着基极电阻两端的电压为

$$U_{R_B} = U_{BB} - U_{BE} = 12V - 0.7V = 11.3V$$

应用欧姆定律可以求得基极电流为

$$I_B = \frac{U_{R_B}}{R_B} = \frac{11.3V}{1.0M\Omega} = 11.3\mu A$$

即在给定的直流偏置下，给定的基极电流 I_B 与负载线的交点就是这个给定电路的 Q 点或称为静态工作点。通过在 $10\mu A$ 和 $15\mu A$ 基极电流线之间求得 Q 点，如图 2-21(d)所示，并且可以从图 2-21(d)上读出 Q 点的坐标值，即 $I_C \approx 2.6mA$，$U_{CE} \approx 7V$。

直流负载线为描述晶体管的直流工作提供了一种非常有用的图形描述。图 2-21(d)中的图形完全说明了给定晶体管放大电路的直流工作状态。在对电路故障进行检测时，我们并不需要画出负载线，而是要学会利用直流负载线的物理意义和基本数学知识来对给定电路的工作情况做出判断。

1.4   双极型晶体管的直流偏置电路

偏置是为了使晶体管正确工作而施加的合适的直流电压。

对于线性放大器而言，其设计与制造的目的是传递并放大交流信号，而交流信号必定会在正、负两个方向上摆动。但是如前所述，由于发射结与 PN 结二极管类似，这就使得晶体管工作电流只能在一个方向上摆动。为了使晶体管能够不失真并完整地放大交流信号，晶体管就必须为交流信号提供一个适合的直流工作点，从而使交流信号能够叠加在设置的工作点上不失真地放大并传递。

双极型晶体管偏置电路的作用就是将直流电源设置为该晶体管放大电路的 Q 点(静态工作点)，从而允许交流信号在正、负两个方向上变化，避免信号因为进入了晶体管的饱和区

或截止区而造成信号的失真或不完整。通过一些基本的偏置电路可以实现上述目标，但这些偏置电路的选择在很大程度上取决于具体的应用。

1.4.1 基极偏置

最简单的偏置电路是基极偏置。对于 NPN 晶体管，如图 2-22(a)所示，是在基极和偏置电源之间连接一个电阻 R_B。值得注意的是，从本质上来看，这种偏置方式与图 2-15 中所示的用来介绍生成特性曲线的电路是相同的。唯一的区别是，在图 2-22 中将基极和集电极的偏置电源整合成了单个的偏置电源 U_{CC}。

PNP 晶体管可以使用负电源来实现偏置，如图 2-22(b)所示，或者如图 2-22(c)所示，在发射极上加上一个正的电源来实现 PNP 晶体管的正确偏置。

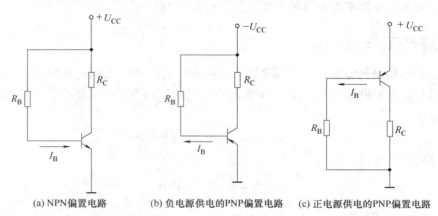

(a) NPN偏置电路　　(b) 负电源供电的PNP偏置电路　　(c) 正电源供电的PNP偏置电路

图 2-22　基极偏置电路

由图 2-22 可见，以上偏置方法都是通过发射结为基极电流提供回路。因此，在线性工作条件下，集电极电流为

$$I_C = \beta_{DC} \times I_B$$

由图 2-22(a)可知，流过基极电阻 R_B 的电流为基极电流 I_B。根据欧姆定律，并替换 I_B 得到

$$I_C = \beta_{DC} \times \left(\frac{U_{R_B}}{R_B} \right) = \beta_{DC} \left(\frac{U_{CC} - U_{BE}}{R_B} \right) \tag{2-7}$$

因此，对于图 2-22 所示的电路，只要晶体管不处于饱和状态，那么在给定的基极偏置下，式(2-7)就给出了集电极电流。

💡 注意：　由于式(2-7)是在没有发射极电阻的情况下推导得到的，因此它也只能应用于此种偏置组态。

尽管上述偏置方法简单，但对于线性放大器而言，这并不是一种好的设计方法。如前所述，晶体管有不同的电流增益。即便是相同类型的典型晶体管，其直流 β (β_{DC})的值也会存在3倍的差距。除此之外，晶体管的电流增益还会受到温度影响。随着温度升高，基极–发射极之间的电压减小，β_{DC} 的值增大。因此，在与基极偏置的相似电路中，集电极电流很可能会因为依赖特定的直流 β 值，而使集电极电流出现很大差异。在实际电路中，不依赖特定器件参数，而能够在恒定状态下工作的电路是线性电路设计的原则之一。出于这个原因，基极偏置很少用在线性电路中。但是从另一方面来说，因为这种电路只使用了单一电阻来进行偏置，因此基极偏置在开关电路中却是很好的选择。不过在开关电路中，由于晶体管始终工作在饱和或者截止状态，所以对开关放大器而言式(2-3)不能成立。

【例 2-3】 制造商给出的 2N3904 型晶体管直流 β 的范围为 $100 \sim 300$。假设 2N3904 工作在如图 2-23 所示的基极偏置电路中。根据该项指标计算集电极电流的最大值和最小值。

解： 由于发射结正向偏置，所以晶体管基极-发射极之间的管压降为 0.7V。电阻 R_B 两端的电压为

$$U_{R_B} = U_{CC} - U_{EB} = 12V - 0.7V = 11.3V$$

对基极电阻应用欧姆定律，可求得基极电流为

$$I_B = \frac{U_{R_B}}{R_B} = \frac{11.3V}{1.0M\Omega} = 11.3\mu A$$

由于是线性工作，因此，由式(2-3)，可得集电极电流的最小值为

$$I_C = \beta_{DC} \times I_B = 100 \times 11.3\mu A = 1.13mA$$

集电极电流的最大值为

$$I_C = \beta_{DC} \times I_B = 300 \times 11.3\mu A = 3.39mA$$

由此可见：β_{DC} 上 300% 的变化将导致集电极电流上 300% 的变化。

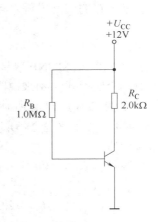

图 2-23 例 2-3 图

实践练习： 如果在图 2-23 所示电路中，测得集电极电流为 2.5mA，则该晶体管的 β_{DC} 值为多少？

1.4.2 集电极反馈偏置

NPN 型晶体管的另一种偏置组态是图 2-24 所示的集电极反馈偏置电路(除了负电源电压供电以外，PNP 型晶体管的工作原理与此完全相同)。基极电阻 R_B 连接在集电极，而不是像图 2-22 所讨论的基极偏置电路中那样连接在偏置电源 U_{CC} 上。与基极偏置情况相比，该基极电阻的取值可以更小一些。这是因为集电极电阻 R_C 分担了一部分偏置电压，从而使晶体管集电极管压降 U_{CE} 小于偏置电源电压 U_{CC}。

集电极反馈偏置用到了电子学中很重要的一个概念，即负反馈来获得稳定性。负反馈将部分输出返回到输入来抵消可能出现的变化。负反馈组态方式提供了相对稳定的 Q 点。

下面来看一下负反馈是如何起作用的。在图 2-24 中，集电极-发射极电压 U_{CE} 为发射结提供偏置的同时也保持了

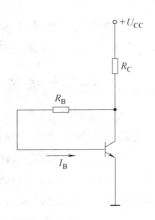

图 2-24 集电极反馈偏置

Q 点的稳定。例如，环境温度的增加将导致晶体管直流 β 增加，而直流 β 的增加又会导致集电极电流 I_C（$I_C = \beta_{DC} \times I_B$）的增大。但是由于基极电阻 R_B 是连接在集电极电压上，因此我们将看到如下的反馈过程：当温度升高导致集电极电流 I_C 增大时，同样会使得集电极电阻 R_C 两端的电压增大。因为偏置电源的电压不受温度影响，所以集电极电阻两端电压的增

加就意味着晶体管集电极-发射极电压 U_{CE} 要减少(基尔霍夫电压定律);又因为基极电阻是连接在晶体管集电极-发射极电压 U_{CE} 上,所以晶体管集电极管压降 U_{CE} 的下降必然会导致基极电流 I_B 减小。这也就意味着由于温度上升导致的集电极电流的增加会因为基极电流的减少而得到抑制。这种抑制行为就是负反馈所产生的作用。关于负反馈的作用,我们接下来还会遇到。但作为一个概念,我们将在下一项目中进行更加详细的讨论。

集电极反馈偏置中的集电极电流可以通过应用基尔霍夫电压定律(KVL)推导得到。写出基极电路的回路方程,可以推导出集电极电流公式为

$$I_C = \frac{U_{CC} - U_{BE}}{R_C + R_B / \beta_{DC}} \tag{2-8}$$

对 NPN 型和 PNP 型晶体管,式(2-8)都是成立的(但需要注意极性符号)。在接下来的例子中,会应用式(2-8)来说明如何通过反馈抑制直流 β 值产生的影响。

【例 2-4】如前所述,2N3904 晶体管直流 β 值的变化范围为 $100 \sim 300$。假设 2N3904 用在如图 2-25 所示的集电极反馈偏置电路中,试计算该例中集电极电流的最小值和最大值。

解:将 $\beta_{DC} = 100$ 代入式(2-8),有

$$I_C = \frac{U_{CC} - U_{BE}}{R_C + R_B / \beta_{DC}} = \frac{12V - 0.7V}{2.0k\Omega + 150k\Omega / 100} = 3.2mA$$

同上,再将 $\beta_{DC} = 300$ 代入式(2-8),可得

$$I_C = \frac{U_{CC} - U_{BE}}{R_C + R_B / \beta_{DC}} = \frac{12V - 0.7V}{2.0k\Omega + 150k\Omega / 300} \approx 4.5mA$$

由此可见,当 β_{DC} 具有 300% 的变化时,采用集电极反馈偏置组态,集电极电流只产生了 40% 的变化,相对例 2-3 中的基极偏置电路而言,这是一个很可观的改进。

实践练习:根据上面例题中给定的 β_{DC} 范围,计算 U_{CE} 的最小值和最大值。

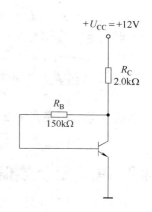

图 2-25 例 2-4 图

1.4.3 分压式偏置

通过前面讨论可知,基极偏置的主要缺点在于它对 β_{DC} 值的依赖;集电极反馈偏置比基极偏置提供了较高的稳定性,但分压式偏置可以提供更高的稳定性。

分压原理是电路基础课程中最有用的原理之一,利用它可以计算电路中任意串联电阻两端的电压。图 2-26(a)描述了一个基本的分压器。求出输出电阻与总电阻的比值,再乘以输入电压,就可以计算出输出电压。

$$U_{OUT} = \left(\frac{R_2}{R_1 + R_2} \right) \times U_{IN}$$

根据分压原理,计算比值时,分子为输出电阻(本例中为 R_2),分母为总电阻值。

如图 2-26(b)所示,当分压器输出端接负载电阻时,由于负载效应,其输出电压将会减小。但只要负载电阻的阻值比分压电阻的阻值大很多,负载效应就可以忽略不计。

分压式偏置如图 2-26(c)所示。在该电路图中,R_1、R_2 两个电阻构成分压器,电阻 R_2

上所分电压即为晶体管发射极的正向偏置电压，并在基极上产生一个极小的电流。如前所述，由于晶体管相当于是分压器的高电阻负载，因此晶体管所产生的负载效应可以忽略不计，这也意味着电阻 R_2 两端的电压对晶体管极小的基极电流而言几乎保持不变。

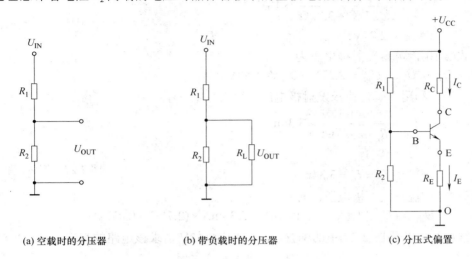

(a) 空载时的分压器　　　　　(b) 带负载时的分压器　　　　　(c) 分压式偏置

图 2-26　分压式偏置电路

在实际情况下，通过选择合适的 R_1 和 R_2，可以使负载效应达到最小。根据经验，当使用的晶体管具有不同的 β_{DC} 时，这些电阻中的电流至少应该 10 倍于基极电流才能避免基极电压的变化。这种偏置被称为刚性偏置，它可以使基极的偏置电压与基极电流相对无关。

计算分压式偏置电路参数的步骤是直接利用分压原理和欧姆定律。计算条件是基于没有负载效应的假设。对图 2-26c 应用分压原理可得到基极偏置电压

$$U_{BO} = \left(\frac{R_2}{R_1 + R_2} \right) \times U_{CC} \tag{2-9}$$

发射极电压 U_{EO} 为基极偏置电压减去发射结的二极管压降(对 PNP 型晶体管，则是基极偏置电压加上发射结的二极管压降)。

$$U_{EO} = U_{BO} - U_{BE} = U_{BO} - 0.7\text{V} \tag{2-10}$$

根据欧姆定律可求得发射极电流

$$I_E = \frac{U_{EO}}{R_E}$$

由于集电极电流 I_C 近似等于发射极电流 I_E，即 $I_C \approx I_E$。因此可以求得集电极-发射极之间的电压为

$$U_{CE} = U_{CC} - I_C R_C - I_E R_E \approx U_{CC} - I_C (R_C + R_E) \tag{2-11}$$

分压式偏置是使用最广泛的偏置方式，因为它只需要一个供电电源，而且提供的偏置本质上不受 β_{DC} 的影响。观察以上公式推导，可以发现公式中既没有 β_{DC}，也没有任何晶体管参数。这也说明，好的分压设计与使用哪种晶体管无关。

【例 2-5】 求如图 2-27 所示电路中的直流参数 U_{BO}、U_{CE} 和 I_C。

解： 首先利用分压原理求基极偏置电压，由式(2-9)，可得

$$U_{BO} = \left(\frac{R_2}{R_1 + R_2}\right) \times U_{CC}$$

$$= \left(\frac{3.9k\Omega}{27k\Omega + 3.9k\Omega}\right) \times 18V$$

$$\approx 2.27V$$

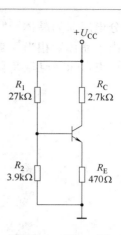

由式(2-10)，可得发射极电压为

$$U_{EO} = U_{BO} - U_{BE} = 2.27V - 0.7V = 1.57V$$

接下来，利用欧姆定律求发射极电流，可得

$$I_E = \frac{U_{EO}}{R_E} = \frac{1.57V}{470\Omega} \approx 3.34mA$$

由于 $I_C \approx I_E$，所以有

$$I_C \approx I_E = 3.34mA$$

图 2-27　例 2-5 图

最后求集电极–发射极电压，有

$$U_{CE} = U_{CC} - I_C(R_C + R_E) = 18V - 3.34mA \times (2.7k\Omega + 0.47k\Omega) = 7.41V$$

实践练习：若将图 2-27 中的偏置电源误接为 +12V，求该电路的直流参数。

1.4.4　发射极偏置

发射极偏置是非常稳定的偏置形式，它使用正负偏置电源和单个基极偏置电阻。在通常的电路配置中，该基极偏置电阻会使晶体管基极电位接近"地"电位。这种偏置大多数应用于集成电路放大器。

NPN 型和 PNP 型发射极偏置电路如图 2-28 所示。如同其他偏置电路一样，NPN 型和 PNP 型电路的最主要差别是偏置电源的电压极性正好相反。

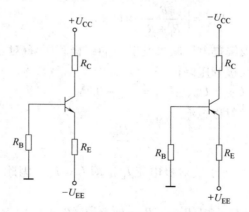

(a) NPN型晶体管发射极偏置　(b) PNP型晶体管发射极偏置

图 2-28　发射极偏置电路

对 NPN 型晶体管而言，由于 R_B 两端的压降很小，而正向偏置的发射结压降为 0.7V，因此发射极电位大约为 -1V。

对 PNP 型晶体管而言，发射极的电压大约为 +1V。在进行故障检测时，快速检查发射极电位，可以看出这种偏置电路中晶体管是否导通以及偏置电压是否正确。

根据欧姆定律可以计算出发射极电流。由于 $I_C \approx I_E$，因此可以利用下式求得集电极电位

$$V_C = U_{CC} - I_C R_C$$

【例 2-6】 根据图 2-29 所示的发射极偏置电路，求 V_E、I_E、I_C 和 U_{CE}。

解： 首先近似得到晶体管发射极引脚 E 的电位 $V_E = -1V$。这表明发射极电阻 R_E 两端的电压为 $U_{R_E} = 11V$。对发射极电阻应用欧姆定律，可得到发射极电流为

$$I_E = \frac{U_{R_E}}{R_E} = \frac{11V}{15k\Omega} = 0.73mA$$

由于集电极电流 I_C 近似等于发射极电流 I_E，即

$$I_C \approx I_E = 0.73mA$$

现在求集电极电位，有

$$V_C = U_{CC} - I_C R_C = 12V - 0.73mA \times 6.8k\Omega \approx 7.0V$$

用集电极电位 V_C 减去发射极电位 V_E，可求得集电极-发射极管压降 U_{CE}，即

$$U_{CE} = V_C - V_E = 7.0V - (-1V) = 8.0V$$

实践练习： 若将图 2-29 中晶体管的基极直接接地，求该电路的 V_E、I_E、I_C 和 U_{CE}。

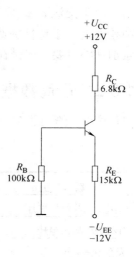

图 2-29   例 2-6 图

1.5   双极型晶体管数据手册中的交流参数

模拟电子部件中的主要器件是线性放大器，它是一种能够以小信号为副本拷贝产生较大信号的电路。上一节中，我们讨论了如何利用直流电源的偏置电路为晶体管工作提供必要的直流工作条件。在本节中，我们将讨论晶体管如何在给定直流工作条件下，不失真地传递交流信号。

1.5.1   直流量和交流量

在本项目的第一部分中，我们利用直流量建立了双极晶体管的工作状态。这些直流电量用标准的斜体大写字母加上大写字母下标来表示，如 U_{CE}、V_B、I_C 等。对于交流电量来说，我们将采用小写斜体字母加小写字母下标来进行表示，如 u_{ce}、v_b 和 i_c；再如用 u_{in}、u_{out} 来表示交流输入或输出等。除了电流和电压以外，从交流角度和直流角度来进行比较，电阻往往具有不同的值(见项目 1，1.1.2)。因此，我们一般用小写正体下标来标识交流电阻值，如用 R_c 代表交流集电极电阻，而用大写正体下标来表示直流电阻，如用 R_C 来表示直流集电极电阻。在一些特殊情况下，例如，在讨论晶体管内部电阻等效电路时，也常常会将晶体管内部电阻用小写斜体字母(有时还加一个撇)和小写正体下标表示，如用 r'_e 代表晶体管内部交流发射极电阻。而 R_{in} 或 R_{out} 则代表放大电路作为信号源负载或者作为其所带负载的源所呈现出的总的交流输入或输出电阻。随着对放大器讨论的深入，大家可以看到进行这种区分的必要性。

对晶体管的直流和交流电路来说，一个不同的参数是电流增益 β。在晶体管的直流偏

置电路中，直流 β（β_{DC}）的定义是集电极电流 I_C 和基极电流 I_B 的比值。而交流 β（β_{ac}）的定义则为集电极电流的小变化量 Δi_C 和相应的基极电流小变化量 Δi_B 的比值。在生产厂商的数据手册中交流 β_{ac} 通常写作 h_{fe}。对于给定的晶体管，通常 β_{DC} 和 β_{ac} 的值差别很小，并且这种差别是由于特性曲线上微小的非线性而引起的。因此，对大多数设计和应用而言，这些差别并不重要，但是在阅读数据手册时需要加以理解。

1.5.2 厂商数据手册

表 2-3 给出了 2N3903 和 2N3904 通用晶体管的部分极限数据参数。

表 2-3　最大额定值

额 定 值	符 号	数 值	单 位	电路符号与封装
集电极-发射极电压	V_{CEO}	40	V	
集电极-基极电压	V_{CBO}	60	V	
发射极-基极电压	V_{EBO}	6.0	V	
集电极电流-连续	I_C	200	mA	
设备总功耗 $T_A = 25°C$， 25°C以上每摄氏度降低	P_D	625 5.0	mW mW/°C	
结与贮存温度范围	T_J, T_{stg}	−55 ～ +150	℃	

从表 2-3 中可以看到集电极-发射极之间的最大电压 V_{CEO}（如项目 1 中所述，在本书中，电压都用大写字母 U 表示，如数据手册中的 V_{CEO}，在本书中表示为 U_{CEO}，并以此来区别电压 U 和电位 V 这两个基本电量）为 40V，下标中的"O"表示电压是在基极开路（Open）时，集电极 C 和发射极 E 之间的测量结果。同时也可以看到这种型号的晶体管最大集电极电流为 200mA。

任何器件的直流功率都是电流和电压的乘积。对晶体管而言，U_{CE} 和 I_C 的乘积就是晶体管的功率。与其他任何电路元件一样，晶体管也有其工作极限。这些极限值以最大额定值的形式给出，并且也会在制造商的数据手册中给出。如表 2-3 所示的数据手册，就给出了集电极电流 I_C 和功耗 P_C 的最大额定值（记为 $I_{C(max)}$ 和 $P_{C(max)}$）。因此，对该晶体管来说，其集电极-发射极之间的电压 U_{CE} 与集电极电流 I_C 的乘积一定不能超过最大额定功率 $P_{C(max)}$。这也就是说，U_{CE} 和 I_C 的值不能同时达到各自的最大值。如果 U_{CE} 达到最大值，则可以计算得到 I_C

$$I_C = \frac{P_{C(max)}}{U_{CE}} \tag{2-12}$$

如果 I_C 达到最大值，则可以计算得到 U_{CE} 为

$$U_{CE} = \frac{P_{C(max)}}{I_C} \tag{2-13}$$

对于给定的晶体管，最大功率曲线可以在集电极特性曲线中绘制出来。为了简便，假设有某种晶体管，根据其数据手册查得 $P_{C(max)} = 500mW$、$U_{CE(max)} = 20V$、$I_{C(max)} = 50mA$。根据以上数据计算出来的数据如表 2-4 所示。图 2-30 是根据表 2-4 中的计算数据在该晶体管特性曲线上绘制的最大功率曲线。

表 2-4 　最大功率曲线计算值

$P_{C(max)}$	U_{CE}	$I_C = \dfrac{P_{C(max)}}{U_{CE}}$
	5.0V	10mA
500mW	10V	50mA
	15V	33mA
	20V	25mA

表 2-4 中的数据说明了晶体管不能工作在图 2-30 所示的阴影区域内。

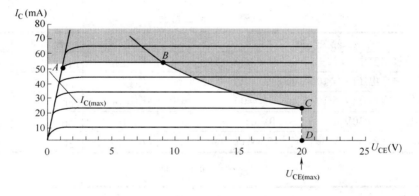

图 2-30 　最大功率曲线

【例 2-7】 图 2-31 中的晶体管有如下极限值：$P_{C(max)} = 800mW$、$I_{C(max)} = 100mA$、$U_{CE(max)} = 15V$、$U_{CB(max)} = 20V$、$U_{EB(max)} = 10V$。求在不超过额定值的情况下，U_{CC} 能够达到的最大值，并判断哪个参数首先会超过额定值？

解： 首先求 I_B，这样可以确定 I_C。

$$I_B = \frac{U_{BB} - U_{BE}}{R_B} = \frac{5V - 0.7V}{22k\Omega} \approx 195\mu A$$

$$I_C = \beta_{DC} \times I_B = 100 \times 195\mu A = 19.5mA$$

可见 I_C 远大于 I_B，而且不会随偏置电源 U_{CC} 的变化而变化，它只取决于 I_B 和 β_{DC}。

集电极 R_C 两端的电压为

$$U_{R_C} = I_C \times R_C = 19.5mA \times 1.0k\Omega = 19.5V$$

现在可以确定，当 $U_{CE(max)} = 15V$ 时，偏置电压最大可设置为

$$U_{\mathrm{CC}} = U_{\mathrm{CE(max)}} + U_{R_{\mathrm{C}}} = 15\mathrm{V} + 19.5\mathrm{V} = 34.5\mathrm{V}$$

在现有情况下，U_{CC} 是否能够达到最大值 34.5V，还要看在此处是否会超过晶体管的最大允许功率 $P_{\mathrm{C(max)}}$，因此有

$$P_{\mathrm{C(max)}} = U_{\mathrm{CE(max)}} \times I_{\mathrm{C}} = 15\mathrm{V} \times 19.5\mathrm{mA} \approx 293\mathrm{mW}$$

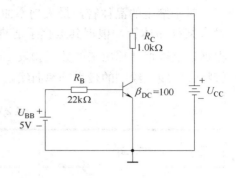

图 2-31 例 2-6 图

因为晶体管的额定 $P_{\mathrm{C(max)}}$ 为800mW，因此当设置电源电压 $U_{\mathrm{CC}} = 34.5\mathrm{V}$ 时，并没有超过该晶体管所允许的额定值。也就是说，在本例中，由于 $U_{\mathrm{CE(max)}} = 15\mathrm{V}$ 为极限额定值。如果因为基极电流而导致晶体管截止，那么就会有超过 $U_{\mathrm{CE(max)}} = 15\mathrm{V}$ 的电压，这是因为直流偏置电源电压 $U_{\mathrm{CC}} = 34.5\mathrm{V}$ 会全部作用在晶体管上。

实践练习：若设图 2-31 中晶体管有如下最大值：$P_{\mathrm{C(max)}} = 500\mathrm{mW}$、$I_{\mathrm{C(max)}} = 200\mathrm{mA}$、$U_{\mathrm{CE(max)}} = 25\mathrm{V}$、$U_{\mathrm{CB(max)}} = 30\mathrm{V}$、$U_{\mathrm{EB(max)}} = 15\mathrm{V}$。求在不超过额定值的情况下，$U_{\mathrm{CC}}$ 能够达到的最大值，并判断哪个参数首先会超过额定值？

表 2-5 和表 2-6 分别给出了 2N3903 和 2N3904 通用晶体管的部分截止和导通数据参数。

表 2-5　截止特性

额 定 值	符 号	数 值	单 位
集电极-发射极击穿电压（$I_{\mathrm{C}} = 1.0\mathrm{mA\ dc}$，$I_{\mathrm{B}} = 0$）	$V_{\mathrm{(BR)CEO}}$	40	V
集电极-基极击穿电压（$I_{\mathrm{C}} = 10\mu\mathrm{A\ dc}$，$I_{\mathrm{E}} = 0$）	$V_{\mathrm{(BR)CBO}}$	60	V
发射极-基极击穿电压（$I_{\mathrm{E}} = 10\mu\mathrm{A\ dc}$，$I_{\mathrm{C}} = 0$）	$V_{\mathrm{(BR)EBO}}$	60	V
基极截止电流（$V_{\mathrm{CE}} = 30\mathrm{V\ dc}$，$V_{\mathrm{EB}} = 3.0\mathrm{V\ dc}$）	I_{BL}	50	nA
集电极截止电流（$V_{\mathrm{CE}} = 30\mathrm{V\ dc}$，$V_{\mathrm{EB}} = 3.0\mathrm{V\ dc}$）	I_{CEX}	50	nA

表 2-6　导通特性

直流电流增益		h_{FE}		
$I_{\mathrm{C}} = 0.1\mathrm{mA\ dc}$，$V_{\mathrm{CE}} = 1.0\mathrm{V\ dc}$	2N3903	20	
	2N3904	40	
$I_{\mathrm{C}} = 1.0\mathrm{mA\ dc}$，$V_{\mathrm{CE}} = 1.0\mathrm{V\ dc}$	2N3903	35	
	2N3904	70	
$I_{\mathrm{C}} = 10\mathrm{mA\ dc}$，$V_{\mathrm{CE}} = 1.0\mathrm{V\ dc}$	2N3903	50	
	2N3904	100	
$I_{\mathrm{C}} = 50\mathrm{mA\ dc}$，$V_{\mathrm{CE}} = 1.0\mathrm{V\ dc}$	2N3903	30	
	2N3904	60	
$I_{\mathrm{C}} = 100\mathrm{mA\ dc}$，$V_{\mathrm{CE}} = 1.0\mathrm{V\ dc}$	2N3903	15	
	2N3904	30	
集电极-发射极饱和电压 $I_{\mathrm{C}} = 10\mathrm{mA\ dc}$，$I_{\mathrm{B}} = 1.0\mathrm{mA\ dc}$ $I_{\mathrm{C}} = 50\mathrm{mA\ dc}$，$I_{\mathrm{B}} = 5.0\mathrm{mA\ dc}$	$V_{\mathrm{CE(sat)}}$	0.2 0.3	V dc

在表 2-6 所示的数据手册中，直流电流增益(β_{DC})用 h_{FE} 给出。

正如前面所讨论过的那样，直流电流增益 β_{DC} 并不是一个常数，而是随着集电极电流的变化而变化。在结温度不变时，增大 I_C 会使 β_{DC} 逐渐增大并达到最大值。一方面，当超过最大值后若继续增大 I_C，β_{DC} 将开始减小。另一方面，电流增益 β_{DC} 也随温度变化而变化。图 2-32 给出了该类型晶体管典型的 β_{DC}、I_C 和温度三个变量之间的关系曲线簇。由图 2-32 可见，在 I_C 保持不变的情况下，改变温度，则 β_{DC} 将会直接随着温度的变化而变化。

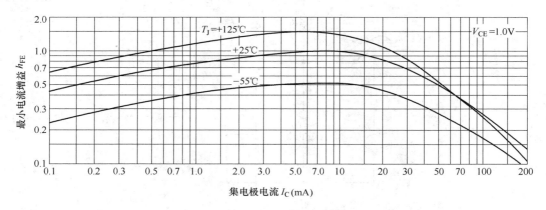

图 2-32　不同温度下，β_{DC} 随温度变化

1.5.3　交流和直流等效电路

1.4 节的讨论已经解决了设置晶体管正常工作所必需的直流偏置条件。分析或检测任何晶体管放大器故障的第一步就是检查它的直流工作状态。在确定直流偏置电压正确后，下一步才是检查交流信号。交流等效电路与直流电路有很大差别。例如，电容能够阻碍直流通过。因此，它在直流电路中相当于开路；但对于大多数交流信号而言，电容则相当于短路。出于这个原因，在分析或检测晶体管放大电路时，需要区别对待交流和直流等效电路。

回忆电路基础中交流和直流电路的相关知识，可以运用叠加原理，将直流偏置电路中的直流电压和交流信号的交流电压看成是两个单独作用的电源，这样就可以通过将其他电源设置为零来达到分析的目的。事实上，前面的分析与讨论也正是这样做的。例如在前面的直流分析中，我们没有考虑交流信号对晶体管电路产生的作用。因此，为了计算交流参数，采用同样的方法，可以利用短路将直流电源的作用设置为零，然后对放大电路进行交流分析并计算其交流参数，就如同只有交流源单独作用在电路上一样。

1. 耦合电容和旁路电容

图 2-33 表示了一个基本的双极晶体管放大器。该电路与图 2-26(c)所示电路的差别就在于加入了一个交流信号源、三个电容和一个负载(负载电阻 R_L)。另外，晶体管的发射极电阻被一分为二。交流信号通过电容 C_1 和 C_3 进出放大器，这些电容被称为耦合电容。如

前所述，电容对交流信号而言相当于短路，而对直流信号来说相当于开路。这意味着耦合电容能够通过交流信号，同时阻挡直流电流。

耦合电容 C_1 将交流信号从信号源输入到基极，同时将信号源与直流偏置电压进行隔离；输出耦合电容 C_3 将信号输出到负载，同时将负载与直流电源电压进行隔离。因此，这些耦合电容总是串联在信号通路上。

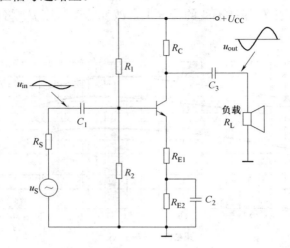

图 2-33 基本晶体管放大电路

电容 C_2 则不同，它与发射极电阻中的一个电阻并联。这使得交流信号从该发射极电阻的旁边通过，因此这个电容被称为旁路电容。旁路电容的作用是减小交流信号在发射极电阻 R_{E2} 上的损失，以便增大晶体管放大器的电压增益，其原因稍后会进行讨论。因为旁路电容是交流短路，所以电容的两端都为交流接地。无论电容的哪一端接地，另一端对交流信号而言也为接地端。因此，在检测故障时就一定要注意这一点。这也就是说，在旁路电容的任意一端都不应该检测到交流信号。如果能检测到，则说明该电容可能开路。

2. 放大

图 2-33 中的信号源 u_s 引起基极电流 i_b 的变化。在基极电流的作用下，发射极和集电极电流（$i_e \approx i_c$）将在 Q 点附近产生更大的变化（与基极电流的相位相同）。但是正如前面所讨论的那样，当集电极电流增大时，集电极-发射极之间的电压 u_{ce} 将减小，反之亦然。因此，同样在 Q 点附近，集电极-发射极之间的电压 u_{ce} 虽然也按正弦规律上下变化，但相位与基极电流相反（相位差180°）。

由基极电流上一个很小的变化而引起的集电极-发射极之间电压产生较大的变化，这种现象就称为晶体管电路的电压放大效应，这也是晶体管放大器名称的由来。需要注意的是，晶体管放大器的基极电流信号和集电极电压信号始终反相。

1.6   项目任务：单管放大器 Q 点的设置与测试

学习领域	任务一：单管放大器 Q 点的设置与测试			任课教师	
班级		姓名		学号	完成日期

任务执行前的准备工作：

1. 请根据图 2-1 给出的任务电路板，绘制本次任务的电路图。

2. 图 2-1 所示电路板上的晶体管 3DG6 是国产老型号的晶体管，请查阅它的替代型号。

3. 阅读您所查到的替代晶体管型号(9014)的数据手册，并将其晶体管的极限参数及器件符号填入下表。

极限参数				器件符号
集电极-发射极电压				
基极-发射极电压				
基极电流				
25℃时损耗功率				
直流关系	min	typ	max	
$U_{CE}=5\text{V}$ ， $I_C=2\text{mA}$				
$U_{CE}=5\text{V}$ ， $I_C=100\text{mA}$				

4. 绘制本次任务电路的直流通道，并在 9014 的集电极特性曲线上，初步设定任务电路的 Q 点。

9014 的集电极特性曲线	绘制任务电路的直流通道
I_C(mA) 特性曲线图	
在 +12V 直流偏置电源作用下，任务电路中晶体管的： 截止点坐标_____ 饱和点坐标_____	初步设置的 Q 点坐标值： U_{CEQ} = _____ V I_{CQ} = _____ mA

5. 简要描述在本次任务中，需要准备的测量仪器。

自评	□	😊	□	😞	学生	
指导教师					日期	

任务内容：

1. 在如图 2-1 所示的任务电路板接入直流电源之前，将分压式基极偏置电阻的阻值调整在 50kΩ 左右，调整完成后，请指导教师确认。

自评	□	😊	□	😞	学生	
指导教师					日期	

2. 在指导教师检查无误后，接入 +12V 的直流电源，通过如下图(见彩插)所示晶体管三个电极 B、C、E 的测试点，测试晶体管三个电极的电位，并判断任务电路板是否能够正常工作。

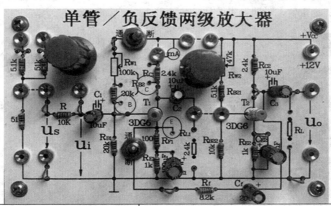

基极电位 V_B =	发射极电位 V_E =
集电极电位 V_C =	基极-发射极电压 U_{BE} =
集电极-发射极电压 U_{CE} =	电路是否存在故障：　□是　　□否

如果电路存在故障，判断故障类型：

自评	□	😊	□	😞	学生	
指导教师					日期	

3. 在任务电路能够正常工作的情况下，按初步设置的 Q 点值设置任务电路的 Q 点，并在完成任务后请指导教师检查并向指导教师解释您这样设置的原因。

自评	□	😊	□	😞	学生	
指导教师			日期			

任务总结：

1. 为什么要设置合适的 Q 点？

2. 观察如下图所示的测量值，说明发生了什么故障？

自评	□	😊	□	😞	学生	
指导教师			日期			

主题 2　半导体晶体管电路

2.1　共发射极放大器

共发射极放大器是双极晶体管放大器电路中的一种组态，是双极晶体管放大器中使用最广泛的类型，其中发射极是输入信号和输出信号的公共端。

图 2-34 给出了一个共发射极放大器的电路图，它能够在负载电阻上产生一个与输入信号电压反相，但幅值比输入信号电压幅值大很多的交流输出信号。输入信号 u_S 通过电容 C_1 耦合到基极，并使基极电流在其直流偏置值(Q 点)上下波动。该基极电流的波动相应地产生了集电极电流的波动。由于晶体管的电流增益，集电极电流的变化量要远大于基极电流的变化量。这就在集电极-发射极之间产生了一个更大的电压变化量，并且与基极信号电压反相。集电极-发射极之间的这个电压变化量又被电容 C_3 耦合到负载上，产生输出电压 u_{out}。

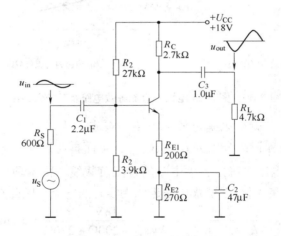

图 2-34　基本的共发射极放大器

2.1.1　直流等效电路

如前所述，由于电容能够阻碍直流通过。因此，它在直流电路中相当于开路。在图 2-34 所示的电路中，将串联在电容上的器件去掉，剩下部分就是共发射极放大器的直流等效电路，如图 2-35(a)所示。

由图 2-35(a)可知，这是一个分压式的直流偏置电路，因此首先利用分压原理(式(2-9))计算直流基极电压，即

$$U_{BO} = \left(\frac{R_2}{R_1 + R_2} \right) \times U_{CC} = \left(\frac{3.9\text{k}\Omega}{27\text{k}\Omega + 3.9\text{k}\Omega} \right) \times 18\text{V} \approx 2.3\text{V}$$

发射极电压 U_{EO} 为基极偏置电压减去发射结的二极管压降(式(2-10))，即

$$U_{\mathrm{EO}} = U_{\mathrm{BO}} - U_{\mathrm{BE}} = 2.3\mathrm{V} - 0.7\mathrm{V} = 1.6\mathrm{V}$$

根据欧姆定律可求得发射极电流为

$$I_{\mathrm{E}} = \frac{U_{\mathrm{EO}}}{R_{\mathrm{E1}} + R_{\mathrm{E2}}} = \frac{1.6\mathrm{V}}{200\Omega + 270\Omega} \approx 3.4\mathrm{mA}$$

由于集电极电流 I_{C} 近似等于发射极电流 I_{E}，即 $I_{\mathrm{C}} \approx I_{\mathrm{E}}$。因此可以求得集电极−发射极之间的电压为

$$U_{\mathrm{CE}} = U_{\mathrm{CC}} - I_{\mathrm{C}}(R_{\mathrm{C}} + R_{\mathrm{E1}} + R_{\mathrm{E2}}) = 18\mathrm{V} - 3.4\mathrm{mA} \times (2.7\mathrm{k}\Omega + 200\Omega + 270\Omega) = 7.2\mathrm{V}$$

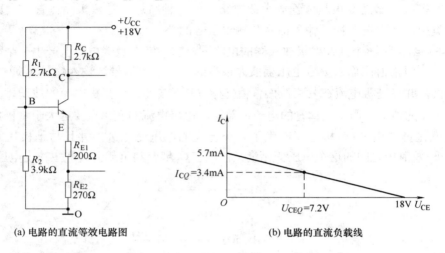

(a) 电路的直流等效电路图　　　　　　　　(b) 电路的直流负载线

图 2-35　图 2-34 电路的直流等效电路及直流负载线

现在知道 I_{C} 和 U_{CE}，就可以确定放大电路的 Q 点。由于这些 I_{C} 值和 U_{CE} 是 Q 点处的值，因此它们有专门的标记：分别为 $I_{\mathrm{C}Q}$ 和 $U_{\mathrm{CE}Q}$。下面再通过计算电路的饱和集电极电流和集电极−发射极截止电压来确定放大电路的直流负载线。由本项目 1.3.5 节中的讨论可知，集电极饱和电流是集电极−发射极电压近似为零时的电流。因此有

$$I_{\mathrm{C(sat)}} = \frac{U_{\mathrm{CC}}}{R_1 + R_{\mathrm{E1}} + R_{\mathrm{E2}}} = \frac{18\mathrm{V}}{2.7\mathrm{k}\Omega + 200\Omega + 270\Omega} \approx 5.7\mathrm{mA}$$

由于截止点处没有电流，因此整个电源电压 U_{CC} 就是集电极到发射极两端的电压。利用饱和点和截止点可以画出直流负载线，如图 2-35(b) 所示。其中给出了所有可能的工作点，但没有交流信号。Q 点位于前面计算得到的负载线上。

2.1.2　交流等效电路

如果在图 2-34 所示电路图中应用叠加原理，将直流偏置电源对地短接(将直流偏置电源的作用设置为零)，并且将电容视为短路，那么就可以从交流信号的角度重新画出共发射极放大器的交流等效电路图，如图 2-36 所示。其中，由于 C_2 的旁路作用，因此可以将 R_{E2} 删除。

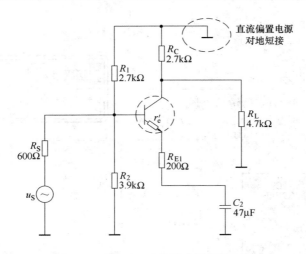

图 2-36　图 2-34 电路的交流等效电路

图 2-36 所示的交流等效电路中也给出了发射结二极管中的内部电阻。该内部电阻记为 r_e'，它会在增益及放大器的输入电阻中发挥作用。由于它通常包含在交流等效电路中，因此它是一个交流电阻(有时也称为动态发射极电阻)。该交流电阻值与直流发射极偏置电流有关，即

$$r_e' = \frac{25\text{mV}}{I_E} \tag{2-14}$$

由式(2-14)可知，动态发射极电阻是一个阻值很小，但又不确定的电阻，它会随着晶体管直流偏置状态的变化而变化。

【例 2-8】 计算图 2-36 所示电路中，晶体管的发射极电阻。

解： 由于在图 2-35 中已经计算得到电路的 $I_E = 3.4\text{mA}$，所以在图 2-36 的交流等效电路中，晶体管发射结内部电阻为

$$r_e' = \frac{25\text{mV}}{I_E} = \frac{25\text{mV}}{3.4\text{mA}} \approx 7.35\Omega$$

2.1.3　电压增益

共发射极放大器的电压增益(也称为电压放大倍数)用 A_v 表示。它定义为输出信号电压 u_{out} 与输入信号电压 u_{in} 的幅值之比，即有

$$A_v = \frac{u_{out}}{u_{in}} \tag{2-15}$$

如图 2-37 所示，输出电压 u_{out} 在集电极耦合电容 C_3 一侧测量得到，输入电压 u_{in} 在基极耦合电容 C_1 一侧测量得到。由于发射结正向偏置，因此，信号在发射极产生的信号电位近似等于信号在基极端信号电位，即 $v_b \approx v_e$，则电压增益又可表示为

$$A_v = -v_c / v_e = -i_c R_c / i_e R_e$$

由于 $i_c \approx i_e$，因此电压增益可简化为放大器交流集电极电阻 R_c 与交流发射极电阻 R_e 之比，即

$$A_v = -\frac{R_c}{R_e} \tag{2-16}$$

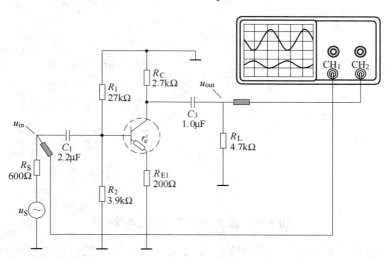

图 2-37 电压增益的测试(见彩插)

增益公式(2-16)中的负号表示反相，指的是输出信号与输入信号相位相反。

💡 **注意：** 该增益写作两个交流电阻的比值，在其他放大器组态中也会见到类似的情况。

该增益公式是快速确定共发射极放大器电压增益有效而简单的方法。但需要注意的是，在计算增益时，集电极和发射极电阻都是交流总电阻。下面总结一下这些概念。

1. 发射极交流电阻

在双极晶体管电路中，发射极电阻的计算包括其内部发射结二极管电阻 r_e' 和没有被电容旁路的发射极固定电阻 R_E，且这两个电阻是相互串联的(在图 2-34 中，这个未被旁路的电阻只有 R_{E1})。需要注意的是，发射极这个电阻在确定增益和保持增益稳定性方面具有非常重要的作用。稍后会看到，这个电阻还提高了放大器的输入电阻。

在本例中，发射极交流电阻为 $R_e = r_e' + R_{E1}$。

2. 集电极交流电阻

从集电极的角度来看，集电极交流电阻包括集电极偏置电阻和负载电阻，而它们却是并联的。因此有 $R_c = R_C \| R_L$。

下面用一个例子来说明这个问题。

【例 2-9】 对于图 2-36 所示的交流等效电路，求放大器的电压增益 A_v。

解： 发射极电路中的交流电阻 R_e 由电阻 r_e' 和未被旁路的电阻 R_{E1} 串联而成。从例 2-8 中已知 $r_e' = 7.35\Omega$，因此有

$$R_e = r_e' + R_{E1} = 7.35\Omega + 200\Omega = 207.35\Omega$$

接下来，计算从晶体管的集电极交流电阻

$$R_c = R_C \| R_L = \frac{R_C \times R_L}{R_C + R_L} = \frac{2.7k\Omega \times 4.7k\Omega}{2.7k\Omega + 4.7k\Omega} \approx 1.7k\Omega$$

将以上结果代入式(2-16)，有

$$A_v \approx -\frac{R_c}{R_e} = -\frac{1.7\mathrm{k}\Omega}{207.35\Omega} \approx -8.2$$

同样，负号用来表示放大器使信号反相。

实践练习： 若图 2-34 中的旁路电容断开，它会对增益产生什么影响？

2.1.4　输入与输出电阻

　　放大电路输入与输出电阻的概念来自于"源和负载"分析，它利用的是戴维南或诺顿定律。

　　我们知道放大器是用来放大信号幅度的器件。尽管放大器的内部很复杂，包括晶体管、电阻和其他元件，但在分析源和负载特性时，这些都是可以简化的，即认为放大器是源和负载之间的一个接口，如图 2-38 所示。可以把电路基础中学到的等效电路概念运用到非常复杂的放大器电路中，把放大器作为等效电路，就可以简化其性能关系。

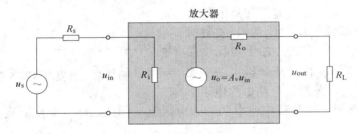

(a) 基本放大器戴维南模型

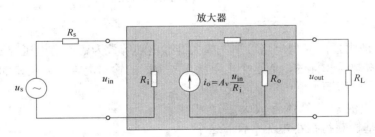

(b) 基本放大器诺顿模型

图 2-38　基本放大器模型显示了等效输入电阻和受控的输出电路

　　对于放大器的信号源来说，放大器就相当于信号源的一个负载，根据无源等效原理，它可以简化成一个阻值为 R_i 的负载，这个负载就称为放大器的输入电阻，用 R_i 表示。这个输入电阻与信号源内阻构成了分压器，它的大小将影响放大器能够获得的输入电压大小。

　　对于放大器所带的负载来说，放大器又是负载的源(即它要将放大后的信号加载到负载上)，因此可以画成戴维南电源电路或诺顿电源电路，如图 2-38 所示。源的幅值取决于无负载(空载)增益 A_v 和输入电压 u_{in} 的大小，因此放大器的源是一个受控源，这个受控源的值总是依赖于输入端的电压或电源，而且这种关联关系无法切断。

1. 输入电阻

　　由图 2-38 所示的放大器源与负载模型可见，当存在电容效应或电感效应时，输入电阻

R_i 也称作输入阻抗。它是一个交流参数，其作用类似于一个与电源电阻 R_s (内阻)串联的负载。只要输入电阻 R_i 远大于电源电阻 R_s，那么大部分信号电压就将呈现在放大器的输入端，并且负载效应微乎其微。如果输入电阻 R_i 与电源电阻 R_s 相比很小，那么电源的信号电压就会主要作用在自身内阻 R_s 上，而只留下极少的信号电压进入放大器并被放大。

共发射极放大器的一个主要问题是其输入电阻受参数 β_{ac} 值的影响。由于该参数的变化范围非常大，因此在不知道 β_{ac} 值的情况下，是无法准确计算出给定放大器的输入电阻的。

将图 2-36 共发射极放大器的交流等效电路中的输入电路重画在图 2-39 中，该图略去了输出电路。由于集电结反向偏置，因此集电极偏置电阻 R_C 不是输入电路的一部分。对交流输入信号而言，它与地之间有三条并联通路。从电源端看进去(如图 2-39 所示)，三条通路由 R_1、R_2 和经过晶体管基极-发射极电路的通路组成。需要注意的是，由于晶体管电流增益的作用，基极-发射极支路的等效电阻与 β_{ac} 有关，由于电流增益的原因，等效电阻 R_{E1} 和 r_e' 在基极电路中比在发射极电路中大。发射极电路中的电阻必

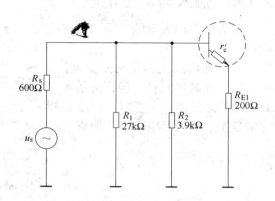

图 2-39　共发射极等效交流输入电路

须乘以 β_{ac} 才能得到其在基极电路中的等效电阻值。因此，将这个电阻定义为 R_i 后，其总的等效值为

$$R_i = R_1 \| R_2 \| [\beta_{ac}(r_e' + R_{E1})]$$

2. 输出电阻

由图 2-38 放大器的模型电路可知，放大器输出端等效为戴维南电压源还是等效为诺顿电流源，其电阻都是一样的，而这个电阻就是放大器的输出电阻。如图 2-38(a)所示，输出电阻是与戴维南电压源串联的等效输出电阻 R_o。

从前面讨论的双极晶体管放大原理可知，当晶体管基极获得很小电流 i_b 后，这个电流将引起晶体管发射极和集电极电流在 Q 点附近产生很大的变化(与基极电流相位相同)，即有 $i_c = \beta_{ac} \times i_b$。当集电极变化的电流 i_c 流过集电极电阻 R_C 时，会在集电极电阻上产生相应的电压变化，从而导致集电极-发射极电压反向变化。因此，从图 2-40 所示的输出耦合电容 C_3 往回看过去，晶体管相当于一个电流源与集电极电阻并联。由此，就很容易看到共发射极放大器的输出电阻就是集电极电阻 R_C。在本例中有

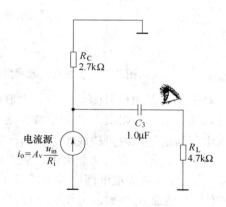

电流源
$i_o = A_v \dfrac{u_{in}}{R_i}$

图 2-40　共发射极等效交流输出电路

$$R_o = R_C = 2.7\text{k}\Omega$$

2.1.5　交流负载线

对于大多数故障检测工作来说，能够快速地估计电路的电压值和电流值是非常有用的。尽管技术人员在日常工作中很少使用负载线，但它是理解晶体管工作原理的一个非常有用的工具。

在本项目 1.3.6 节中，我们讨论过直流负载线，并且给出了由串联集电极电阻 R_c 和直流偏置电压源 U_{CC} 所组成的基本晶体管放大电路直流负载线的绘制方法。在图 2-19(a)中，该串联组合构成了一个戴维南电路，它在图 2-19(c)中用与坐标轴相交的饱和点和截止点之间的直线来表示。但是对交流信号而言，由于电容和发射极内电阻 r_e' 的存在(尤其是在高频电路中，电感也可能会发挥作用)，因此其戴维南电路中的等效电阻要比只讨论直流偏置时的情况更加复杂一些。

图 2-41 同时给出了共发射极放大器的直流和交流负载线。对两条负载线而言，Q 点是相同的。这是因为当交流信号的值变化到零的时候，必然会在 Q 点工作。由图 2-41 还可以看到，交流饱和点的电流要比直流饱和点的电流大，造成这种情况的原因是交流电阻较小(例如旁路电容 C_2 短接了发射极一部分电阻 R_{E2})；另外，交流集电极-发射极之间的截止电压也比直流偏置时集电极-发射极截止电压要小。

在交流负载线上可以计算出交流饱和点和交流截止点。交流负载线与 y 轴的交点为交流饱和电流，用 $i_{c(sat)}$ 表示。利用叠加定理，可知它等于直流 Q 点的电流 I_{CQ} 加上交流信号在集电极-发射极的交流电阻 R_{ac} 上产生的电流，即

$$i_{c(sat)} = I_{CQ} + \frac{U_{CEQ}}{R_{ac}}$$

交流负载线与 x 轴交点为交流截止电压，用 $u_{ce(off)}$ 表示。它也可以通过直流 Q 点的电压 U_{CEQ} 和加在集电极-发射极的交流电阻 R_{ac} 上产生的电压得到，即

$$u_{ce(off)} = U_{CEQ} + I_{CQ} \times R_{ac}$$

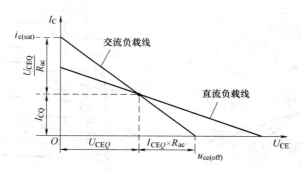

图 2-41　放大器的直流与交流负载线

【例 2-10】已知图 2-34 晶体管的输出特性曲线如图 2-42(a)所示，绘制图 2-34 所示电路的交流负载线，并分析当基极电流在 $13 \sim 18.5\mu A$ 的范围内变化时，放大器输出电压的范围。

解：在图 2-35(b)中已经计算并绘制出了该放大器的直流负载线，为了在本例便于参考，将图 2-35(b)在图 2-42(b)中给出，且 Q 点坐标为 $U_{CEQ} = 7.2V$、$I_{CQ} = 3.4mA$。

在确定交流负载线之前，需要知道集电极-发射极电路的交流电阻 R_{ac}。发射极电路中包含串联电阻 $r_e' + R_{E1}$；集电极电路中包含并联电阻 $R_C \| R_L$；同时在例 2-8 中已计算出 $r_e' = 7.35\Omega$。因此，集电极-发射极电路总的交流电阻为

$$R_{ac} = r_e' + R_{E1} + (R_C \| R_L) = 7.35\Omega + 200\Omega + (2.7\text{k}\Omega \| 4.7\text{k}\Omega) \approx 1.92\text{k}\Omega$$

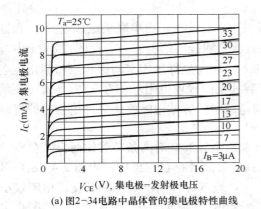

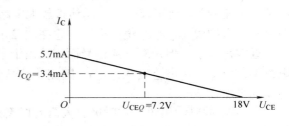

(a) 图2-34电路中晶体管的集电极特性曲线　　　　(b) 图2-34电路的直流负载线

图 2-42　例 2-10 图

现在，计算集电极交流饱和电流

$$i_{c(sat)} = I_{CQ} + \frac{U_{CEQ}}{R_{ac}} = 3.4\text{mA} + \frac{7.2\text{V}}{1.92\text{k}\Omega} \approx 7.15\text{mA}$$

接下来计算集电极-发射极交流截止电压

$$u_{ce(off)} = U_{CEQ} + I_{CQ} \times R_{ac} = 7.2\text{V} + 3.4\text{mA} \times 1.92\text{k}\Omega \approx 13.8\text{V}$$

最终，通过集电极交流饱和电流 $i_{c(sat)}$、Q 点和集电极-发射极交流截止电压 $u_{ce(off)}$ 确定出一条直线。画出交流负载线，如图 2-43(a)所示。

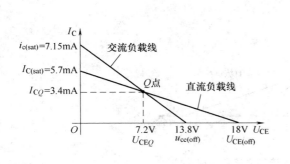

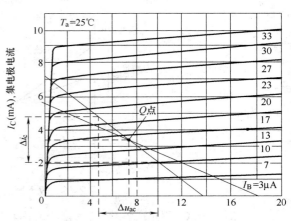

(a) 图2-35(b)所示放大器的直流负载线与交流负载线　　　(b) 叠加在典型晶体管特性曲线上的交直流负载线

图 2-43　例 2-10 图

将交流负载线叠加在晶体管集电极特性曲线上(见图 2-43(b))。那么，从图上可以看到，当输入信号使基极电流在 $7 \sim 18.5\mu A$ 的范围内变化时，集电极输出电流 i_c 将在 $2.1 \sim 5.8mA$ 的范围内变化。此外，对相同的信号而言，u_{ce} 的变化范围为 $4.8 \sim 10V$。

实践练习：若负载电阻 R_L 从 $4.7k\Omega$ 变为 $2.7k\Omega$，则 Q 点和交流负载线将做怎样的变化？

【例 2-11】 若将图 2-34 中的基极偏置电阻 R_2 设置为 $4.7k\Omega$，其余电路参数不变，则当信号在基极上引起的电流变化范围仍为 $\Delta i_b = 11.5\mu A$ 时，放大器是否能够不失真地输出信号电压。

解：在图 2-34 中，若设置基极偏置电阻 $R_2 = 4.7k\Omega$，则在其余参数不变的情况下，放大器的 Q 点将会发生变化，重新计算 Q 点，有

直流基极电压为

$$U_{BO} = \left(\frac{R_2}{R_1 + R_2} \right) \times U_{CC} = \left(\frac{5.2k\Omega}{27k\Omega + 4.7k\Omega} \right) \times 18V \approx 2.95V$$

由式(2-10)，可得发射极电压 U_{EO} 为

$$U_{EO} = U_{BO} - U_{BE} = 2.95V - 0.7V = 2.25V$$

根据欧姆定律可求得发射极电流为

$$I_E = \frac{U_{EO}}{R_{E1} + R_{E2}} = \frac{2.25V}{200\Omega + 270\Omega} \approx 4.8mA$$

于是集电极-发射极之间的电压为

$$U_{CE} = U_{CC} - I_C(R_C + R_{E1} + R_{E2}) = 18V - 4.8mA \times (2.7k\Omega + 200\Omega + 270\Omega) \approx 2.8V$$

由于图 2-34 所示电路中，输出端的电路并未发生变化，所以直流负载线的饱和点与截止点的坐标也不会发生变化。但是与图 2-42(b)所示的直流负载线相比，输入端偏置参数的变化将引起直流偏置电流 I_B 的变化，从而导致放大器直流负载线上 Q 点的变化。为了在本例中便于参考，现将图 2-42(b)在图 2-44(a)中给出，且新 Q 点坐标为 $U_{CEQ} = 2.8V$、$I_{CQ} = 4.8mA$。

同理，集电极交流饱和电流为

$$i_{c(sat)} = I_{CQ} + \frac{U_{CEQ}}{R_{ac}} = 4.8mA + \frac{2.8V}{1.92k\Omega} \approx 6.3mA$$

接下来计算集电极-发射极交流截止电压

$$u_{ce(off)} = U_{CEQ} + I_{CQ} \times R_{ac} = 2.8V + 4.8mA \times 1.92k\Omega \approx 12V$$

最终，通过集电极交流饱和电流 $i_{c(sat)}$、Q 点和集电极-发射极交流截止电压 $u_{ce(off)}$ 确定出一条直线。画出的交流负载线如图 2-44(b)所示。

如果输入信号使基极电流的变化范围为 $\Delta i_b = 11.5\mu A$ 时，那么由于 Q 点的变化，则基极电流 i_b 将在 $12.8 \sim 24.2\mu A$ 的范围内变化。这样将交流负载线叠加在晶体管特性曲线上，如图 2-44(c)所示，并由图可知，集电极输出电流 i_c 将在 $3.4 \sim 6.2mA$ 的范围内变化。此外，对相同的信号而言，u_{ce} 的变化范围为 $0.2 \sim 5.9V$。但是由晶体管特性曲线可知，晶体管集电极-发射极之间交流信号电压 u_{ce} 的最小值 $0.2V$ 已经低于晶体管的饱和电压，从而使信号波形进入了饱和区。在饱和区内，由于晶体管电流放大关系，$i_c = \beta_{ac} \times i_b$ 不能成立，所以进入到饱和区内的部分波形被"削去"，出现"削底"失真，因此在这种情况下，放

大器不能保持信号的完整性，即不能不失真地传送信号。

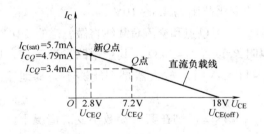

(a) 电阻R_2变化在直流负载线上引起的Q点的变化

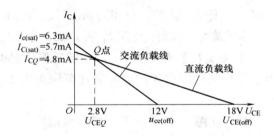

(b) Q点改变后，电路交流负载线的变化

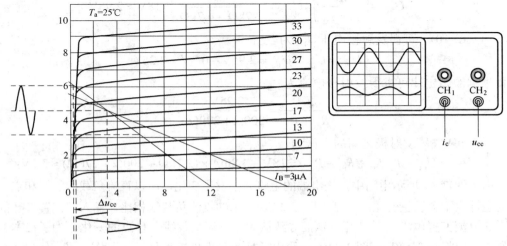

(c) 叠加在典型晶体管特性曲线上的交直流负载线和信号波形的变化

图 2-44　例 2-11 图

实践练习：若输出信号发生"削顶"失真(即输出信号波形正向部分的最大值被削去)，试阐述放大器在直流偏置上存在的问题。

由例 2-11 可见，放大器在将信号进行放大的同时能否保持所传输信号的完整性，其 Q 点的设置非常重要。在本项目 1.5.2 节中，我们已经了解到，任何半导体器件生产商都会给出他们所生产的半导体器件的使用参数。依据这些参数，合理调整晶体管 Q 点是保证交流信号可以在不失真情况下获得最大增益的先决条件。将图 2-30 重新绘制于图 2-45 中，将集电极-发射极的直流偏置电压 U_{CEQ} 调整在 $U_{CEQ} = U_{CC}/2$ 的位置是一种比较安全的选择。

对于双极晶体管放大器而言，除了最常用的共发射极基本组态之外，还有两种组态是共集电极放大器(也称为射极跟随器)和共基极放大器。在此，本书不再另做详尽的讨论。表 2-7 列出了三种放大器的基本组态、基本特性与典型应用。如果想要了解其他两种放大器的工作特性，可在学习共发射极放大器后，通过查阅相关书籍或资料进行对比学习。

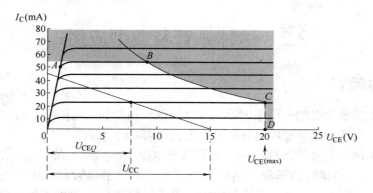

图 2-45　Q 点的确定

表 2-7　双极晶体管放大器的基本组态

电路名称	共发射极放大器	共集电极放大器 (射极跟随器)	共基极放大器
电路组态			
电压增益	大，如 200	约等于 1	大，如 200
电流增益	大，如 200	大，如 200	小，小于 1
输入电阻	较高，如 5kΩ	高，如 50kΩ	较低，如 50Ω
输出电阻	较高，如 20kΩ	较低，如 100Ω	高，如 50kΩ
输入与输入信号相位	相反，相差 180°	同相，相差 0°	同相，相差 0°
典型应用	低噪声放大器	前置放大器	高频放大器

2.2 达林顿管及典型应用

2.2.1 达林顿管

使用共集电极放大器的一个原因是它能够提供较高的输入电阻,如表 2-7 所示。还有一种增大输入电阻的方法是使用达林顿管,如图 2-46(a)所示。

达林顿管由两个晶体管级联而成,它们的集电极引脚端连接在一起,第一个晶体管的发射极驱动第二个晶体管的基极。这种组态在实现提升晶体管输入电阻的同时,也使得 β_{ac} 成倍地增加。实际上,达林顿管类似于一个"超级接口"的单个晶体管,但是其交流 β 值等于两个单晶体管的交流 β 值相乘,即

$$\beta_{ac} = \beta_{ac1} \times \beta_{ac2}$$

如前所述,达林顿管的主要优势是使其电路可以获得很高的输入电阻和很高的电流增益。因此达林顿管可以用在任何需要很高电流增益值的电路中。与其他晶体管类似,达林顿管可以以单个封装形式得到。例如,2N6426 就是一种具有最小值 β_{ac} 为 30000 的小信号达林顿晶体管。

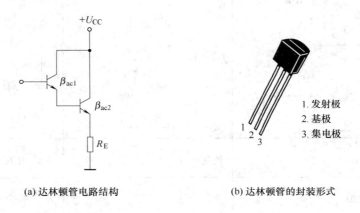

(a) 达林顿管电路结构　　　　　(b) 达林顿管的封装形式

图 2-46　达林顿管

2.2.2 典型应用

任何一种类型的电子系统都需要一个内部直流电源来使电子系统能够正常工作。虽然电子系统的输入信号电压和负载要求会发生变化,但它的内部直流偏置电源(电压)则必须保持在合理并且稳定的设置值上。

图 2-47 是一个最基本的全通晶体管稳压器电路,虽然在项目 1 中,我们已经介绍了用齐纳二极管来实现稳压的方法,但是对于稳压要求较高的电子器件或电子系统来说,采用晶体管进行稳压是一种更加"高级"的稳压方法。

图 2-47 所示的全通晶体管稳压器,其名称来源于这样一个事实,即所有流向负载的电流都必须通过该电路中所串联的晶体管(见图 2-47 中的晶体管 VT_1)。该电路的工作原理非常简单。电阻 R_1 限制齐纳二极管 VD_1 中的电流。由于齐纳二极管的作用,晶体管 VT_1 的基

极电压，保持在相对固定的值上。这意味着负载电压将等于齐纳电压值减去晶体管 VT_1 基极-发射极之间的电压，即

$$U_L = U_Z + U_{EB} = U_Z - U_{BE}$$

由于齐纳二极管两端的电压 U_Z 恒定。因此，如果负载电压 U_L 减小，U_{BE} 的值就会增大，从而导致通过晶体管 VT_1 的负载电流增加(流过晶体管 VT_1 集电极-发射极的电流)。负载电流的增加，弥补了负载电压的减小。反之，如果负载电压 U_L 增大，U_{BE} 的值就会减小。随着 U_{BE} 的减小，通过晶体管 VT_1 的负载电流将会减小，从而抑制负载电压的增加。

将单个全通晶体管替换为一个达林顿管可以改善这个基本电路的稳压效果，如图 2-48 所示。达林顿管使电流增益增大意味着由负载变化而引起的齐纳电流的变化范围减小。这样就使得稳压器能够捕捉到负载电压的微小变化，从而使负载电压更加稳定。此时可求得负载电压为

$$U_L = U_Z - 2U_{BE}$$

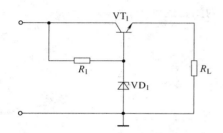

图 2-47 基本全通晶体管稳压器

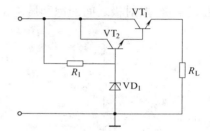

图 2-48 达林顿管全通晶体管稳压器

通过在输出端加入一个分压器作为负载电压变化的检测电路，并加入另外一个晶体管，可以进一步改善达林顿全通晶体管稳压器的性能，如图 2-49 所示。如果负载电压增大，晶体管 VT_3 的基极电压也会增大，这会导致 VT_3 集电极-发射极之间的电压 U_{CE3} 减小。随着 U_{CE3} 的减小，晶体管 VT_2 的基极电压也减小，这意味着通过 VT_1 流到负载上的电流减小，从而使得负载因获得减小的电流，来抑制负载电压的增加。如果负载电压减小，则会出现相反的情况。这里出现的关于反馈的内容，我们会在下一个项目中进行更加详细的讨论，而关于达林顿管反馈稳压器的内容，大家可以查阅相关技术资料，在此不再赘述。

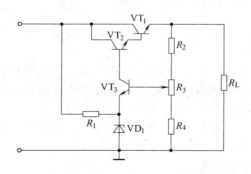

图 2-49 达林顿反馈稳压器

2.3 模拟开关电路

2.3.1 双极晶体管开关电路

在此之前，我们讨论的是晶体管在模拟电路中作为线性放大器的应用。除此之外，晶体管的另一个主要应用是在数字系统中作为开关使用。最初，数字电路的大规模应用是在电话通信系统中。而现在，计算机成为使用集成(IC)开关电路最重要的应用领域。

图 2-50 说明了晶体管用作开关使用的基本工作原理。开关是具有打开或关闭两种状态的设备。在图 2-50(a)中，晶体管处于截止状态，是因为发射结没有正向偏置。在该状态下，集电极和发射极之间的理想情况为开路，可以用一个打开的开关来等效。

在图 2-50(b)中，晶体管处于饱和状态，因为发射结正向偏置，并且基极电流大到足以使集电极电流达到饱和值。在这种状态下，集电极和发射极之间的理想情况为短路(忽略晶体管上集电极-发射极之间的饱和压降)，可以等效为闭合的开关。

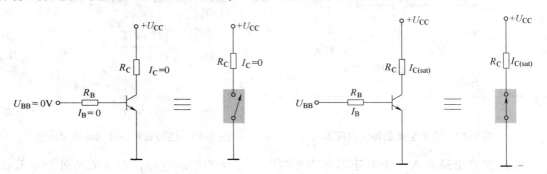

(a) 截止–打开的开关　　　　　　　　　(b) 饱和–闭合的开关

图 2-50　晶体管的理想开关特性

1. 截止状态

如前所述，当发射结没有正向偏置时，晶体管处于截止状态。忽略泄漏电流，流过集电极和发射极的总电流为零，U_{CE} 等于 U_{CC}，即

$$U_{CE(off)} = U_{CC} \tag{2-17}$$

2. 饱和状态

当发射结正向偏置且有足够大的基极电流来产生最大集电极电流时，晶体管处于饱和状态。因为 U_{CE} 在饱和状态下的电压非常小，所以整个电源电压都作用在集电极电阻上。集电极电流近似为

$$I_{C(sat)} \approx \frac{U_{CC}}{R_C} \tag{2-18}$$

能够产生饱和的最小基极电流为

$$I_{B(min)} = \frac{I_{C(sat)}}{\beta_{DC}} \tag{2-19}$$

I_B 应该远大于 $I_{B(min)}$，这样才能使晶体管较好地保持在饱和状态，而且满足不同晶体管的不同直流 β 值。

【例 2-12】晶体管开关电路如图 2-51 所示。

① 当 $U_{IN} = 0V$ 时，U_{CE} 为多少？

② 假设 $U_{CE(sat)} = 0V$，$\beta_{DC} = 200$，那么使晶体管处于饱和状态所需的最小 I_B 值为多少？

③ 当 $U_{IN} = 5V$ 时，计算 R_B 的最大值。

解：

① 当 $U_{IN} = 0V$ 时，晶体管处于截止状态(相当于开关打开)，此时有

$$U_{CE} = U_{CC} = 10V$$

② 因为 $U_{CE(sat)} = 0V$，所以由式(2-18)得

$$I_{C(sat)} \approx \frac{U_{CC}}{R_C} = \frac{10V}{1.0k\Omega} = 10mA$$

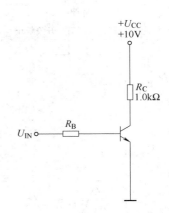

图 2-51　例 2-12 图

由式(2-19)可得

$$I_{B(min)} = \frac{I_{C(sat)}}{\beta_{DC}} = \frac{10mA}{200} = 0.05mA = 50\mu A$$

这就是能够使晶体管达到饱和点的最小 I_B 值。继续增大 I_B 的值将使晶体管进入更深程度的饱和，但是 I_C 不会增大。

③ 当晶体管饱和时，$U_{BE} = 0.7V$。电阻 R_B 上的电压为

$$U_{RB} = U_{IN} - U_{BE} = 5V - 0.7V = 4.3V$$

那么，根据欧姆定律计算得到允许 I_B 取得最小值时的最大电阻为

$$R_B = \frac{U_{RB}}{I_{B(min)}} = \frac{4.3V}{0.05mA} = 86k\Omega$$

实践练习：(1) 在图 2-51 中，若假设 $U_{CE(sat)} = 0.2V$，$\beta_{DC} = 125$，试计算使晶体管进入饱和状态的最小 I_B 值。

(2) 对比二极管开关和双极晶体管开关，请描述两者在功能上的区别。

2.3.2　采样保持电路

采样电路是晶体管开关的应用电路之一。采样保持电路在某个时刻对模拟输入信号的电压进行采样，在获得"样品"之后，保持一段时间。其目的是将连续变化的模拟信号变换成不连续的离散信号，以方便后续的模数转换电路，将模拟信号转换成数字信号。

一个基本的采样保持电路如图 2-52 所示，它包括一个模拟开关、一个电容以及输入输出缓冲放大器。模拟输入信号通过缓冲放大器的放电通路后，由模拟开关对其输入电压进行采样，电容(C_H)存储并保持已采样电压一段时间，输出缓冲放大器提供一个高输入电阻来防止电容快速放电。其目的是以便后续电路将这些模拟电压转换为数字形式。模拟输入信号经过采样保持过程之后将转换为离散信号输出。

采样保持电路的工作原理如图 2-53(a)所示。为了实现上述目标，双极晶体管 VT 通过加在基极上的脉冲，在输入信号一个周期内的短时间内导通。基本工作过程如图 2-53(b)所

示，为了清晰起见，其中保留了模拟开关和电容器，并且只显示了几个采样。

对信号采样以及采样后的信号重新复现的条件是：施加在基极的脉冲控制信号的最小频率必须大于信号最大频率的 2 倍。这个定律称为香农采样定理。

$$f_{\text{sample(min)}} > 2 f_{\text{signal(max)}}$$

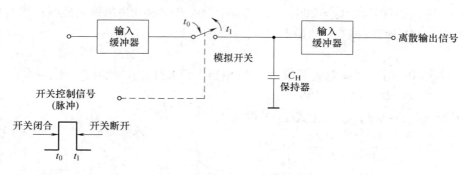

图 2-52　采样保持电路的组成框图

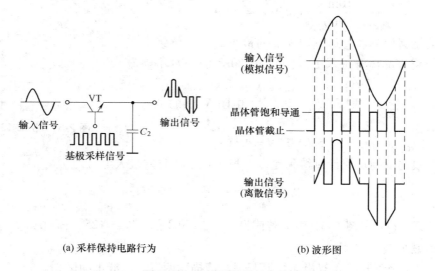

(a) 采样保持电路行为　　　　(b) 波形图

图 2-53　晶体采样保持电路

2.3.3　模拟复用器

模拟复用器用于将两路或多路信号传输到同一目标的应用中。例如，图 2-54 描述的是一个双通道模拟采样复用器。两个双极晶体管交替导通和截止，这样信号采样先后连接到输出端。脉冲信号加到开关 A 的基极，反相后的脉冲信号加到开关 B 的基极。一个被称为反相器的电子器件用来实现脉冲信号的反相。当脉冲为高电平(能够使晶体管输入端 PN 结导通，并使晶体管进入饱和状态的电压)时，开关 A 闭合而开关 B 断开。当脉冲为低电平(能够使晶体管输入端 PN 结截止，并使晶体管进入截止状态的电压)时，开关 A 断开而开关 B 闭合。于是在脉冲为高电平时的时间间隔内，信号 A 出现在输出端；而在脉冲为低电平的时间间隔内，信号 B 出现在输出端。这种复用方式称为时分复用。也就是说，这两个信号在时间上交错以便在同一条输出线上进行传输。

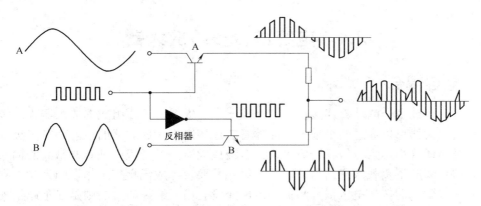

图 2-54　模拟复用器交替采样两个信号，并在单一输出线上实现交错传输

2.3.4　晶体管逆变电路

逆变与整流正好相反。我们知道，将交流电变成直流电的过程称为整流，而将直流电变成交流电的过程则称为逆变。逆变是为了获得频率可以任意变化的交流电，以便使那些需要利用频率来改变工作状态的器件正常工作，如变频交流电机。

图 2-55(a)是一种被称为 H 桥的逆变电路，图中 R_L 为某交流负载的电阻。当输入 U_{IN1} 为某正向电压，而输入 U_{IN2} 电压为零，此时晶体管 VT_1 和 VT_2 导通，而 VT_3 和 VT_4 截止。因此，直流电源 U_{CC} 与 VT_1、R_L 和 VT_2 形成回路，负载上的电流由 A 点流向 B 点(红色虚线所示)；而当输入 U_{IN1} 电压为零，而输入 U_{IN2} 为某正向电压时，晶体管 VT_1 和 VT_2 截止，而 VT_3 和 VT_4 导通。因此，直流电源 U_{CC} 与 VT_3、R_L 和 VT_4 形成回路，负载上的电流由 B 点流向 A 点(蓝色虚线所示)。这样在负载 R_L 上就形成了大小和方向都随时间变化的交流电，如图 2-55(b)所示。

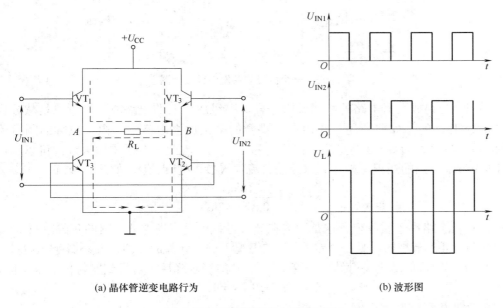

(a) 晶体管逆变电路行为　　　　　　　　　　(b) 波形图

图 2-55　晶体管逆变电路(见彩插)

2.4　电容耦合多级放大器

2.4.1　电容耦合

可以将两个或多个晶体管连接在一起组成一个放大器，这样组成的放大器称为多级放大器。多级放大器可以通过两个或多个晶体管的连接来提高放大器的性能。在多级放大器中，每一个晶体管都称为一级。一般来讲，多级放大器的第一级必须有非常高的输入电阻来避免对信号源产生负载效应。另外，第一级还需要设计成低噪声工作，因为输入到多级放大器的那些微弱的信号电压很容易被噪声所淹没。而后续级的目的则是在不产生失真的前提下增加信号的幅度(提升放大器的电压增益)。

提高放大器增益最简单的方法是将两级通过电容耦合在一起，如图 2-56 所示。在本例中，组成多级放大器的两级都是相同的共发射极放大器，第一级的输出连接到第二级的输入端。由于电容具有阻隔直流的作用，因此电容耦合会阻止其中一级的直流偏置影响另一级的直流偏置。但是对于交流信号来说，耦合电容可以让它顺利地传输到下一级。

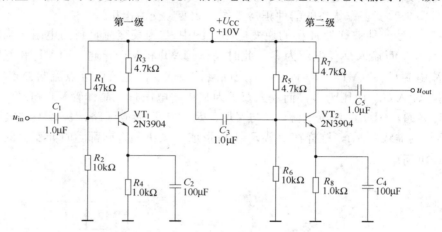

图 2-56　一个两级的共发射极放大器

与单管(单级)放大器电路的故障分析一样，多级放大器的电路故障分析也是从分析直流工作状态开始的。如前所述，在由电容耦合的多级放大电路中，由于电容的隔直流作用，使得多级放大器每一级的直流工作状态相互独立。因此，对于本例来说，可以利用本项目 1.4.3 节中介绍的知识，来计算每级的直流偏置参数(Q 点值)。如第一级有

$$V_{\mathrm{B}} = \frac{R_2}{R_1 + R_2} \times U_{\mathrm{CC}} = \frac{10\mathrm{k}\Omega}{10\mathrm{k}\Omega + 47\mathrm{k}\Omega} \times 10\mathrm{V} \approx 1.8\mathrm{V}$$

该计算值会略高于实际值，这是因为在计算过程中没有考虑分压器的负载效应(即此处计算与项目 1.4.3 节相同，是在假定 $I_{\mathrm{B}} = 0$ 的情况下进行计算的，但这并不影响我们对实际情况的判断)。用该值减去发射结二极管两端 0.7V 的管压降后，可得到发射极电压电位为

$$V_{\mathrm{E}} = 1.8\mathrm{V} - 0.7\mathrm{V} = 1.1\mathrm{V}$$

因此，计算得到发射极电流为

$$I_\mathrm{E} = \frac{V_\mathrm{E}}{R_\mathrm{E}} = \frac{1.1\mathrm{V}}{1.0\mathrm{k}\Omega} = 1.1\mathrm{mA} \approx I_\mathrm{C}$$

实践练习：

① 完成本例对图 2-56 第一级放大器直流偏置参数的计算。

② 观察图 2-56 的第二级放大器的组态参数，你可以得出什么结论？

2.4.2　负载效应

从本项目 2.1.4 节中，我们已经知道对于交流信号源来说，放大器可以用源和负载的分析模型表示，而在这个模型结构图中只包含一些非常重要的器件参数，如电压增益、输入输出电阻等。在单级(管)放大器的交流模型中，对交流信号源来说，放大器仅仅是一个阻值为 R_i 的负载，而对放大器所带的负载来说，它又是一个电压源(受控)与一个阻值为 R_o 的输出电阻串联(戴维南电路)的模型。因此，在多级放大器中，为了计算放大器的总增益，每个晶体管所组成的放大器都可以用类似的方式建立模型，如图 2-57(a)所示。并且在计算多级放大器总的电压增益时，只需要知道三个参数：每级空载时的电压增益 A_v、第一级的输入电阻 R_i1 和最后一级的输出电阻 R_oz。可以看到空载输出电压等于输入电压乘以空载增益。

首先求第一级的空载增益 A_v1、输入电阻 R_i1 和输出电阻 R_o1。

由式(2-14)，可知第一级的交流发射极电阻约为 $r'_\mathrm{e} = 25\mathrm{mV}/I_\mathrm{E}$，其中 I_E 已经由上面的直流偏置计算得到，故有

$$r'_\mathrm{e} = \frac{25\mathrm{mV}}{I_\mathrm{E}} = \frac{25\mathrm{mV}}{1.1\mathrm{mA}} = 22.7\Omega$$

由于旁路电容 C_2 的作用(见图 2-56)，所以发射极电路的交流电阻为 $R_\mathrm{e} = r'_\mathrm{e}$。这样由式(2-16)可知，空载时，第一级的电压增益约为

$$A_\mathrm{v1} = -\frac{R_\mathrm{c}}{R_\mathrm{e}} = -\frac{R_3}{r'_\mathrm{e}} = \frac{4.7\mathrm{k}\Omega}{22.7\Omega} = -207$$

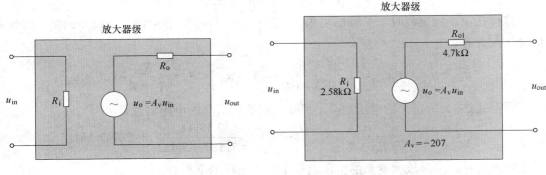

(a) 基本放大器戴维南模型　　　　　(b) 图2-56中一级放大器的参数

图 2-57　单级放大器

共发射极放大器的输入电阻和输出电阻在本项目 2.1.4 节中已经讨论过，同理，由于图 2-56 中旁路电容 C_2 的作用，使得晶体管发射极电路上的电阻为零。因此，采用分压式

偏置的共发射极放大器输出电阻为

$$R_{i1} = R_1 \| R_2 \| (\beta_{ac} \times r_e')$$

查 2N3904 数据手册，并取 $\beta_{ac} = 150$，有

$$R_{i1} = R_1 \| R_2 \| (\beta_{ac} \times r_e') = 47k\Omega \| 10k\Omega \| (150 \times 25\Omega) = 2.58k\Omega$$

同样，由本项目 2.1.4 节中的讨论，图 2-56 中第一级放大器的输出电阻为

$$R_{o1} = R_c = R_3 = 4.7k\Omega$$

将这些参数放入如图 2-57(a)所示的单级放大器的交流模型中，其模型如图 2-57(b)所示。由图 2-56 所示电路，可知两个单级放大器的组态参数完全相同，所以两个放大器的交流模型参数也是相同的。

现在，将两个组成多级放大器的交流模型连接成图 2-58 所示的模型。其中，第一级和第二级的交流模型参数都标示在模型上面，现在用该模型来计算该电容耦合多级放大器的总增益。

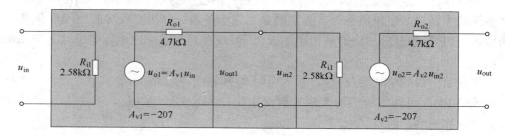

图 2-58 完整两级放大器的交流模型

前面已经通过计算得到了第一级的空载增益为 $A_{v1} = -207$。当两级相连时，两级之间的输出电阻和输入电阻产生了分压器的负载效应，且分压器由第一级的输出电阻 R_{o1} 与第二级的输入电阻 R_{i2} 串联组成，该分压器使得第二级放大器的信号电压 u_{in2} 为

$$u_{in2} = \frac{R_{i2}}{R_{o1} + R_{i2}} \times u_{o1} = \frac{R_{i2}}{R_{o1} + R_{i2}} \times (A_{v1} u_{in})$$

这样在第二级空载时，其输出电压为 $u_{out} = u_{o2} = A_{v2} u_{in2}$，将上面分压得到的第二级输入信号代入此式，有

$$u_{out} = u_{o2} = A_{v2} u_{in2} = A_{v1} \times \left(\frac{R_{i2}}{R_{o1} + R_{i2}} \times A_{v1} \times u_{in} \right) = A_{v1} \times \frac{R_{i2}}{R_{o1} + R_{i2}} \times A_{v1} \times u_{in}$$

根据式(2-15)所定义的电压增益，可知两级放大器总的电压增益是

$$A_v = \frac{u_{out}}{u_{in}} = A_{v1} \times \frac{R_{i2}}{R_{o1} + R_{i2}} \times A_{v1} = (-207) \times \frac{2.58k\Omega}{4.7k\Omega + 2.58k\Omega} \times (-207) \approx 15185$$

由此可见，多级放大器总的电压增益是下面三项的乘积。

① 第一级的空载增益；

② 第一级与第二级连级后，由于负载效应而产生的分压器增益(衰减)；

③ 第二级的空载增益。

实践练习：

① 讨论用什么方法可以抑制连级后的分压器增益。

② 如果能够不计连级后的分压器增益，那么多级放大器的总增益应如何表示？

从上面的计算可见，用乘积表示的多级放大器的电压增益相当大，为了减少大数据表示的不便性，多级放大器的电压增益通常会用分贝表示。根据分贝的定义(项目 1，式(1-3))，有

第一级的空载增益为

$$A'_{v1} = 20\lg|A_{v1}| = 20\lg(207) = 46.3\text{dB}$$

两级之间的分压器增益(衰减)为

$$A'_{v(con)} = 20\lg\left|\frac{R_{i2}}{R_{o1} + R_{i2}}\right| = 20\lg\left(\frac{2.58\text{k}\Omega}{4.7\text{k}\Omega + 2.58\text{k}\Omega}\right) = 20\lg(0.35) = -9.0\text{dB}$$

由于第二级的空载增益与第一级相同，故总的分贝电压增益等于单个分贝电压增益的总和，即

$$A_v = A'_{v1} + A'_{v(con)} + A'_{v2} = 46.3\text{dB} - 9.0\text{dB} + 46.3\text{dB} = 83.6\text{dB}$$

2.5　项目任务：信号完整性测试

学习领域		任务二：信号完整性测试		任课教师	
班级		姓名		学号		完成日期	

信号测试前的准备工作：

1. 请查阅相关资料，写出下图所示数字示波器面板上，数字所指各部分的功能。

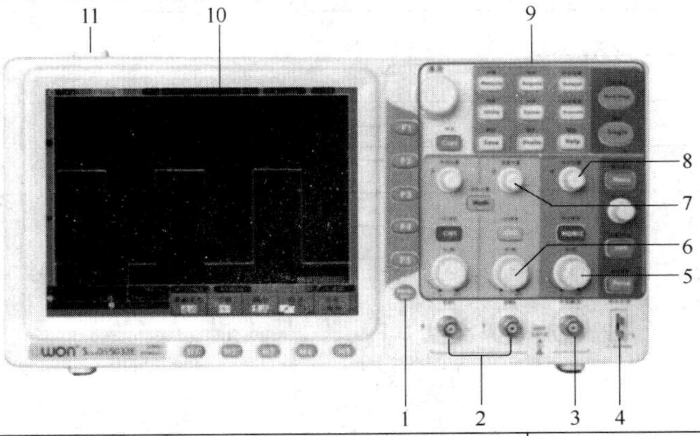

1:	7:
2:	8:
3:	9:
4:	10:
5:	11:
6:	

2. 下图所示为示波器的探头及探头开关，请描述当探头开关选择 10X 时，它对示波器垂直方向上标尺的影响。

探头衰减开关

3. 下图(见彩插)为示波器所测得的某信号波形，根据示波器面板参数，请读出下列数据。

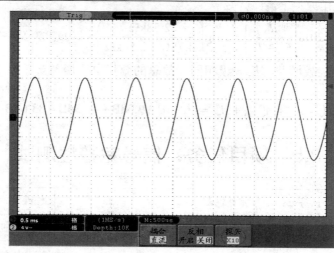

示波器振幅(V / div)：		示波器时基(μs/div)：	
探头衰减：			
信号电压幅值 U_P：			
信号电压峰-峰值 U_{P-P}：			
信号周期 T：			
信号频率 f：			

自评	□	😊	□	😞	学生	

指导教师		日期	

任务电路板：

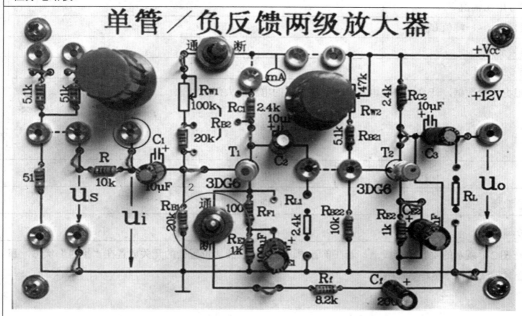

任务内容：

在完成任务一的基础上，利用信号发生器产生幅值为10μV、频率为1kH 的正弦信号。

1. 将正弦信号接入实验电路板的信号输入端，红圈所示 1 的位置。并用示波器通道1(CH₁)的探头接入，读出示波器通道 1 的测试数据，以验证输入信号为给定参数。

通道 1(CH₁)测量数据：

示波器振幅(V/ div)：		示波器时基(μs/ div)：	
探头衰减：			
信号电压幅值 U_P：			
信号电压峰-峰值 $U_\text{P-P}$：			
信号周期 T：			
信号频率 f：			

自评	□	☺	□	☹	学生	
指导教师					日期	

2. 根据任务一中所绘制的任务电路，找到单管放大器的输出端，并将示波器通道 2 的探头正确接入到单管放大电路的输出端进行信号波形的测试。在信号没有输出失真的情况下，将测量参数记入下表。注意，在单管测试过程中，红圈所示 2 的位置处，开关必须保持在"断开"的位置上。

通道 2 测量数据：

示波器振幅(V / div)：	示波器时基(μs/div)：	
探头衰减：		
信号电压幅值 U_P：		
信号电压峰-峰值 $U_{P\text{-}P}$：		
信号周期 T：		
信号频率 f：		

3. 根据测量数据，计算该实验电路板单管放大器的电压放大倍数。

自评	□	😊	□	😞	学生	
指导教师					日期	

任务总结：

1. 在图 2-1 所示的实验电路板上，若在单管测试时，将红圈 2 位置处的开关放置在"接通"状态，那么会对测试过程产生什么影响？

2. 谈谈您对直流偏置与信号放大的理解。

自评	□	😊	□	😞	学生	
指导教师					日期	

扩展任务：

尝试计算任务电路板在两级放大时(红圈 2 位置处的开关放置在"接通"状态)的电压增益。

① 绘制两级放大时的电路图。

② 绘制两级放大时，电路的交流模型。

③ 计算两级放大时的电路增益。

自评	□	☺	□	☹	学生	
指导教师					日期	

3.1　工　作　页

学习领域	项目 2　示波器的使用与信号测量					
班级		姓名		学号	完成日期	

自　我　检　查

1. NPN 型晶体管的 N 区域是_____。

A. 集电区和发射区	B. 集电区和基区	C. 基区和发射区	D. 集电区、发射区和基区

2. PNP 型晶体管的 N 区域是_____。

A. 集电区和发射区	B. 集电区和基区	C. 基区和发射区	D. 集电区、发射区和基区

3. NPN 型晶体管正常工作时，基区必须_____。

A. 断开	B. 相对发射极为负
C. 相对发射极为正	D. 相对集电极为正

4. β 是下面_____的比值。

A. 集电极电流与发射极电流	B. 集电极电流与基极电流
C. 发射极电流与基极电流	D. 输出电压与输入电压

5. 在双极型晶体管正常工作时，几乎相等的两种电流是_____。

A. 集电极和基极电流	B. 集电极和发射极电流
C. 基极和发射极电流	D. 输入和输出电流

6. 如果处于未饱和状态的双极晶体管的基极电流增大，那么集电极电流_____。

A. 增大，并且发射极电流减小	B. 减小，并且发射极电流减小
C. 增大，并且发射极电流不变	D. 增大，并且发射极电流增大

7. 处于饱和状态的双极晶体管可通过_____鉴别。

A. 集电极和发射极之间的电压非常小	B. 集电极和发射极之间的电压为 U_{cc}
C. 基极和发射极电压降为 $0.7V$	D. 没有基极电流

8. 场效应管优于双极晶体管的特性是_____。

A. 高增益	B. 低失真	C. 高输入阻抗	D. 以上都是

9. 在正常工作状态下，场效应管的栅源之间和 PN 结_____。

A. 正向偏置	B. 反向偏置	C. A 或 B	D. A 和 B 都不是

10. 参考下图，P 沟道增强型 MOS 场效应管的电路符号是_____。

A.	B.	C.	D.

11. 参考下图，N 沟道耗尽型 MOS 场效应管的电路符号是_____。

A.	B.	C.	D.

12. 如果一个放大器的分贝电压增益是 60dB，则实际增益是_____。

A. 600	B. 1000	C. 1200	D. 1000000

13. 共发射极放大器的电压增益可用_____的比值表示。

A. 交流集电极电阻与交流输入电阻	B. 交流发射极电阻与交流输入电阻
C. 直流集电极电阻与直流发射极电阻	D. 以上都不是

14. 共集电极放大器的电压增益为_____。

A. 与输入信号有关	B. 与晶体管的 β 值有关
C. 近似为 1	D. 以上都不是

15. 在共发射极放大器中，从发射极到地的电容称为_____。

A. 耦合电容	B. 去耦电容	C. 旁路电容	D. 调谐电容

16. 如果将共发射极放大器中发射极到地之间的电容移除，电压增益会_____。

| A. 增大 | B. 减小 | C. 没有影响 | D. 不确定 |

17. 共发射极放大器的输入电阻受_____的影响。

| A. 偏置电阻 | B. 集电极电阻 | C. A 和 B | D. 都不对 |

18. 当共发射极放大器的集电极电阻值增大时，电压增益会_____。

| A. 增大 | B. 减小 | C. 没有影响 | D. 不确定 |

19. 共基极放大器的输出信号始终_____。

| A. 与输入信号同相 | B. 与输入信号不同相 | C. 比输入信号大 | D. 等于输入信号的幅度 |

20. 共集电极放大器的输出信号始终_____。

| A. 与输入信号同相 | B. 与输入信号不同相 | C. 比输入信号大 | D. 等于输入信号的幅度 |

21. 达林顿管是用两个相连的晶体管来提供_____。

| A. 非常高的电压增益 | B. 非常高的 β | C. 非常低的输入电阻 | D. 非常低的输出电阻 |

22. 与共发射极和共集电极放大器相比，共基极放大器具有_____。

| A. 较低的输入电阻 | B. 更大的电压增益 | C. 更大的电流增益 | D. 更高的输入电阻 |

23. 电平是指_____。

| A. 电压大小的分级 | B. 电压水平的高低 |
| C. 能够使 PN 导通或截止的电压 | D. 能够使晶体管饱和或截止的电压 |

24. 模拟开关_____。

A. 可以将模拟信号转换为数字信号

B. 可以导通或者断开模拟信号与输出信号的连接

C. 存储某一点模拟电压的值

D. 将两个或多个模拟信号集中到一根信号线上

25. 基本采样保持电路包括_____。

A. 一个模拟开关和一个放大器

B. 一个模拟开关、一个电容，以及一个放大器

C. 一个模拟开关和一个电容

D. 一个模拟开关、一个电容，以及输入输出缓冲放大器

26. 在一个采样/跟踪保持放大器中，_____。

   A. 电压在采样间隔的结束时保持

   B. 电压在采样间隔的开始时保持

   C. 在采样间隔期间平均电压保持

   D. 在采样间隔内，输出电压随着输入电压的变化而变化，并在采样间隔的结束时保持

27. 逆变是为了_____。

A. 获得交流电	B. 获得直流电
C. 获得频率	D. 获得频率可以调整的交流电

28. 模拟多路复用器_____。

   A. 在输出端产生多个模拟电压的和

   B. 顺序依次在输出端连接两个或多个模拟信号

   C. 同时在输出端连接两个或多个模拟信号

   D. 顺序将两个或多个模拟信号分配到不同的输出端

29. 如果增益为 25 的两个相同放大器相互连接在一起，并且等效分压器的衰减为 5dB，则放大器总的增益为_____。

A. 20dB	B. 45dB	C. 55dB	D. 70dB

实 践 练 习

1. 在下面晶体管的仰视图中标示出各个晶体管的引脚，并将它们与最有可能的封装类型用连线连接起来。

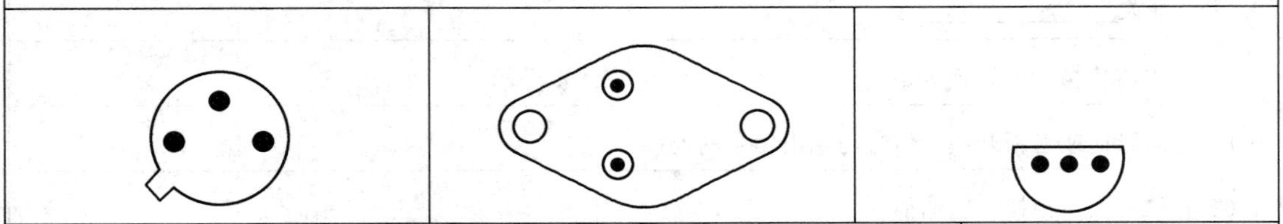

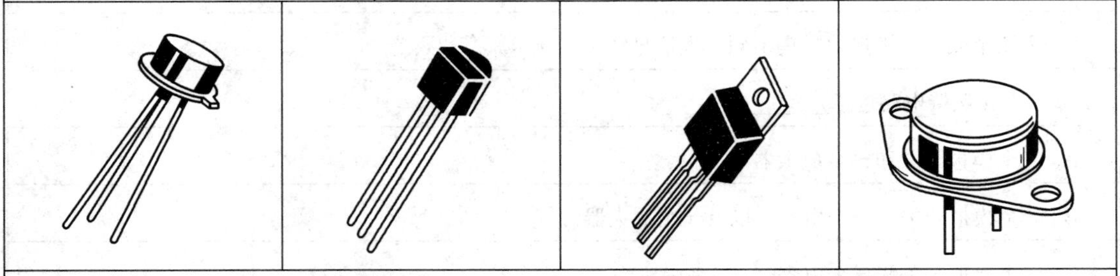

2. 假定下图中的晶体管为 2N9034，能否在不超过 $P_{C(max)}$ 的前提下，将电源电压增大到 24V？(参考数据手册)

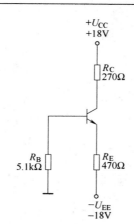

3. 在上图中，若将 R_C 替换为 330Ω 的电阻，则试确定：

① I_C 和 U_{CE} 新的结果是多少？

② 由于这个改变导致 R_C 上消耗的功率为多少？

③ 由于这个变化导致晶体管上消耗的功率为多少？

④ 通过上面的计算，您能得出什么结论？

4. 根据下图中给出的输入电压和控制电压的波形，绘制出采样保持器的输入电压波形。

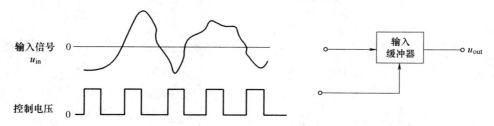

5. 假定一个两级放大器由两个相同的放大器组成，并且有 $R_{in} = 30\text{k}\Omega$、　$R_{out} = 2\text{k}\Omega$、空载电压增益 $A_{v(NL)} = 80$。

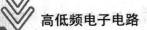
① 绘制放大器的交流模型。

② 当两级连接在一起后，总的电压增益为多少？

③ 如果放大器的最后一级接一个3kΩ的负载电阻，则总增益为多少？

故　障　诊　断

由下图中各器件的症状描述，判断器件故障类型。

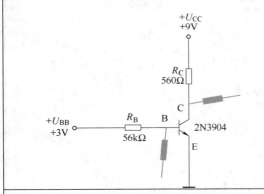

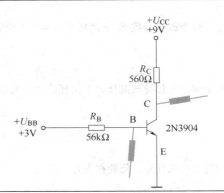

症状：基极上读到几微伏到几毫伏的电压，集电极上可读到9V的电压。

故障诊断：

症状：基极上可读到0.5～0.7V的电压，集电极上可读到几微伏到几毫伏的电压。

故障诊断：

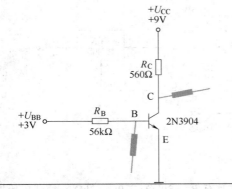

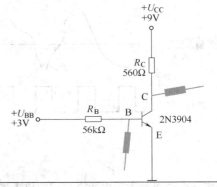

症状：基极上读到3V的电压，集电极上可读到9V的电压。

症状：基极上可读到0.5～0.7V的电压，集电极上可读到9V的电压。

故障诊断：	故障诊断：
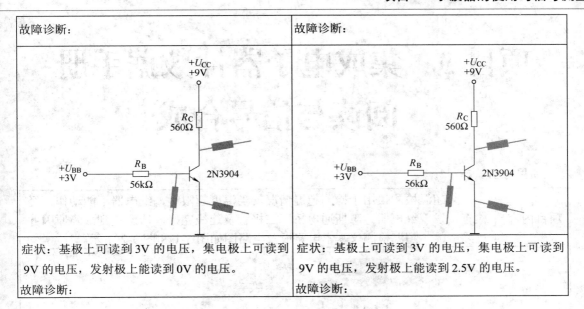	
症状：基极上可读到3V 的电压，集电极上可读到 　　　9V 的电压，发射极上能读到0V 的电压。	症状：基极上可读到3V 的电压，集电极上可读到 　　　9V 的电压，发射极上能读到2.5V 的电压。
故障诊断：	故障诊断：

项目3 集成电子器件数据手册阅读与信号合成

项目导引

项目内容	某超温检测仪用于检测超温情况，当温度超限时，继电器不能动作，经检查，发现继电器、惠斯通电桥、三极管及连线完好，请您找到故障原因并排除故障。超温检测仪基本电路板及电路图如图3-1和图3-2所示。

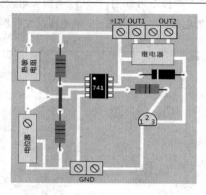

图 3-1　超温检测仪基本电路板图

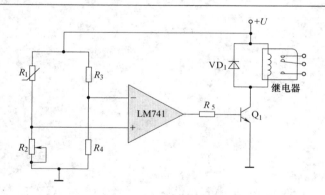

图 3-2　超温检测仪基本电路图

项目路径	根据超温检测仪基本电路板测绘出的电路图可知，若继电器、惠斯通电桥、三极管及连线完好，那么故障的原因就只可能出现在LM741上。因此，要完成任务您就需要了解LM741集成芯片的引脚功能以及它所构成的电路功能，而这取决于您对以下知识的认识和应用。 ① LM741的基本组成结构、工作原理及基本电路功能。 ② LM741技术手册的查阅。

主题 1 信号运算电路

1.1 运算放大器介绍

到目前为止，我们已经学习了很多重要的电子器件，这些器件(如二极管和晶体管)都是各自独立封装的器件，在电路中与其他器件相互连接，以形成具有某一功能的单元电路。这样的器件被称为分立器件。

现在我们要学习的模拟(线性)集成电路也是由很多二极管、晶体管、电阻和电容元件组成。但与分立器件不同的是，这些元件是在一块晶体材料的微芯片上制造而成，并单独封装在一个壳中，形成某一功能的单一器件。这样的器件被称为集成芯片，简称 IC。分立电路与集成电路如图 3-3 所示。

(a) 由分立元件构成的电压放大器   (b) 由集成电路构成的电压放大器

图 3-3 分立电路与集成电路

在本项目中，我们将介绍一种通用 IC，即运算放大器(简称运放)，它是一种广泛使用的线性集成电路。在集成芯片技术发展的早期，集成电路主要是用于完成数学方面的运算，如加法、减法、积分和差分等，因此被称为运算放大器。

图 3-4(a)是 LM741 集成运算放大器的内部电路及外部封装。从运算放大器的内部电路结构上看，一个典型的运算放大器可大致分为三个级：差分放大器级、电压放大器级和推挽放大器级。其中，差分放大器是运算放大器的输入级，它有两个输入端，能够放大两个输入端的差值信号电压；电压放大器是运算放大器的中间级，它能够为差分放大器输出的差值信号电压提供额外的电压增益；推挽放大器是运算放大器的输出级，它在提高运算放大器带负载能力的同时，也额外地为运算放大器提供相应的保护(关于推挽放大器，将会在下一个项目中做具体讨论)。运算放大器内部结构框图如图 3-4(b)所示。

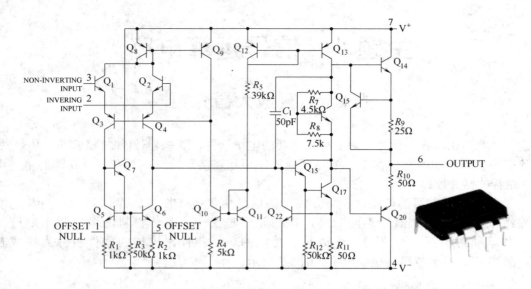

(a) LM741 集成运算放大器的内部电路及外部封装

(b) 集成运算放大器的内部结构框图

图 3-4　典型运算放大器的内部结构

1.1.1　符号与端子

由图 3-4(a)可见，虽然运算放大器由很多的电阻、电容和晶体管组成，但仍然可以把它看成是能够完成某种电路功能的单一器件。这也就意味着，作为集成芯片的使用者，我们关心的是从外部而不是从内部元件级的角度来看待集成芯片能够做什么。

标准运算放大器的电路符号如图 3-5(a)所示。它有两个输入端：反相(用"－"或"N"表示)输入端、同相(用"＋"或"P"表示)输入端以及一个输出端。典型的集成运算放大器需要两个直流电源供电，以保证运算放大器正常工作，其中一个为正，另一个为负，如图 3-5(b)所示。为了简单起见，在电路符号中，通常会忽略直流电源端子(见图 3-4(a)，但应该了解它们实际上是存在的)。几种典型运放 IC 的封装如图 3-5(c)所示。图 3-5(d)为典型 IC 运放的引脚功能图。

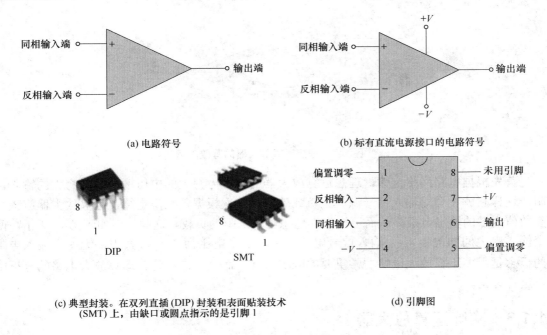

(a) 电路符号

(b) 标有直流电源接口的电路符号

(c) 典型封装。在双列直插(DIP)封装和表面贴装技术
(SMT)上，由缺口或圆点指示的是引脚1

(d) 引脚图

图 3-5　运算放大器和电路符号

所谓同相与反相输入，是指在相应的输入端输入信号后，运算放大器将输出一个与输入信号相位相同或相反的、信号幅值被放大了 A 倍且频率相同的输出信号，如图 3-6 所示。

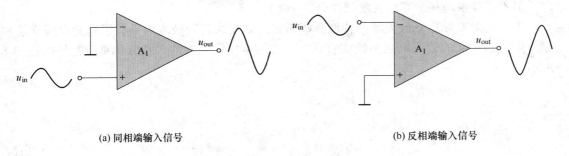

(a) 同相端输入信号

(b) 反相端输入信号

图 3-6　信号在不同端输入时的输出波形

1.1.2　理想运算放大器

为了说明运算放大器究竟是什么，我们首先考虑其理想特性。当然实际的运算放大器是达不到这些理想标准的，但是从理想的角度看，对运算放大器的理解与分析将会更加简单。

如前所述，运算放大器虽然在其内部电路上由很多的电阻、电容和晶体管组成，但它与之前讨论过的共发射极电压放大器并没有本质上的不同。作为信号传递电路中的一个中间环节，我们仍然可以利用分析源和负载特性等电路网络等效定律对它来进行化简(如图 3-7 所示)。并由此考虑我们需要一个什么样的理想特性。

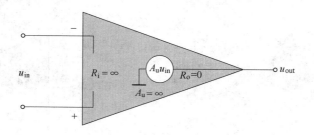

图 3-7 理想运算放大器的等效表示

首先根据电路网络定律，理想运算放大器应具有无穷大的电压增益与无穷大的输入电阻，这样它就不会对输入信号源产生负载效应。其次根据戴维南定律，运算放大器应该具有数值为零的输出电阻，从而可以作为理想电源来驱动负载。这些特性如图 3-7 所示，两个输入端之间的电压 u_{in} 为输入信号电压，输出信号电压为 $A_u u_{in}$。其中，无穷大输入电阻的概念是很多运算放大电路非常重要的分析工具，而这一点，将在运算放大电路的分析中再进行讨论。

1.1.3 实际运算放大器

虽然现代集成电路(IC)制造工艺已经可以使运算放大器的特性参数接近于理想特性值，但是受器件材料本身的限制，实际运算放大器的特性参数并不能完全达到理想状态。例如，受材料限制，当电流流过器件时，输出电阻虽然可能会被限制在某个很小的范围内，但不可能像理想运算放大器那样会等于零。

因此，对实际运算放大器的特性参数而言，其要求就降低成为具有很高的电压增益和输入电阻、很低的输出电阻和较宽的带宽。实际运算放大器的一些源和负载特性如图 3-8 所示。

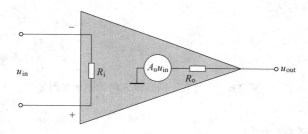

图 3-8 实际运算放大器的等效表示

1.2 差分放大器

运算放大器通常至少包含一个差分放大器(级)。因为差分放大器(差放)一般是作为运算放大器的输入级，所以它是运算放大器内部电路设计的基础。

差分放大器的电路结构及其符号如图 3-9 所示。

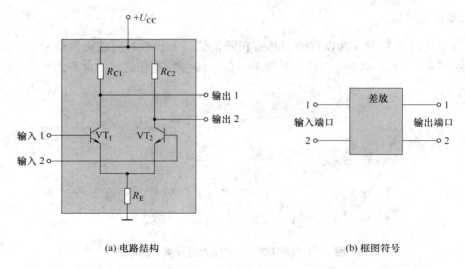

(a) 电路结构　　　　　　　　　　(b) 框图符号

图 3-9　基本差分放大器

1.2.1　差分放大器的基本工作原理

1. 直流偏置情况

在如图 3-9(a)所示的电路结构中，两个晶体
管 VT_1 和 VT_2 构成了差分放大器两个独立的输入
端和输出端。假设通过制造过程中的精密控
制，已使这两个晶体管达到了一致的参数匹
配，那么直流偏置电压 $+U_{CC}$ 在两个晶体管中所
形成的静态偏置情况如图 3-10 所示，即有

$$I_{C_1} = I_{C_2} = \frac{I_C}{2}, \quad I_{E_1} = I_{E_2} = \frac{I_E}{2}$$

由于两个晶体管的集电极电阻 R_{C_1} 和 R_{C_2} 相
等，所以两个晶体管集电极 C_1 和 C_2 的电位也相
等，即

$$V_{C_1} = V_{C_2} = U_{CC} - I_{C_1}R_{C_1} = U_{CC} - I_{C_2}R_{C_2}$$

这样，差分放大器输出端的输出电压就为

$$U_{out} = V_{C_1} - V_{C_2} = 0$$

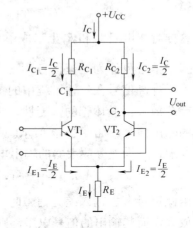

图 3-10　差分放大器的直流偏置

由此说明，当差分放大器电路参数匹配时，差分放大器不会向运算放大器的下一级，
也就是电压放大器(中间级)输出直流偏置电压。这种电路结构最大的优点就是利用一对参
数匹配的晶体管电路来代替隔直电容的隔直作用，阻止差分放大器的直流偏置影响其下一
级的直流偏置，从而使采用多级放大的运算放大器各级之间可以直接连接在一起。这种不
需要隔直电容，而将多个放大器连接在一起的方法被称为直接耦合。

2. 差分信号输入

所谓差分信号是指人为设置的、具有相同幅值，但极性相反的交流信号。构成差分信号的方法很多，如图 3-11 所示是一种将单一信号转换为差分信号的电路。

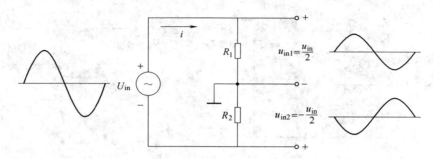

图 3-11　将单端信号转换为差分信号的电路

在如图 3-11 所示的电路中，若 $R_1 = R_2$，则当电流 i 流过电阻 R_1 和 R_2 时，在这两个相同电阻上所产生的电压大小相等，即

$$|u_{in1}| = |u_{in2}| = i \times R_1 = i \times R_2$$

由于电路在电阻 R_1 和 R_2 的中间接地，在电阻 R_1 和 R_2 上形成的电压极性如图 3-11 所示，那么根据基尔霍夫电压定律，有

$$u_{in} = u_{in1} - (-u_{in2}) = u_{in1} + u_{in2} = 2u_{in1} = 2u_{in2}$$

这样就在电阻 R_1 和 R_2 上形成了大小为 $u_{in1} = u_{in2} = \dfrac{u_{in}}{2}$，而极性相反的差分信号。

差分信号也称为差模信号，它是一种信号处理与传输的技术。采用这种信号处理与传输是为了提高信号在传输过程中的抗干扰能力。当在差分放大器中输入这种差分信号时，由于差分放大器晶体管的匹配性，它们将在两个晶体管的集电极产生两个大小相同、极性相反的输出信号，如图 3-12 所示。

同理，因为差分放大器的输出电压是 $u_{out} = v_{C_1} - v_{C_2}$，所以有

$$u_{out} = v_{C_1} - v_{C_2} = -v_{out1} - v_{out2} = -2|v_{out1}| = -2|v_{out2}|$$

由此可见，当输入差分信号时，差分放大器的两个晶体管会分别对所输入的差分信号进行放大，而其输出的信号电压，则是两个晶体管各自放大信号电压的 2 倍。

3. 共模信号输入

差分放大器最为显著的特点是它对共模输入信号的抵制。共模信号也称为干扰信号或噪声信号，它是空间电磁场发生变化时，在 IC 芯片裸露的金属引脚上感生出来的电磁信号，如图 3-13(a)所示。由于 IC 芯片各引脚之间的距离有限，因此这类感生信号的特点是大小相同且极性也相同，如图 3-13(b)所示。

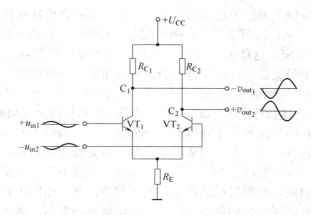

图 3-12　差分信号输入时，差分放大器的输出信号

同理，因为差分放大器的输出电压是 $u_{\text{out}} = v_{C_1} - v_{C_2}$ ，所以有

$$u_{\text{out}} = v_{C_1} - v_{C_2} = -v_{\text{out1}} - (-v_{\text{out2}}) = -v_{\text{out1}} + v_{\text{out2}} = 0$$

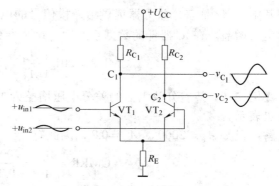

(a) 暴露在空气中的元件焊点和芯片引脚　　　　　(b) 共模信号输入时，差分放大器的输出信号

图 3-13　共模信号

　　也就是当输入共模信号时，由于差分放大器两个晶体管的匹配性，所以在其两个晶体管的输出端(集电极)生产两个大小相等、同为共模输入信号幅值数倍且极性相同的共模放大信号。但由于差分放大器的差分输出特性，这两个被放大的共模信号会在差分放大器的输出端叠加并相互抵消，从而使得差分放大器对共模信号的输出电压为零。

1.2.2　共模抑制比

　　通过以上讨论不难发现，利用差分传输技术，可以将所需要传输的信号技术性地处理成差分信号。而对于那些由空间电磁场所感生出来的干扰或噪声信号不仅无用，反而会混入"有用"信号，并对有用信号产生污染，甚至是危害。因此，抵制"无用"的共模信号就成为电子电路设计与制造过程中一个永恒的话题。

　　从差分放大器对差分信号和共模信号的传输结果来看，在理想情况下，因差分放大器的作用，无用的共模干扰信号由于是以相同极性出现在差分放大器的两个输入端上，因而这些无用信号会被差分放大器的差分输出特性所抵消，而不会出现在输出端。但实际情况是，尽管现代 IC 生产工艺已经可以非常精确地制造出两个性能参数十分接近的晶体管，但它们仍然不可能绝对匹配。这样所造成的结果是，当共模信号在到达差分放大器输出端时，差分输出的共模信号也就不可能完全抵消，其残留的部分共模信号会在差分放大器的输出端输出，并最终被传到 IC 芯片的最后一级输出。因此，这也就产生了一个用来评价 IC 器件对共模信号抑制能力的指标，这个指标就是一个称为共模抑制比(CMRR)的性能参数。

由前所述，无论是差分信号还是残留的共模信号，当它们进入差分放大器后，差分放大器都会对这些信号进行放大。在理想情况下，差分放大器能够为差分信号提供非常高的增益值，但对共模信号提供的增益为零。因此，从这一方面来看，若实际的差分放大器虽然不能完全抑制共模增益，但如果提供的增益很小的话，那么相比于它对差分信号提供的非常高的信号增益而言，则差分增益与共模增益的比值就会很高，那么差分放大器在共模信号抑制方面的表现也就会越好。这也就意味着这个比值是衡量 IC 器件对共模信号抑制能力的一个好的参数。所以共模抑制比 CMRR 被定义为

$$CMRR = \frac{A_{vd}}{A_{vc}} \tag{3-1}$$

其中，A_{vd} 是差分放大器提供给差模信号的电压增益，A_{vc} 是差分放大器提供给共模信号的电压增益。在 IC 器件的数据手册中，这个参数一般用分贝表示，即

$$CMRR = 20\lg\left(\frac{A_{vd}}{A_{vc}}\right) \tag{3-2}$$

【例 3-1】某差分放大器的差分电压增益为 2000，共模增益为 0.2。计算 CMRR，并用分贝表示。

解：已知 $A_{vd} = 2000$，$A_{vc} = 0.2$，因此有

$$CMRR = \frac{A_{vd}}{A_{vc}} = \frac{2000}{0.2} = 10000$$

用分贝表示为

$$CMRR = 20\log 10000 = 80dB$$

例 3-1 说明，当 CMRR 值为 10000 意味着期望输入信号(差分信号)的电压放大倍数是无用噪声(共模信号)放大倍数的 10000 倍。因此，如果差分输入信号与共模输入信号的幅度相等，那么在该放大器的输出端，期望输入信号将获得的幅值放大倍数是无用噪声信号幅值的 10000 倍。从而，噪声或干扰基本被消除。

实践练习：某放大器的差分电压增益为 8500，共模增益为 0.25，求其 CMRR，并用 dB 表示。

例 3-2 将进一步说明共模抑制的概念，以及差分放大器对一般信号的工作原理。

【例 3-2】图 3-14 所示的差分放大器的差分电压增益为 2500，CMRR 为 30000。若在图 3-14 中加上一个 500μV 的差分输入信号。同时，因交流电力系统的辐射，差分放大器两输入端有 1V、60Hz 的共模干扰信号。

① 计算共模增益。

② 用 dB 表示 CMRR。

③ 计算输出信号的有效值。

④ 计算输出端干扰电压的有效值。

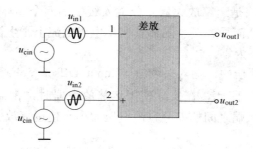

图 3-14　例 3-2 图

解：

① $CMRR = A_{vd} / A_{vc}$ ，因此有

$$A_{vc} = \frac{A_{vd}}{CMRR} = \frac{2500}{30000} \approx 0.083$$

② 用分贝表示为

$$CMRR = 20\log 30000 = 89.5dB$$

③ 在图 3-14 中，差分输入电压为极性相反的 $500\mu V$ 信号之间的差值，即

$$u_{in} = u_{in1} - u_{in2} = 500\mu V - (-500\mu V) = 1000\mu V = 1mV$$

因此，其输出电压信号为：

$$u_{out} = A_{vd} \times u_{in} = 2500 \times 1mV = 2.5V$$

这表明，差分输入的增益是单端输入信号增益的 2 倍。

④ 在图 3-14 中，共模输入信号为 $1V$ 。共模增益为 0.83 ，因此，输出端干扰电压为：

$$V_{cout} = A_{vc} \times V_{cin} = 0.083 \times 1V = 0.083V$$

由此可见，与差分输出信号相比，共模输出信号基本可以忽略不计。

实践练习： 图 3-14 中，放大器的差分电压增益为 4200 、CMRR 为 2500 。对于例题中相同的差分输入信号及干扰信号，试：

① 计算共模增益。

② 用 dB 表示 CMRR 。

③ 计算输出信号的有效值。

④ 计算输出端干扰电压的有效值。

1.3　运算放大器数据手册中的参数

在本节的知识点中，我们将讨论一些重要的、集成运算放大器的参数。这些参数是合理选用和正确使用运算放大器的基本知识基础。

1.3.1　输入失调电压

理想运算放大器具有零输入和零输出的特性。但在实际的运算放大器中，即使在运算放大器的输入端没有差分电压输入，其输出端也会产生一个很小的直流输出电压 $U_{OUT(err)}$ 。

产生这个电压的主要原因是运算放大器差分输入级中的两个晶体管在其基极-发射极之间的电压存在轻微失配，从而导致两个晶体管在集电极电流上产生微小的差别，这样就使得运算放大器的输出电压不为零。

在运算放大器数据手册中，输入失调电压(Input Offset Voltage) (U_{OS})是两个输入端之间所需的差分直流电压，因此，在实际使用运算放大器时，常需要在其外部接入调零电阻，并通过调节两个输入端之间的差分直流电压大小来使运算放大器满足零输入零输出的特性，如图 3-15 所示。

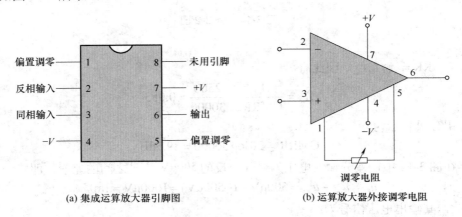

(a) 集成运算放大器引脚图　　　　(b) 运算放大器外接调零电阻

图 3-15　输入失调电压调节

输入失调电压的典型值在 2mV 范围之内或更小。理想情况下为 0V。

1.3.2　输入失调电压温漂

输入失调电压温漂(Input Offset Voltage Drift)是与 U_{OS} 相关的参数，表示温度每变化一摄氏度，对应输入失调电压的变化值。其典型值为 $5 \sim 50\mu V/^{\circ}\!C$。通常，运放的输入失调电压越高，温漂也越大。

1.3.3　输入偏置电流

如图 3-16 所示，双极型差分放大器的输入端为晶体管的基极，因此输入电流为基极电流。

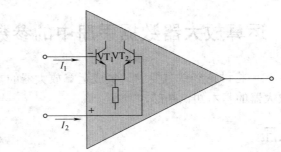

图 3-16　输入偏置电流为运算放大器两个输入端偏置电流的平均值

输入偏置电流(Input Bias Current)是指能使运算放大器第一级正常工作时，输入端所需的直流偏置电流。根据定义，输入偏置电流为两个输入电流的平均值，即

$$I_{\text{BIAS}} = \frac{I_1 + I_2}{2}$$

1.3.4　输入电阻

定义运放输入电阻(Input Resistance)的两种基本方式为差分模式与共模模式。差分输入阻抗为反相输入端和同相输入端之间的总电阻，如图 3-17(a)所示。共模输入电阻为每个输入端与地之间的电阻。

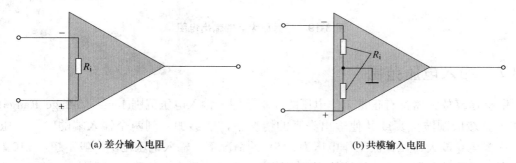

(a) 差分输入电阻　　　　　　　　　　(b) 共模输入电阻

图 3-17　运算放大器的输入电阻

1.3.5　输入失调电流

理想情况下，两个输入偏置电流相等，差值为零。但在实际运放中，偏置电流并不完全相等。

输入失调电流(Input Offset Current) I_{OS} 是输入偏置电流的差，用绝对值表示。

$$I_{\text{OS}} = \left| I_1 - I_2 \right|$$

失调电流的实际幅值通常要比偏置电流小一个数量级(十倍)。多数情况下，失调电流是可以忽略的。但是，对于高增益、高输入阻抗的放大器而言，I_{OS} 应尽可能小，因为即使电流差别很小，但通过大的输入电阻，也会产生较大的失调电压，如图 3-18 所示。

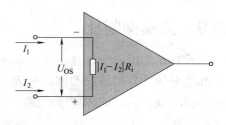

图 3-18　输入失调电流的影响

输入失调电流导致的失调电压为

$$U_{\text{OS}} = \left| I_1 - I_2 \right| \times R_{\text{i}} = I_{\text{OS}} \times R_{\text{i}}$$

I_{OS} 导致的误差会被运算放大器的增益 A_{V} 放大，因此产生输出为

$$U_{\text{OUT(err)}} = A_{\text{V}} \times I_{\text{OS}} \times R_{\text{i}}$$

失调电流会随温度变化而变化，进而影响失调电压。失调电流的温度系数通常在 $0.5\text{nA}/℃$ 以下。

1.3.6 输出电阻

输出电阻(Output Resistance)为从运算放大器输出端看进去的电阻，如图 3-19 所示。

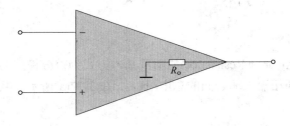

图 3-19 运算放大器的输出电阻

1.3.7 输入电压范围

所有运算放大器都有正常工作电压的限制范围。输入电压范围(Input Voltage Range)是指在不会造成削波失真或其他输出失真的情况下，能够加入到两个输入端的输入电压范围。许多运算放大器在直流工作电压为 ±15V 的情况下，输入电压范围一般不超过 ±10V 。但也有些运算放大器的输入能够达到与直流工作电压一样大，这称为轨到轨(rail-to-rail)。

1.3.8 开环电压增益

运算放大器的开环电压增益(Open Loop Voltage Gain) A_{OL} 指的是器件内部的电压增益。也就是当没有外部元件时，运算放大器输出电压与输入电压的比值。

运算放大器的开环电压增益完全由其内部设计决定。通常来说，运算放大器的开环电压增益能超过 200000 ，但这不是能够严格控制的参数。在运算放大器的数据手册中，开环电压增益通常也称为大信号电压增益(Large Signal Voltage Gain)。

1.3.9 共模抑制比

共模抑制比(Common Mode Rejection Ratio，CMRR)在之前与差分放大器一起介绍过了。和差分放大器的情况类似，对运算放大器而言，CMRR 是衡量运算放大器抑制共模信号能力的参数。若 CMRR 值为无穷大，则意味着当两个输入端加上大小和极性相同的输入信号(共模信号)时，运算放大器的输出电压为零。在实际中，运算放大器的 CMRR 不可能达到无穷大。但是性能较好的运算放大器会具有很高的 CMRR 值。

如前所述，共模信号是不想要的干扰电压，例如 60Hz 供电线的纹波，以及辐射能量造成的噪声电压等。高 CMRR 使得运算放大器在输出端可以基本消除这些干扰信号。

运算放大器的 CMRR 值定义为开环电压增益 A_{OL} 和共模电压增益 A_C 的比值，即

$$\text{CMRR} = \frac{A_{OL}}{A_C} \tag{3-3}$$

用分贝表示为

$$CMRR = 20\lg\left(\frac{A_{OL}}{A_C}\right) \tag{3-4}$$

【例 3-3】 某给定运放的开环电压增益为100000，共模增益为0.25。计算CMRR，并以分贝的形式表示。

解：

$$CMRR = \frac{A_{OL}}{A_C} = \frac{100000}{0.25} = 400000$$

用分贝表示为

$$CMRR = 20\lg(400000) = 112dB$$

实践练习：若某运放的CMRR值为90dB，共模增益为0.4，则开环电压增益为多少？

1.3.10 转换速率

响应阶跃输入电压时，输出电压的最大变化率称为运算放大器的转换速率(Slew Rate)。转换速率的高低取决于运算放大器放大级的最高频率响应。

测量转换速率时，运算放大器连接方式如图 3-20(a)所示。它给出了最坏(最慢情况)下运算放大器的转换速率。当将脉冲阶跃信号施加到运算放大器输入端时(见图 3-20(b))，其输出端必须以足够快的速度跟踪输入信号，使其输出从零"转换"到上限。

从图 3-20(b)中可以看到，当运算放大器加上阶跃输入信号后，输出电压从零变化到上限 $u_{out(max)}$ 需要花费一定的时间。这样，转换速率就可定义为

$$SR = \frac{\Delta U_{out}}{\Delta t}$$

式中， $\Delta U_{out} = +u_{out(max)} - (-u_{out(max)})$ ，在图 3-20(b)响应曲线中， $-u_{out(max)} = 0$ 。转换速率的单位是伏特每微秒(V/μs)。

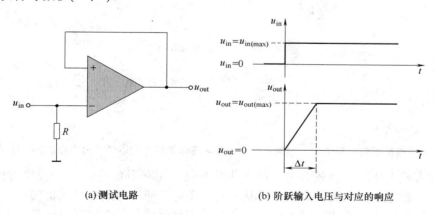

(a) 测试电路   (b) 阶跃输入电压与对应的响应

图 3-20 转换速率的测量

【例 3-4】某运算放大器对阶跃输入的输出响应如图 3-21 所示。计算转换速率。

解： 输出从最小值变化到最大值用了 1μs。由于响应并非理想响应，因此取最大值 90% 的对应点，如图 3-21 所示。

则此时输出响应的上限为 +9V、下限为 –9V。转换速率为

$$SR = \frac{\Delta U_{out}}{\Delta t} = \frac{+9V - (-9V)}{1\mu s} = 18V/\mu s$$

实践练习： 在向某运算放大器施加脉冲时，运算放大器的输出电压从 –8V 变化到 +7V 用了 0.75μs。则该运算放大器的转换速率为多少？

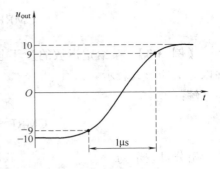

图 3-21　例 3-4 图

1.4　负反馈运算放大器

反馈是电子技术尤其是运算放大器应用领域中最有用的概念之一，它也是现代控制技术中最为关键的技术之一。正如前面所讨论的那样，对于一个典型的运算放大器来说，由于其本身的开环电压增益非常高(通常大于 100000)。因此，即便是两个输入端之间极小的电压差也足以使运算放大器进入到饱和输出状态。

例如，假设给某运算放大器的输入端输入 $u_{in} = 1mV$ 的电压，而该运算放大器的开环电压增益是 $A_{OL} = 100000$，那么此时运算放大器将产生

$$u_{out} = A_{OL} \times u_{in} = 100000 \times 1mV = 100V$$

由于任何集成运算放大器或 IC 器件都不可能输出 100V 的电压。所以，在不考虑运算放大器功率限制的情况下，运算放大器也只有进入饱和状态，并由其输出级的保护电路来限制它的最大输出电压。图 3-22 给出了输入信号电压幅值 $u_{in} = 1mV$ 的情况。

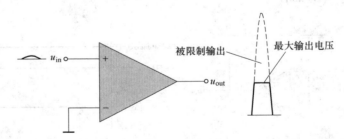

图 3-22　没有反馈时，两个输入端的极小电压即可使运算放大器达到输出极限，产生信号畸变

以这种方式工作的运算放大器的用途非常有限，而利用负反馈(一种反馈方式)，则不仅可以降低和稳定运算放大器的电压增益，而且还可以通过对运算放大器实施控制，使得运算放大器能够作为线性放大器工作。除此之外，负反馈还能够实现对运算放大器输入电阻、输出电阻、带宽等性能参数的调节与控制。

那么在讨论负反馈在运算放大电路中的具体应用之前，我们首先介绍一些关于反馈的基本概念。

1.4.1　反馈的概念

1. 什么是反馈

图 3-23 给出了一个用太阳能电池组作为电力供给的高效抽水系统。这个系统的工作原理是：利用太阳能收集器收集太阳能，并通过太阳能-电能转换机组转换成电能，以驱动电机带动水泵旋转，将地下水抽到蓄水池中贮存起来。但这个系统的设计明显存在一个问题，那就是：在天气持续晴好却无须每天用水的情况下，蓄水池中的水可能会因为过满而溢出。

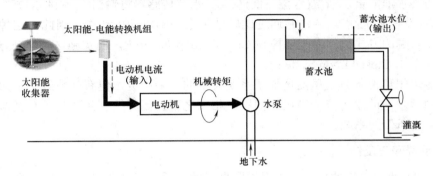

图 3-23　太阳能高效抽水系统

如果把图 3-23 所示系统中用来供给电机带动水泵抽水的电流作为该系统的输入，而将蓄水池蓄水情况(蓄水池水位)作为输出的话，那么在现有系统中，电流供给水泵抽水(输入)与其目标，即蓄水池水位高低(输出)之间是没有任何关联的。它类似于运算放大器从输入端到输出端之间(见图 3-22)没有关联一样。这样的系统就被称为开环系统(Open Loop System)或开环控制(Open Loop Control)。例如，运算放大器的开环电压增益。

分析图 3-23 所示系统中存在的问题可知，造成这一问题的关键原因是抽不抽水与蓄水池水位高低之间没有任何关联。那么，为了解决这个问题，可以考虑给这个系统增加一些设备，来建立电动机电流与蓄水池水位之间的相互联系。

图 3-24 是改进后的太阳能高效抽水系统。与图 3-23 所示的系统相比，图 3-24 所示的系统中添加了水位传感器、控制装置和执行机构(驱动装置)。这些装置的作用如下。

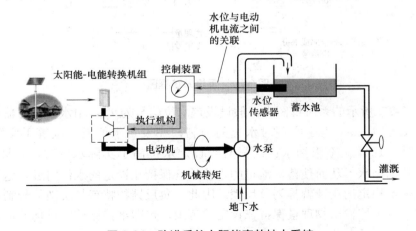

图 3-24　改进后的太阳能高效抽水系统

(1) 水位传感器：负责检测蓄水池中水位的高低，并将检测到的结果变成电信号送给控制装置。

(2) 控制装置：负责接收由水位传感器传送过来的水位检测信号，并将该信号与蓄水池设定的水位信号进行比较，然后将比较结果作为控制信号送给执行机构。

(3) 执行机构：也叫驱动装置，它负责接收控制器送来的控制信号，并按照该控制信号的比较结果执行切断或连通电池组与电动机之间的电力供应，确定电动机的运行状态。

在图 3-24 所示的系统中，电动机是转动(抽水)还是停止(不抽水)完全抛开了天气因素，而只与蓄水池的蓄水情况(水位高低)有关。水位传感器将输出(蓄水池水位高低)结果反馈给了输入(设定水位高度)端，并通过比较结果来控制电动机动作。因此，这种将输出结果返回到输入端的方式被称为闭环控制(Closed Loop Control)，而实施这种控制方案的系统被称为闭环系统(Closed Loop System)。

很明显，闭环控制方案虽然增加了系统设备的复杂程度，但有效地解决了太阳能高效抽水系统中蓄水池的水可能会溢出的问题。相比之下，闭环控制系统是具有类似于人类进行"思考与判断"的系统。

2. 负反馈和正反馈

将图 3-24 所示系统的反馈过程用框图来表示的话，可以得到如图 3-25 所示反馈系统的典型连接。

对于一个反馈系统来说，其反馈可分为负反馈和正反馈。这种分类方法来自控制器对设定信号与反馈回来的输出信号的比较。从数学上来说，比较就是作减法。例如，假设图 3-25 中，$u_{in} = A$ 是设定的标准值，$u_f = B$ 是实际测量值(反馈回来的全部或部分信号值)。那么，只要用 A 减去 B 就可以比较 A 与 B 的优劣、大小或高低，即

$$A - B = \begin{cases} > 0 & A \text{大于} B \\ = 0 & A \text{和} B \text{一样} \\ < 0 & A \text{小于} B \end{cases}$$

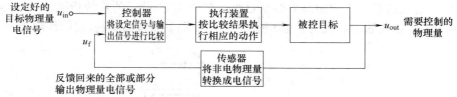

图 3-25　反馈系统框图

在如图 3-25 所示的系统框图中，假设设定水位信号为 u_{in}，由水位传感器送来的实际水位信号为 u_f。那么，为了实现对水位的控制，在设定水位低于或等于实际水位，即 $u_{in} - u_f \leqslant 0$ 时，这样就不用抽水；而只有当设定水位高于实际水位时，也即 $u_{in} - u_f > 0$ 时，水泵才开始抽水，从而使蓄水池里的水位始终保持在设定的水位附近。这样能够保持输出物理量基本稳定的反馈就称为负反馈。因此，负反馈的特点是反馈信号制约输出端物理量的变化，以维持输出物理量保持在设定的范围，也即维持被控制目标的恒定不变。对于负反馈的比较，可定义为

$$\Delta x = x_{in} - x_f \tag{3-5}$$

其中：x 表示电信号，由于电信号只有电压或电流两个物理量，因此，若反馈回来的电信号是电压，则式(3-5)可表示为：$\Delta u = u_{in} - u_f$；若反馈回来的电信号是电流，则式(3-5)可表示为：$\Delta i = i_{in} - i_f$。

如果由于某种原因，例如在连接控制开关时，将控制开关连接线的极性正好接反。那么以上所讨论的控制过程就有可能变成：当设定水位低于实际水位，即 $u_{in} - u_f > 0$ 时，反而不抽水；而当设定水位高于或等于实际水位，即 $u_{in} - u_f \leqslant 0$ 时，反而抽水。这个控制过程就完全破坏了维持蓄水池里水位基本不变的目的，而变成了：当蓄水池里的水位持续降低时，因为电机停转不抽水，而致使水位越来越低；相反，当蓄水池里的水位持续升高时，又因为电机转动抽水，而导致水位越来越高。能够形成这种形式的反馈就被称为正反馈。因此，正反馈的特点是反馈信号不是制约了输出端物理量的变化，而是促进与加强其输出端的变化，也即使被控制目标处于不断加强的过程之中。相比于式(3-5)定义的负反馈，正反馈可定义为

$$\Delta x = x_{in} + x_f \tag{3-6}$$

同理，若反馈回来的电信号是电压，则式(3-6)表示为：$\Delta u = u_{in} + u_f$；若反馈回来的电信号是电流，则式(3-5)可表示为：$\Delta i = i_{in} + i_f$。

3. 反馈运算放大器

反馈运算放大器的典型框图如图 3-26 所示。当假定反相输入端的输入信号为"＋"时，输出端信号在经过反馈网络返回到反相输入端的极性，决定了反馈运算放大器是正反馈还是负反馈。图 3-26(a)所示为正反馈，当信号从运算放大器的反相端输入时，输出信号与输入信号相比，将会有 180° 的相位差，如果输出信号在经过反馈网络后，并不产生新的相移，那么与假定的输入信号的极性"＋"相反，其反馈回来的输出信号极性为"－"。由于运算放大器的输入级为差分输入，因此进入运算放大器的输入电压为：$\Delta u = u_{in} - (-u_f) = u_{in} + u_f$。图 3-26(b)所示为负反馈，当信号从运算放大器的反相端输入时，输出信号与输入信号相比，将会有 180° 的相位差，如果输出信号在经过反馈网络后，再次被反相的话，那么它将与输入信号同相。在假定输入信号的极性"＋"时，其反馈回来经过再次反相的输出信号极性也就为"＋"。同样，由于运算放大器的输入级为差分输入，因此进入运算放大器的输入电压为：$\Delta u = u_{in} - u_f$。

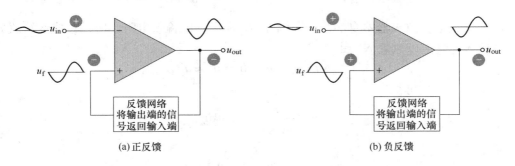

(a) 正反馈　　　　　　　　　　　　　　　　(b) 负反馈

图 3-26　反馈运算放大器的典型连接框图

1.4.2 负反馈运算放大器组态

如前所述，一方面，运算放大器极高的开环增益会造成极小输入信号被放大到超出运算放大器的线性工作区而造成信号畸变，如图 3-22 所示。另一方面，制造商不同，则其生产出来的不同运算放大器件的开环增益参数也可能会存在相当大的差异。根据前面讨论的负反馈特性，将负反馈引入运算放大器将有助于减小运算放大器的开环增益，并使得运算放大器的闭环增益与其开环增益参数无关(如项目 2 所述，与器件性能参数无关的设计才是电子电路好的设计)。

1. 同相放大器

图 3-27 所示的是运算放大器的一种闭环组态(连接)，称为同相放大器。在同相放大器中，输入信号加到同相输入端"＋"，输出信号的一部分通过反馈网络加到反相输入端"－"，并形成负反馈，且有反馈电压为

$$u_f = \frac{R}{R_f + R} \times u_{out} = k u_{out}$$

其中，k 是电压反馈系数，是返回反相输入端的输出电压的比例。它由反馈网络中的分压电阻 R_f 和 R 决定。通过后面的推导，大家可以看到，这两个电阻的大小决定了同相放大器的闭环增益，而与组成同相放大器的集成运算放大器开环增益 A_{OL} 无关。

运算放大器输入端之间的差分电压 Δu 如图 3-28 所示，可表示成

$$\Delta u = u_{in} - u_f$$

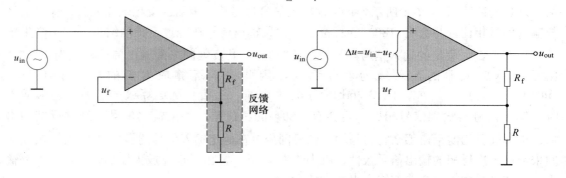

图 3-27　同相放大器　　　　图 3-28　差分输入 $\Delta u = u_{in} - u_f$

因为集成运算放大器本身的高开环增益 A_{OL} 和很高的输入电阻，所以集成运算放大器的差分输入信号可以非常小，即

$$\Delta u = u_{in} - u_f \approx 0 \Rightarrow u_{in} \approx u_f$$

将 u_f 代入上式可得

$$u_{in} = \frac{R}{R_f + R} \times u_{out} = k u_{out}$$

重新整理可得

$$\frac{u_{out}}{u_{in}} = \frac{1}{k} = \frac{R_f + R}{R} = \frac{R_f}{R} + 1 \tag{3-7}$$

表示为

$$A_{\text{CL}} = \frac{u_{\text{out}}}{u_{\text{in}}} = \frac{R_{\text{f}}}{R} + 1 \tag{3-8}$$

其中，A_{CL} 被定义为运算放大器的闭环电压增益，它等于负反馈运算放大器的输出电压与输入电压的比值。由式(3-8)可见，同相运算放大器的闭环电压增益与运算放大器本身的开环电压增益无关，而只取决于反馈网络中分压电阻的大小，因此可以通过选择 R_{f} 和 R 的值来人为设置同相放大器的电压增益。

另外，上述公式的推导是基于一个假设，即假设集成运算放大器具有很高的开环增益和很高的输入电阻，使得输入差分电压 Δu 很小，从而有 $u_{\text{in}} \approx u_{\text{f}}$。这种假设被称为"虚短"，几乎在所有的集成运放电路中，这都是一个极好的假设。

最后，由于这种反馈连接方式是将输出端的部分电压(电压大小取决于反馈网络的反馈系数 k)返回到输入端，并在输入端形成了串联分压($u_{\text{in}} - u_{\text{f}} = 0$)的差分电压的输入方式。因此，这种反馈连接方式被称为电压串联负反馈组态。

【例 3-5】计算如图 3-29 所示运算放大器的闭环电压增益。

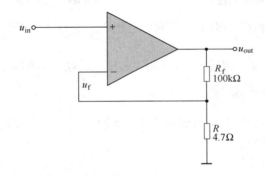

图 3-29   例 3-5 图

解：这是一个同相运算放大器电路，因此，该放大电路的闭环增益为

$$A_{\text{CL}} = \frac{R_{\text{f}}}{R} + 1 = \frac{100\text{k}\Omega}{4.7\text{k}\Omega} + 1 \approx 22.3$$

实践练习：如果将图 3-29 中的反馈电阻 R_{f} 增大到 150kΩ，试计算闭环增益。

2. 反相放大器

图 3-30 所示是另一种闭环连接的运算放大器，称为反相放大器。输入信号通过串联输入电阻 R 加到运算放大器的反相输入端"－"。同时，输出信号通过反馈电阻 R_{f} 也被返回到运算放大器的反相输入端。而运算放大器的同相输入端"＋"接地。

之前我们学习过的理想运算放大器特性参数可用于该反馈电路的简化分析。特别是运算放大器无穷大输入电阻的概念非常重要。

无穷大输入电阻说明运算放大器的两个输入端之间将没有电流流过。即使是实际的运算放大器，由于其本身的输入电阻很高，因此在很小差分信号输入的情况下，也都可以假定运算放大器两个输入端子上既没有电流流入，也没有电流流出，这种假设就是所谓的"虚断"。更进一步，如果没有电流流过运算放大器的输入电阻，那么运算放大器的输入电阻上也就没有电压产生，这也就意味着运算放大器同相端与反相端之间没有压降。也即同相端与反相端的差分输入电压为零，同相端"＋"电位等于反相端"－"电位，这就是所谓的"虚短"(见本节知识点中，对同相放大器的分析)。

从反相放大器的电路图 3-30 上看，由于反相放大器的同相端是接地的，也即此时同相端电位等于零。利用"虚短"的概念，这也就意味着在这种连接方式下，运算放大器反相输入端的电位也为零。由于同相端是输入端接地，所以根据虚短假设出来的反相输入端的零电位就被称为"虚地"。这种情况如图 3-31 所示。

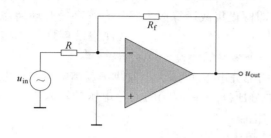

图 3-30　反相放大器

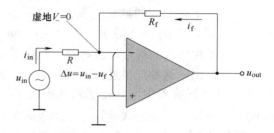

图 3-31　$i_{in} = -i_f$ 且反向输入端电位为零

对于图 3-31 所示的电路，由于"虚断"，所以反相输入端有

$$i_{in} = -i_f$$

又由于反相输入端串联电阻 R 的另一端"虚地"，所以电阻 R 两端的电压等于 u_{in}，有

$$i_{in} = \frac{u_{in}}{R}$$

同理，由于反馈电阻 R_f 在反相输入端的一侧也"虚地"，所以反馈电阻 R_f 两端的电压等于输出电压 u_{out}，有

$$i_f = \frac{u_{out}}{R_f}$$

因为 $i_{in} = -i_f$，所以

$$\frac{u_{in}}{R} = -\frac{u_{out}}{R_f}$$

整理上式，有

$$\frac{u_{out}}{u_{in}} = -\frac{R_f}{R} \tag{3-9}$$

根据在同相放大器中所定义的闭环电压增益的概念，式(3-9)可表示为

$$A_{CL} = -\frac{R_f}{R} \tag{3-10}$$

式(3-10)表明：反相放大器的闭环电压增益 A_{CL} 是反馈电阻 R_f 与输入信号源串联电阻 R 的比值。反相放大器的闭环增益也与运算放大器的内部开环电压增益无关，而只取决于外部电阻的选择，其中的负号则表明输入与输出信号反相。

另外，由于反相放大器这种反馈连接方式是将输出端的部分电流(电流大小取决于反馈电阻 R_f 的大小)返回到输入端，并在输入端形成了并联分流($i_{in} + i_f = 0$)的电流信号输入方式。因此，这种反馈连接方式被称为电流并联负反馈组态。

【例 3-6】　已知 $R = 2.2\text{k}\Omega$，如果想要得到 $A_{CL} = -100$ 的闭环电压增益，那么在如

图 3-32 所示的放大器电路中需要配置多大的反馈电阻 R_f？

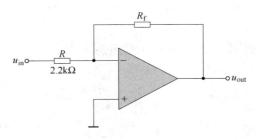

图 3-32　例 3-6 图

解： 这是一个反相运算放大器电路，因此，该放大电路的闭环电压增益为

$$A_{CL} = -\frac{R_f}{R} \Rightarrow R_f = -A_{CL} \times R = -(-100) \times 2.2\text{k}\Omega = 220\text{k}\Omega$$

实践练习：

① 如果将图 3-32 中的电阻 R 增大到 2.7kΩ，则要得到 $A_{CL} = -25$ 的闭环电压增益，需要配置的 R_f 为多少？

② 如果 R_f 失效，变为开路，输出信号会怎么样？

3. 电压跟随器

电压跟随器电路可视为一种特殊的同相放大器。将其输出端反馈网络的电阻取消后，用导线将反馈电压直接(全部)返回到运算放大器的反相输入端，如图 3-33 所示。

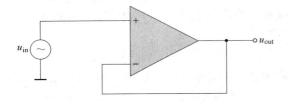

图 3-33　电压跟随器

利用同相放大器闭环电压增益公式(3-8)可简单计算出，直接反馈连接的电压跟随器闭环增益为 1，即

$$A_{CL} = 1$$

由前面对实际运算放大器性能参数的讨论可知，实际运算放大器虽然有较高的输入电阻和较低的输出电阻，但距离理想运算放大器接近无穷大的输入电阻和接近于零的输出电阻还是有些差距。负反馈放大器的不同组态(连接方式)能够对运算放大器的输入/输出电阻产生我们所希望的影响。在这一点上，电压跟随器最重要的特性是利用负反馈，使其获得了非常高的输入电阻和非常低的输出电阻，从而使得它成为一个近乎理想的缓冲放大器，能够连接高阻抗源与低阻抗负载。下面，我们就通过一个例子，来讨论负反馈组态对电压跟随器输入与输出电阻的影响。

【例 3-7】 已知 LM741C 输入电阻的典型值是 $R_i = 2\text{M}\Omega$，输出电阻的典型值 $R_o = 75\Omega$，开环增益 $A_{OL} = 200000$。现在将该运算放大器接成如图 3-33 所示的电压跟随器，计算：

① 闭环输入电阻的阻值。

② 闭环输出电阻的阻值。

解：

① 将图 3-33 重新绘制成如图 3-34 所示的组态。

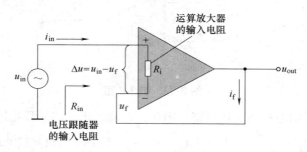

图 3-34　电压跟随器输入电阻

当 LM741C 未进行负反馈连接时，根据定义，其输入电阻是

$$R_{i} = \frac{\Delta u}{i_{in}} \tag{3-11}$$

当 LM741C 接成电压跟随器后，其闭环输入电阻为

$$R_{in} = \frac{u_{in}}{i_{in}} \tag{3-12}$$

由电压跟随器的连接方式，电压跟随器将输出端电压以电流方式引入运算放大器的反相输入端，并在反相输入端形成反馈电压 u_f，如图 3-34 所示。根据运算放大器"虚短"的概念，此时有

$$u_{in} = u_f \tag{3-13}$$

由于电压跟随器是将输出电压全部返回到输入端，因此，式(3-13)可整理为

$$u_{in} = u_f = u_{out} = A_{OL} \times \Delta u \tag{3-14}$$

将式(3-14)代入式(3-12)得

$$R_{in} = \frac{u_{in}}{i_{in}} = \frac{u_{out}}{i_{in}} = \frac{A_{OL} \times \Delta u}{i_{in}} = A_{OL} \times R_i = 200000 \times 2\text{M}\Omega = 400\text{G}\Omega$$

② 将图 3-33 重新绘制成如图 3-35 所示的组态。

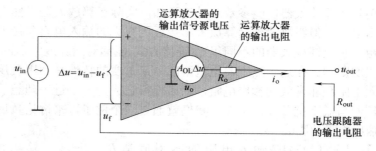

图 3-35　电压跟随器输出电阻

电压跟随器输出端电路如图 3-35 所示，对输出电路应用基尔霍夫定律，有

$$u_{out} = u_o - i_o R_o$$

其中 $u_o = A_{OL} \times \Delta u$ 是运算放大器 LM741C 对差分输入信号电压进行放大后所产生的输出信号电压。若假设 $A_{OL} \times \Delta u \gg i_o R_o$，则输出电压可表示为

$$u_{out} \approx A_{OL}(u_{in} - u_f) \tag{3-15}$$

将式(3-14)代入式(3-15)，有

$$u_{out} = A_{OL}(u_{in} - u_{out}) \Rightarrow A_{OL}u_{in} = (1 + A_{OL})u_{out}$$

将上式两端同时除以 i_o 可得

$$\frac{A_{OL}u_{in}}{i_o} = \frac{(1 + A_{OL})u_{out}}{i_o}$$

上式左端为运算放大器内部输入电阻 R_o，因为在无反馈时，$A_{OL}u_{in} = u_o$。将上式右端的 u_{out}/i_o 定义为闭环时的电压跟随器的输出电阻 R_{out}，有

$$R_o = (1 + A_{OL})R_{out} \Rightarrow R_{out} = \frac{1}{1 + A_{OL}}R_o = \frac{1}{1 + 200000} \times 75\Omega = 375\mu\Omega$$

由此可见，通过负反馈的引入，LM741C 可以获得近似无穷大的输入电阻，以及近似为零的输出电阻，从而使得它更接近于运算放大器的理想负载与源的特性。从另一方面来看，由于电压跟随器是将电流反馈至输入端，并与输入端的输入信号电压形成串联分压的连接方式，因此，这种方式也称为电流串联负反馈组态。

1.4.3　负反馈对运算放大器的影响

通过上面的讨论，我们学习了运算放大器的三种基本组态方式，以及负反馈除了为运算放大器提供了可控、稳定的电压增益之外，同时也实现了对输入和输出电阻的控制。表 3-1 总结了到目前为止负反馈对运算放大器运放性能参数的一般影响。

表 3-1　负反馈对运算放大器性能参数的影响

项　　目	电压增益	输入电阻	输出电阻
没有反馈	对线性运算放大器而言，其开环电压增益值太高	非常高	非常低
有负反馈	通过负反馈网络使闭环电压增益得到控制，并可实现调整以达到期望值	利用不同组态的电路，能够增加或减小输入电阻，使其达到期望值	能够减小到期望值

为了进一步学习负反馈的作用，在本小节内容中，我们还将讨论负反馈对运算放大器频率参数的一些影响。

1. 增益对频率的依赖性

前面讨论的所有增益表达式只适用于中频，并且认为其增益是与频率无关的。运算放大器的中频开环增益可以从零频(直流，DC)延伸到截止频率。在截止频率处，其增益值将比中频增益小 3dB。这主要是因为运算放大器是直接耦合放大器，其内部各级电路之间没有耦合电容。因此，它没有低频端的截止频率。这就意味着运算放大器的中频增益可向下

延伸至零频，从而使直流电压也可以像中频信号一样得以放大。

图 3-36 是一个运算放大器 LM7171 的开环响应曲线(伯德图)。

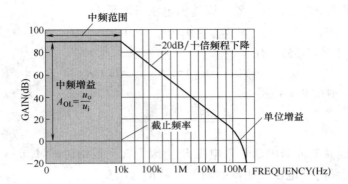

图 3-36　一个典型运算放大器的开环频率响应曲线，频率分度为对数

大多数运算放大器的数据手册都会给出这种类型的曲线或者是直接规定中频开环增益。在这条曲线中，中频增益是 90dB ，即 31622.8 ，斜线部分是每十倍频程减小 20dB ，截止频率约为 10kHz 。

1) 3dB 开环带宽

交流放大器的带宽是指增益比中频增益小 3dB 时，两点之间的频率范围。一般来说，带宽等于放大器允许通过信号的上限频率 f_H 减去下限频率 f_L ，用大写字母 BW 表示。

$$BW = f_H - f_L \tag{3-16}$$

在图 3-36 中，由于 LM7171 的下限频率是零，比中频增益小 3dB 时的上限频率约为 11.5kHz ，所以 LM7171 的带宽为

$$BW = f_H - f_L = 11.5kHz - 0 = 11.5kHz$$

即等于它的上限频率。

2) 单位增益带宽

在图 3-36 中，增益稳步下降到等于 1 (0dB)时所对应的点被定义为单位增益，而单位增益处所对应的频率值就是单位增益带宽。

3) 增益-频率分析

运算放大器的增益会随着其所带负载中容性或感性负载的变化而变化。例如 RC 低通网络。根据基本电路理论，图 3-37(a)所示的 RC 低通网络输入与输出之间的电压可表示为

$$\frac{u_{out}}{u_{in}} = \frac{X_C}{\sqrt{R^2 + X_C^2}} = \frac{1}{\sqrt{1 + R^2/X_C^2}} \tag{3-17}$$

因为 RC 网络的截止频率为 $f_c = \dfrac{1}{2\pi RC}$ ，那么将此等式的两边同除以频率 f 可得

$$\frac{f_c}{f} = \frac{1}{2\pi RCf} = \frac{1}{2\pi f(RC)} \tag{3-18}$$

又因为 $X_C = \dfrac{1}{2\pi fC}$ ，所以将此式代入式(3-18)可得

$$\frac{f_c}{f} = \frac{X_C}{R} \tag{3-19}$$

再将式(3-19)代入式(3-17)可得

$$\frac{u_{\text{out}}}{u_{\text{in}}} = \frac{1}{\sqrt{1 + f^2 / f_c^2}} = A_{\text{RC}} \tag{3-20}$$

此处可定义 A_{RC} 为 RC 网络的电压增益。

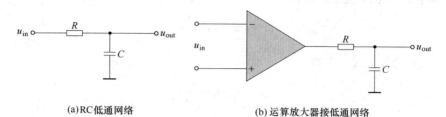

(a)RC低通网络　　　　　(b) 运算放大器接低通网络

图 3-37　RC 低通网络

如果将一个运算放大器与这个 RC 低通网络连接在一起，则运算放大器接低通网络后总的开环增益将是运算放大器的开环增益与 RC 低通网络电压增益的乘积，即可表示为

$$A = A_{\text{OL}} \times A_{\text{RC}} = \frac{A_{\text{OL}}}{\sqrt{1 + f^2 / f_c^2}} \tag{3-21}$$

从式(3-21)可以看出，在这个由运算放大器与 RC 低通网络所构成的系统中，系统的开环增益将随着信号频率 f 的增加而减小。当信号频率远小于截止频率 f_c 时，系统开环增益基本上等于运算放大器的中频增益。

下面的例子将进一步解释运算放大器电压增益对频率的依赖性。

【例 3-8】针对下列不同输入信号频率 f 的值确定图 3-37(b)电路中的开环频率增益 A。假设 RC 低通网络的截止频率 $f_c = 100\text{Hz}$，运算放大器的开环增益 $A_{\text{OL}} = 100000$。

① $f = 0\text{Hz}$；　② $f = 10\text{Hz}$；　③ $f = 100\text{Hz}$；　④ $f = 1000\text{Hz}$

解：由式(3-21)可得

① $A = \dfrac{A_{\text{OL}}}{\sqrt{1 + f^2 / f_c^2}} = \dfrac{100000}{\sqrt{1 + 0^2 / 100^2}} = 100000$

② $A = \dfrac{100000}{\sqrt{1 + 0.1^2}} = 99500$

③ $A = \dfrac{100000}{\sqrt{1 + 1^2}} = \dfrac{10000}{\sqrt{2}} = 70700$

④ $A = \dfrac{100000}{\sqrt{1 + 10^2}} = 9950$

实践练习：计算下列频率开环增益 A。假设系统的 $f_c = 200\text{Hz}$，$A_{\text{OL}} = 80000$，信号频率为：

① $f = 2\text{Hz}$；　② $f = 10\text{Hz}$；　③ $f = 2500\text{Hz}$

2. 相移对频率的依赖性

由电路基础理论可知，RC 网络会引起信号从输入端到输出端的传输延迟，而这种信号传输延迟就表示为输入信号和输出信号之间的相移。对运算放大器而言，其内部电路中存在的电容(如晶体管的结电容，或者集成在芯片内部的电容)都会使运算放大器产生类似 RC 网络的相移。图 3-38 表示了当信号通过 RC 低通网后，所产生的相位滞后。

根据基本交流电路理论，相移 φ 为

$$\varphi = -\arctan\left(\frac{R}{X_c}\right)$$

将式(3-19)代入上式，可得

$$\varphi = -\arctan\left(\frac{f}{f_c}\right) \tag{3-22}$$

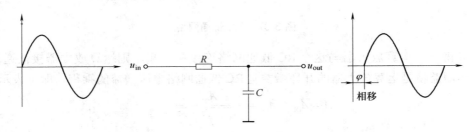

图 3-38　输出信号电压滞后输入信号电压

【例 3-9】针对下列不同信号频率 f 的值确定图 3-38 电路所产生的相移，并绘制出相移-频率曲线。假设 RC 低通网络的截止频率 $f_c = 100\text{Hz}$。

① $f = 1\text{Hz}$；② $f = 10\text{Hz}$；③ $f = 100\text{Hz}$；④ $f = 1000\text{Hz}$；⑤ $f = 10\text{kHz}$

解： 由式(3-22)可得

① $\varphi = -\arctan\left(\dfrac{f}{f_c}\right) = -\arctan\left(\dfrac{1\text{Hz}}{100\text{Hz}}\right) = -0.6°$

② $\varphi = -\arctan\left(\dfrac{10\text{Hz}}{100\text{Hz}}\right) = -5.7°$

③ $\varphi = -\arctan\left(\dfrac{100\text{Hz}}{100\text{Hz}}\right) = -45°$

④ $\varphi = -\arctan\left(\dfrac{1000\text{Hz}}{100\text{Hz}}\right) = -84.3°$

⑤ $\varphi = -\arctan\left(\dfrac{1\text{kHz}}{100\text{Hz}}\right) = -89.4°$

图 3-39 绘制出了相移随频率变化的曲线。

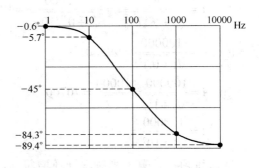

图 3-39　例 3-9 的相移-频率曲线

实践练习： 在例 3-9 中，要获得 $-60°$ 的相移，那么应该施加多大频率的信号？

3. 反馈对运算放大器频率参数的影响

1) 运算放大器的闭环响应

由以上讨论可知，运算放大器的某些性能参数(如开环电压增益)会随着输入信号频率的变化而变化。正如前面所讨论的那样，当信号源频率大于运算放大器截止频率时，运算放大器的增益将以常量下降，即以-20dB/十倍频程衰减。这对大多数单个使用的运算放大器来说都是成立的。但是对于一些由多个运算放大器或由运算放大器与容性或感性负载组成的，能够实现某些功能的复杂电路系统来说，系统对信号在传输过程中所产生的增益或相位上的影响情况就会变得更为复杂。

图 3-40 所示的是一个由两个运算放大器组成的三级放大器(其中的 RC 电路算一级)，其每一级的运算放大器的频率响应参数如图 3-41 中黑色线所示。由于分贝表示的增益是相加的，所以整个系统总的增益变化如图 3-41 中的红色线所示。即由于系统总的下降率是相叠加的，所以每到一个器件的截止频率时，系统总增益的下降率就会增加一个-20dB/十倍频程。

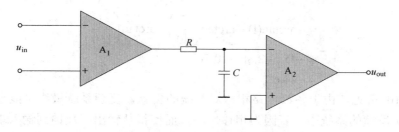

图 3-40　三级放大器的电路

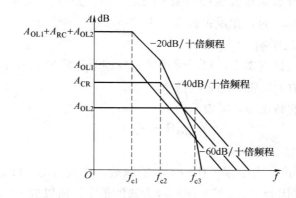

图 3-41　三级放大器开环频率响应(见彩插)

由此，我们可以得出结论，即运算放大器组成系统对输入信号的频率响应是由其各级器件的内部电路所决定的，每级电路都具有自己的截止频率。因此，总的响应将受到多个级联电路影响，它是各个级联电路响应的合成。

与多级放大电路中每级电路对总的电路增益都有贡献一样，每级电路的相移也都会对电路总的相移产生影响。对于图 3-40 所示的电路，系统对输入信号所产生的总的相移可表

示为

$$\varphi = -\arctan\left(\frac{f}{f_{c1}}\right) - \arctan\left(\frac{f}{f_{c2}}\right) - \arctan\left(\frac{f}{f_{c3}}\right)$$

【例 3-10】在如图 3-40 所示的系统中，若每级电路的增益和截止频率为

第一级：$A_{OL1} = 40\text{dB}$，$f_{c1} = 2000\text{Hz}$

第二级：$A_{RC} = 32\text{dB}$，$f_{c2} = 40\text{kHz}$

第三级：$A_{OL2} = 20\text{dB}$，$f_{c3} = 150\text{kHz}$

当输入信号频率 $f = 2\text{kHz}$ 时，试确定这个系统的开环中频增益和总的相移滞后。

解：

① 系统的开环中频增益为

$$A = A_{OL1} + A_{RC} + A_{OL2} = 40\text{dB} + 32\text{dB} + 20\text{dB} = 92\text{dB}$$

② 系统所产生的相移为

$$\varphi = -\arctan\left(\frac{f}{f_{c1}}\right) - \arctan\left(\frac{f}{f_{c2}}\right) - \arctan\left(\frac{f}{f_{c3}}\right)$$

$$= -\arctan(1) - \arctan\left(\frac{2}{40}\right) - \arctan\left(\frac{2}{150}\right)$$

$$= -45° - 2.86° - 0.76°$$

$$= -48.6°$$

由例 3-10 可见，由于各级电路相移对系统的贡献，复杂系统最终可能会产生较大相移。在具有负反馈的系统中，若因为相移作用，而使得从输出端反馈到输入端的信号的相位正好与输入信号的相位一致时，那么即使是在负反馈系统中，其正反馈条件也被实际成立。这样的结果将会导致系统发生振荡而不稳定。也就是说，当通过系统(运算放大器)和反馈网络的总相移是 360° 时，正反馈就会发生。

2) 负反馈对带宽的影响

之前在负反馈放大器组态中，已经讨论了负反馈对运算放大器开环增益的影响。下面将讨论负反馈对运算放大器带宽的影响。

一个闭环放大器的截止频率可表示为

$$f_{c(close)} = f_{c(open)}(1 + kA_{CL}) \tag{3-23}$$

其中 k 为反馈系数。

从式(3-23)可以看出，由于因子 $(1 + kA_{OL})$ 的缘故，放大器闭环截止频率 $f_{c(close)}$ 要大于开环截止频率 $f_{c(open)}$。又因为 $f_{c(close)}$ 等于闭环放大器的带宽，所以放大器的闭环带宽同样会增加相同的倍数。

$$\text{BW}_{close} = \text{BW}_{open}(1 + kA_{OL}) \tag{3-24}$$

【例 3-11】一个放大器的开环中频增益是 $A_{OL} = 150000$，开环时的 3dB 带宽为 200Hz，反馈环路的反馈系数 $k = 0.002$，计算放大器的闭环带宽。

解： 由式(3-24)可得

$$\text{BW}_{close} = \text{BW}_{open}(1 + kA_{OL}) = 200\text{Hz} \times (1 + 0.002 \times 150000) = 60.2\text{kHz}$$

实践练习： 如果例 3-11 中，$A_{OL} = 200000$，$k = 0.05$，那么放大器的闭环带宽是多少？

图 3-42 用图形的方式说明了运算放大器闭环响应的概念。当负反馈减小运算放大器的开环增益时，带宽会增加。闭环增益与开环增益是彼此独立的，在两个增益曲线交叉点处的频率是运算放大器闭环增益的截止频率 $f_{c(colse)}$。超过闭环截止频率后，闭环增益和开环增益具有相同的下降率。

3) 增益带宽积

由于增益和带宽的乘积是常量，闭环增益的增加会引起带宽的下降，反之亦然。因此，只要增益的下降率是固定的−20dB 十倍频程，这个结论就会成立。若用 A_{CL} 表示运算放大器任意闭环组态配置中的增益，$f_{c(close)}$ 表示其闭环截止频率(等于带宽)，于是有

$$A_{CL} \times f_{c(close)} = A_{OL} f_{c(open)}$$

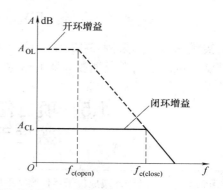

图 3-42　闭环增益与开环增益的比较

增益−带宽积始终等于运算放大器开环增益为 1 时的频率(单位增益带宽)。

$$A_{CL} \times f_{c(close)} = 单位增益带宽 \tag{3-25}$$

【例 3-12】 试确定图 3-43 中各个反馈放大器的带宽。两个运算放大器具有 100dB 的开环增益和 3MHz 的单位增益带宽。

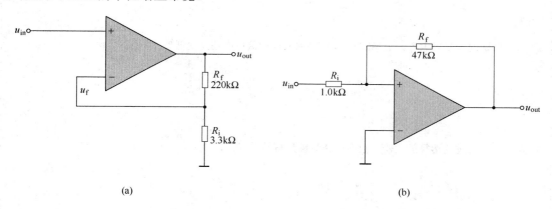

(a)　　　　　　　　　　　　　　(b)

图 3-43　例 3-12 图

解：

① 对于图 3-43(a)中的同相放大器，闭环增益为

$$A_{CL} = 1 + \frac{R_f}{R_i} = 1 + \frac{220k\Omega}{3.3k\Omega} = 67.7$$

使用式(3-25)，可得

$$f_{c(close)} = BW_{close} = \frac{单位增益带宽}{A_{CL}} = \frac{3MHz}{67.7} \approx 44.3kHz$$

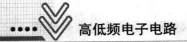

$$BW_{close} = BW_{open}(1 + kA_{OL}) = 200Hz \times (1 + 0.002 \times 150000) = 60.2kHz$$

② 对于图 3-43(b)中的反相放大器，闭环增益为

$$A_{CL} = -\frac{R_f}{R_i} = -\frac{47k\Omega}{1.0k\Omega} = -47$$

使用式(3-25)，并取绝对值，可得

$$BW_{close} = \frac{3MHz}{47} \approx 63.8kHz$$

实践练习：如果例 3-12 中，两个运算放大器具有 90dB 的开环增益和 2MHz 的单位增益带宽，试确定两个反馈放大器的带宽。

1.5 项目任务：集成电子器件数据手册(Datasheet)阅读

学习领域	任务一：集成电子器件数据手册(Datasheet)阅读			任课教师	
班级		姓名		学号		完成日期	

准备工作：

1. 请描述出实际运算放大器的一些基本特性。

2. 对于给定的运算放大器，更高的 CMRR 导致共模增益更高还是更低？

3. 在已经学习过的运算放大器参数中，哪些参数与频率有关？

自评	□	😊	□	☹	学生	
指导教师					日期	

任务资料：

集成电子器件的数据手册，又称为 Datasheet，它是由集成电子器件生产厂家编写的。其格式一般为 PDF，内容为其所生产的电子元器件、集成芯片的各项性能参数。其中包括电子元器件或集成芯片的性能参数、电气参数、极限参数、封装尺寸及使用建议等。内容形式一般为说明文字、特性曲线、图表及数据表等。

数据手册的 PDF 文件一般是免费发放的。常见的电子元器件、集成芯片的数据手册一般都可以在相关网站上免费下载。

任务内容：

1. 从相关的网站上查找 LM741 集成运算放大器的数据手册，翻译并阅读其中的电气特性及引脚功能。

2. 温度变化会对 LM741 的哪些参数产生较大影响？

3. LM741 的引脚 1 和引脚 2 之间需要连接什么电路元件？并请描述连接这种元件的理由。

4. LM741 有哪些极限参数？

自评	□	😊	□	😞	学生	
指导教师					日期	

任务总结：

1. 对照 LM741 数据手册，请仔细观察印刷电路板(PCB)的走线，然后绘制出该印刷电路板的电路图。并分析，如果100kΩ 电位器的中间电极(滑片)断开，会发生什么情况？

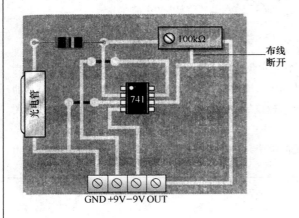

2. 如果注意到 LM741 输出饱和，那么首先应该检查什么？

3. 当确认输入信号正常，运算放大器没有输出信号时，首先应该检查什么？

自评	□	😊	□	😞	学生	
指导教师					日期	

主题 2   基本运算放大电路

2.1   比 较 器

运算放大器常以其非线性特性来比较两个电压的幅值。在这种应用中，运算放大器做开环配置，输入的一端是信号电压，输入的另一端是与信号电压进行比较的参考电压，其目的是实现输入信号电压与某个参考电压的比较，并将比较的结果进行输出。

2.1.1   过零检测

如前所述，运算放大器的一个应用是用作比较器，用来判断输入电压是否超过某个值。图 3-44 给出了一个过零检测器。在图中，运算放大器的反相输入端接地产生零电位，输入信号电压接到运算放大器的输入端。由于运算放大器很高的开环电压增益，所以运算放大器两个输入端之间非常小的差分电压都会使运算放大器饱和，而使得输出电压达到运算放大器的输出极限。

例如，假设一个运算放大器的 $A_{OL} = 100000$，那么当输入端仅有 $\Delta u = 0.25\text{mV}$ 的差分电压时就能够产生 $u_{out} = 100000 \times 0.25\text{mV} = 25\text{V}$ 的输出电压(得到这个结果的前提是这个输出电压没有超过运算放大器的输出极限)。然而，因为绝大多数运算放大器的输出电压范围在 ±15V 甚至更小，所以当运算放大器所产生的输出超过其输出电压范围时，运算放大器将达到饱和。在许多需要比较的应用场合，常选用专门的运放比较器，但在一些不太严格的应用场合中，一个通用运算放大器就可以很好地用作比较器了。

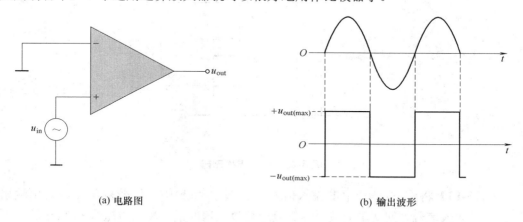

(a) 电路图   (b) 输出波形

图 3-44   运算放大器用作过零检测器

图 3-44(a)显示了将正弦波输入电压接入过零检测器的同相端情况；如图 3-44(b)则显示了当正弦波为正半波时，运算放大器的输出电压在最大正电压处。当正弦波跨过零时，放大器变为反相状态(负半波)，输出变为最大负电压值。

过零检测器的另一个应用是用正弦波产生方波，如图 3-44(b)所示。

2.1.2　非过零检测

如果在图 3-44 所示电路的反相端接入一个固定的参考电压，那么图 3-44 所示的过零检测器将改进成可以用于检测正、负电压的非过零检测器(比较器)。如图 3-45 所示，其中图 3-45(b)是一种更为实际的接法，它使用分压器来设置参考电压：

$$U_{REF} = \frac{R_2}{R_1 + R_2} \times (+U) \tag{3-26}$$

式中，+U 是运算放大器电源的正极。图 3-45(c)中的电路使用齐纳二极管来设置参考电压 $U_{REF} = U_Z$。只要输入电压 U_{in} 高于参考电压 U_{REF}，输出就保持在最大正电压，反之则保持在最大负电压。当输入电压超过参考电压时，输出变为最大正值，图 3-45(d)是正弦波输入电压时的示意图。

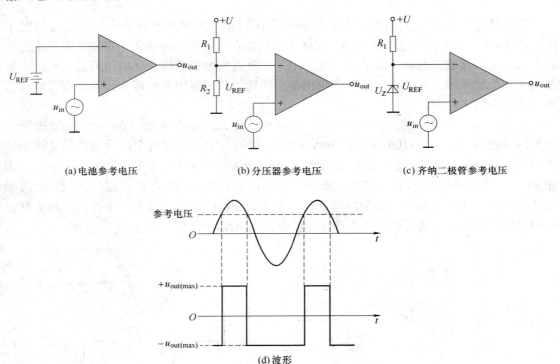

(a) 电池参考电压　　　　(b) 分压器参考电压　　　　(c) 齐纳二极管参考电压

(d) 波形

图 3-45　非过零检测器

【例 3-13】将图 3-46(a)中的输入信号用于图 3-46(b)中的比较器电路，画出输出波形，标出与输入信号之间正确的关系。假设运算放大器的最大输出电压为 ±12V 。

解： 通过 R_1 和 R_2 设置的参考电压为

$$U_{REF} = \frac{R_2}{R_1 + R_2} \times (+U) = \frac{1.0k\Omega}{8.2k\Omega + 1.0k\Omega} \times 15V \approx 1.63V$$

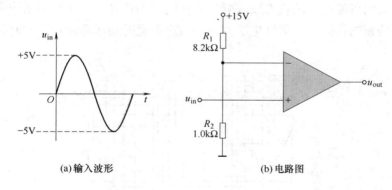

(a) 输入波形　　　　　　　(b) 电路图

图 3-46　例 3-13 图

如图 3-47 所示，每当输入超过 1.63V 时，输出电压就切换到 +12V；每当输入低于 1.63V 时，输出电压就切换到 −12V。

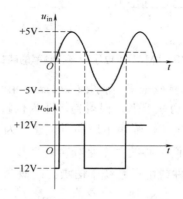

图 3-47　例 3-13 输出波形

实践练习：如果例 3-13 中，分压器的两个电阻 $R_1 = 22\text{k}\Omega$、$R_2 = 3.3\text{k}\Omega$，试确定图 3-46(b) 的参考电压。

2.1.3　输入噪声对比较器工作的影响

1. 噪声

在电子系统中，噪声是指电信号中不期望的随机波动。虽然来自系统外部的干扰(例如设备在接通或关闭时产生的电火花、宇宙天体产生的电磁辐射等)也被视为噪声，但对于电子系统或电子部件来说，噪声则是指来自系统或部(器)件内部、由系统内部电子元(器)件或电子线路所产生的干扰，因此它也被称为内部噪声。

图 3-48 是 LM7171 低噪声运算放大器的电压噪声与频率的关系图，它显示了噪声的两种基本形式。在低频时，噪声与频率成反比，称为 $1/f$ 噪声或"粉红噪声"。当超过临界噪声频率(也称为 $1/f$ 转角频率)后，高频时的噪声在频谱图上则会表现为一条水平直线，这种噪声被称为"白噪声"。噪声的出现干扰了正常信号的传输和通信。在模拟系统中，

受噪声影响，人们可能会无法收看或收听到所接收到的信号；而在数字系统中，噪声的出现会增加信号传输的误码率。降低电子系统的噪声是提升集成芯片设计和制造水平的重要指标之一。

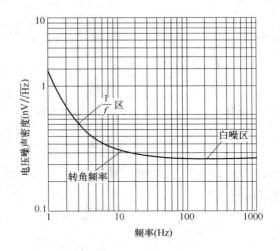

图 3-48　LM7171 电压噪声与频率的函数关系

噪声的功率分布以瓦特每赫兹来进行衡量(W/Hz)。由于功率与电压的平方成正比，因此噪声电压可以通过对噪声功率求平方根得到，即为伏特每平方根赫兹($V/\sqrt{Hz}$)。对于运算放大器而言，在非特殊情况下，噪声电压的单位通常为 $nV/\sqrt{Hz}$ 。

在实际应用的情况下，人们关心的并不是噪声有多少，而是噪声与所需要信号之间的比例关系。这就引出了电子器件或电子系统中信噪比的概念。信噪比的定义是

$$\frac{S_f}{N_f} = \frac{信号有效值}{噪声有效值} = 20\lg\frac{U_S}{U_N}$$

式中，U_S 表示信号电压的有效值，U_N 表示噪声电压的有效值，信号电压与噪声电压具有相同的单位，而信噪比的单位则是分贝。无论对电子器件还是对电子系统来说，信噪比都是一个非常重要的性能指标。对于电子器件或电子系统来说，其设计制造的指标之一是信噪比越大越好。

2. 输入噪声对比较器工作的影响

在许多应用中，噪声(不期望的起伏不定的电压或电流)可能会出现在输入引线上。噪声电压叠加到输入电压上，如图 3-49(a)所示，会使比较器的输出状态无规律地来回切换变化。为了理解噪声电压的潜在影响，考虑将一个正弦信号电压连接到运算放大器同相输入端的过零检测器，如图 3-49(b)所示。图 3-39(c)给出了叠加噪声的正弦输入电压和其对应的输出。由图 3-49(c)可见，当输入正弦信号幅值接近零时，由于噪声叠加引起的电压起伏使得输入电压幅值多次大于或小于零，从而使过零检测器产生了不稳定的输出电压。

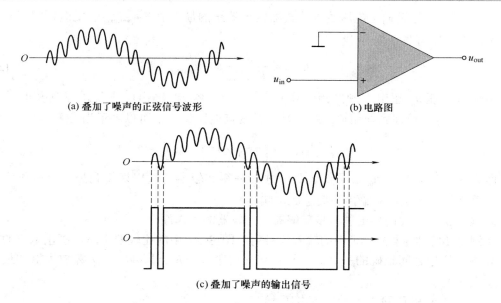

(a) 叠加了噪声的正弦信号波形　　　　　　　(b) 电路图

(c) 叠加了噪声的输出信号

图 3-49　噪声对比较器的影响

2.1.4　用滞回减小噪声的影响

在输入端有噪声的情况下，比较器的开关输出会在正电压和负电压之间产生不稳定的跳变，这是因为输入端引起正负变化的参考电压值是同一个值。当输入电压在参考电压值附近变化时，输入端任何微小的噪声都会使得比较器不停地改变工作状态，从而造成不稳定的情况发生。

为了使得比较器对噪声不那么敏感，可以使用一种被称为滞回的正反馈技术。从本质来看，滞回意味着当输入电压从较低向较高变化时的参考电压要高于当输入电压从较高向较低变化时的参考电压。常见的家用空调就是滞回的一个范例，它有高、低两个参考温度，例如在高温参考温度上打开冷气，而在低温参考温度下关闭冷气。

对于比较器来说，这两个参考电压则分别称为上触发点(UTP)和下触发点(LTP)。两个电压的滞回是通过正反馈实现的，如图 3-50 所示。

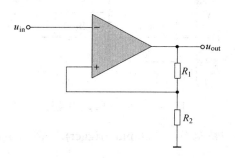

图 3-50　通过正反馈实现滞回的比较器电路图

💡 **注意**：同相(+)输入端连接到电阻分压器，使得输出电压的一部分反馈到输入端，输入信号连接到反相(−)输入端。

由图 3-50，假设输出电压达到比较器输出的正的最大值 $+u_{\text{out(max)}}$，反馈到同相输入端的上触发点电压可表示为

$$U_{\text{UTP}} = \frac{R_2}{R_1 + R_2} \times (+u_{\text{out(max)}}) \tag{3-27}$$

当输入电压 u_{in} 超出上触发点电压 U_{UTP} 时，比较器的输出电压就跳变到负的最大值 $-u_{\text{out(max)}}$。此时，反馈到同相输入端的是下触发点电压 U_{LTP}，可以表示为

$$U_{\text{LTP}} = \frac{R_2}{R_1 + R_2} \times (-u_{\text{out(max)}}) \tag{3-28}$$

而现在，输入电压 u_{in} 必须低于 U_{LTP} 才能使得比较器的输出切换到另一个电压值，这就意味着小的噪声电压对输出不会造成影响。

通过例 3-14，我们将更进一步理解滞回比较器的工作原理。

【例 3-14】将图 3-49(a)中的输入信号用于图 3-50 中的比较器电路，画出输出波形，标出与输入信号之间正确的关系。假设输出端电阻 $R_1 = R_2 = 100\text{k}\Omega$，运算放大器的最大输出电压为 $\pm 5\text{V}$。

解： 通过 R_1 和 R_2 设置的触发点电压为

$$U_{\text{UTP}} = \frac{R_2}{R_1 + R_2} \times (+u_{\text{out(max)}}) = \frac{100\text{k}\Omega}{100\text{k}\Omega + 100\text{k}\Omega} \times (+5\text{V}) = +2.5\text{V}$$

$$U_{\text{LTP}} = \frac{R_2}{R_1 + R_2} \times (-u_{\text{out(max)}}) = \frac{100\text{k}\Omega}{100\text{k}\Omega + 100\text{k}\Omega} \times (-5\text{V}) = -2.5\text{V}$$

如图 3-51 所示，每当输入信号超过上触发点电压 $U_{\text{UTP}} = +2.5\text{V}$ 时，输出电压就切换到 $u_{\text{out}} = -u_{\text{out(max)}} = -5\text{V}$；而每当输入低于下触发点电压 $U_{\text{LTP}} = -2.5\text{V}$ 时，输出电压就切换到 $u_{\text{out}} = +u_{\text{out(max)}} = +5\text{V}$。

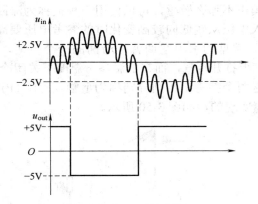

图 3-51　例 3-14 输出波形

滞回比较器也称为施密特触发器(Schmitt trigger)。滞回的值定义为两个触发电平间的差，用 U_{HYS} 表示，有

$$U_{\text{HYS}} = U_{\text{UTP}} - U_{\text{LTP}} \tag{3-29}$$

实践练习： 试确定图 3-50 中的上、下触发点电压和比较器电路的滞回。假设图 3-50 中分压器两个电阻的阻值分别为 $R_1 = 68\text{k}\Omega$、$R_2 = 82\text{k}\Omega$，运算放大器的最大输出电压为 $\pm 7\text{V}$。

2.1.5 输出限幅

在一些应用中，必须将比较器的输出电压限制在小于运算放大器饱和电压值的范围内。如图 3-52 所示，齐纳二极管可以在一个方向上将输出电压限制在稳压电压上，在另一个方向上是二极管的正向压降。这个限制输出范围的过程称为限幅。

在图 3-52(a)中，因为齐纳二极管的阳极连接到反相(−)输入端，所以当输入端信号为正时，其输出端为负，从而使齐纳二极管处于正向导通状态，于是放大器输出电压的负电压就被限制在等于齐纳二极管的正向导通压降上；而当输入信号为负时，其输出端为正，此时齐纳二极管处于反向偏置状态，因此，一旦齐纳二极管被反向击穿，则输出电压就被限制在其稳压值上。

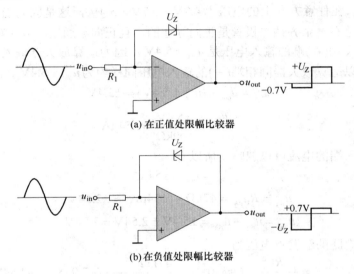

(a) 在正值处限幅比较器

(b) 在负值处限幅比较器

图 3-52 有输出限幅的比较器

图 3-52(b)表示的是能够在负值处限幅的比较器，其工作原理与图 3-52(a)类似，大家可以作类似的讨论，所以不再赘述。

两个齐纳二极管的限幅比较器如图 3-53 所示，正负输出电压都被限制在齐纳二极管稳压值加上正向导通压降(0.7V)上。

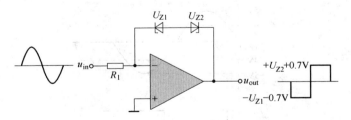

图 3-53 双限幅比较器

【例 3-15】试确定图 3-54 中的输出电压波形。

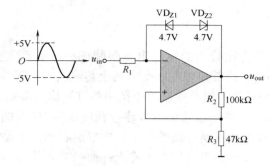

图 3-54　例 3-15 图

解：这个比较器同时具有滞回和齐纳二极管限幅的作用。

VD_{Z1} 和 VD_{Z2} 在任意方向上的电压为 $4.7V + 0.7V = 5.4V$，这是因为当有一个齐纳二极管截止的时候，总有一个齐纳二极管是正向导通的，且正向导通压降为 $0.7V$。

运算放大器反相($-$)端的输入电压是 $u_{out} \pm 5.4V$。因为运算放大器输入端的差分信号电压可以忽略，所以运算放大器同相端($+$)的输入电压同样约为 $u_{out} \pm 5.4V$。因此有

$$u_{R_2} = u_{out} - (u_{out} \pm 5.4V) = \pm 5.4V$$

$$i_{R_2} = \frac{u_{R_2}}{R_2} = \frac{\pm 5.4V}{100k\Omega} = \pm 54\mu A$$

因为同相输入端的电流可以忽略，所以有

$$i_{R_2} = i_{R_2} = \pm 54\mu A$$

$$u_{R_3} = R_3 i_{R_2} = 47k\Omega \times (\pm 54\mu A) \approx \pm 2.54V$$

$$u_{out} = u_{R_2} + u_{R_3} = \pm 5.4V \pm 2.54V = 7.94V$$

这样，滞回电路的触发点电压为

$$U_{UTP} = \frac{R_3}{R_2 + R_3} \times (+u_{out}) = \frac{47k\Omega}{100k\Omega + 47k\Omega} \times (+7.94V) \approx +2.54V$$

$$U_{UTP} = \frac{R_3}{R_2 + R_3} \times (-u_{out}) = \frac{47k\Omega}{100k\Omega + 47k\Omega} \times (-7.94V) \approx -2.54V$$

对给定的输入电压波形，其输出波形如图 3-55 所示。

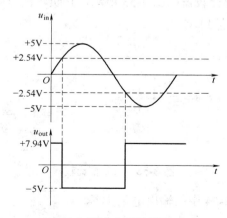

图 3-55　电压波形图

实践练习：试确定图 3-54 中的上、下触发点电压。假设图 3-54 中分压器两个电阻的阻值分别为 $R_2 = 150\text{k}\Omega$，$R_3 = 68\text{k}\Omega$，齐纳二极管的稳压值是 3.3V 。

2.2　求和放大器

求和放大器是在主题 1 讨论过的反相运算放大器组态的一种变化形式。求和运算放大器有两个或两个以上的输入端，输出电压与输入电压的代数总和的负值成正比。一个两输入的求和放大器如图 3-56 所示，实际上任意数量的输入都是可以的。

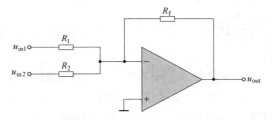

图 3-56　两输入反相求和放大器

图 3-56 电路的工作原理和输出表达式的推导如下：利用叠加定理，可将图 3-56 所示电路分解为图 3-57 两个输入信号单独作用下的反相放大电路。

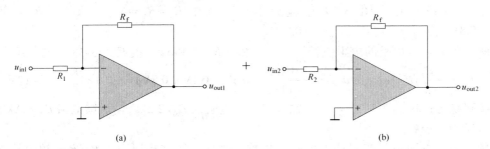

图 3-57　单个信号作用下，两输入反相求和放大器的分解电路

其中图 3-57(a)有

$$u_{\text{out1}} = -\frac{R_f}{R_1} \times u_{\text{in1}}$$

图 3-57(b)有

$$u_{\text{out2}} = -\frac{R_f}{R_2} \times u_{\text{in2}}$$

根据叠加定理，两个信号同时作用于放大器时所产生的输出应为

$$u_{\text{out}} = u_{\text{out1}} + u_{\text{out2}} = -\frac{R_f}{R_1} \times u_{\text{in1}} - \frac{R_f}{R_2} \times u_{\text{in2}} = -R_f \left(\frac{u_{\text{in1}}}{R_1} + \frac{u_{\text{in2}}}{R_2} \right) \qquad (3\text{-}30)$$

如果三个电阻相等（ $R_1 = R_2 = R_f$ ），则

$$u_{\text{out}} = -(u_{\text{in1}} + u_{\text{in2}}) \qquad (3\text{-}31)$$

从前面的公式可以看出，输出电压的幅值等于两个输入电压幅值的和，但是带有负号。式(3-32)是具有 n 个输入求和放大器的通用表达式，图 3-58 中所有电阻的电阻值相等。

$$u_{\text{out}} = -(u_{\text{in}1} + u_{\text{in}2} + \cdots + u_{\text{in}n}) \tag{3-32}$$

【例 3-16】确定图 3-59 中的输出电压，其中 $R_1 = R_2 = R_3 = R_f = 10\text{k}\Omega$，$u_{\text{in}1} = +0.3\text{V}$、$u_{\text{in}2} = +0.1\text{V}$、$u_{\text{in}3} = +0.8\text{V}$。

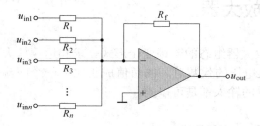

图 3-58 n 个输入的求和电路   图 3-59   例 3-16 图

解： 根据式(3-32)，有

$$u_{\text{out}} = -(u_{\text{in}1} + u_{\text{in}2} + u_{\text{in}3}) = -(0.3\text{V} + 0.1\text{V} + 0.8\text{V}) = -1.2\text{V}$$

实践练习： 在例 3-16 中，若 $u_{\text{in}2} = -0.5\text{V}$，则输出电压为多少？

在图 3-58 所示电路中，若反馈电阻 R_f 大于输入电阻，放大器会产生 R_f / R 的增益。其中，R 是每个输入电阻的电阻值。输出的一般表达式为

$$u_{\text{out}} = -\frac{R_f}{R}(u_{\text{in}1} + u_{\text{in}2} + \cdots + u_{\text{in}n}) \tag{3-33}$$

【**例 3-17**】确定图 3-59 中输出电压。其中 $R_1 = R_2 = R_3 = 1.0\text{k}\Omega$，$R_f = 10\text{k}\Omega$，$u_{\text{in}1} = +0.3\text{V}$、$u_{\text{in}2} = +0.1\text{V}$、$u_{\text{in}3} = +0.8\text{V}$。

解： 因为输入电阻的电阻值相等，$R_1 = R_2 = R_3 = 1.0\text{k}\Omega$，根据式(3-33)，有

$$u_{\text{out}} = -\frac{R_f}{R}(u_{\text{in}1} + u_{\text{in}2} + u_{\text{in}3}) = -\frac{10\text{k}\Omega}{1.0\text{k}\Omega} \times (0.3\text{V} + 0.1\text{V} + 0.8\text{V}) = -(10 \times 1.2\text{V}) = -12\text{V}$$

实践练习： 在例 3-17 中，每个输入的输入电阻为 $R = 2.2\text{k}\Omega$，反馈电阻 $R_f = 18\text{k}\Omega$，则输出电压为多少？

求和放大器可以用来对输入电压产生数学平均。只需要把增益 R_f / R 设置为输入个数的倒数即可，即 $R_f / R = 1 / n$。

可以得到若干数字的平均值，首先把这些数相加，然后除以这些数字的总个数。观察式(3-32)，并稍加思考，就可以看出求和运算放大器可以实现求数学均值的功能。下面的例子将对此进行描述。

【例 3-18】图 3-60 中的放大器产生一个输出，输出的值是所有输入电压的数学平均值。

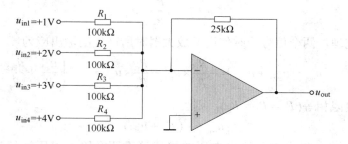

图 3-60   例 3-18 图

解： 因为输入电阻的电阻值相等，$R = 100\text{k}\Omega$，设置 $R_\text{f} = \dfrac{1}{n} \times R = \dfrac{100\text{k}\Omega}{4} = 25\text{k}\Omega$，则可以计算出输出电压为

$$u_\text{out} = -\frac{R_\text{f}}{R}(u_\text{in1} + u_\text{in2} + u_\text{in3}) = -\frac{25\text{k}\Omega}{100\text{k}\Omega} \times (1\text{V} + 2\text{V} + 3\text{V} + 4\text{V}) = -2.5\text{V}$$

这个简单的计算表明输入的均值与 u_out 幅值相等，但符号相反。

$$u_\text{avg} = \frac{1\text{V} + 2\text{V} + 3\text{V} + 4\text{V}}{4} = 2.5\text{V}$$

实践练习： 如果图 3-60 的求和放大器有 5 个输入，怎样调整电路参数可以使放大器实现均值功能？

2.3　积分与微分器

运算放大积分器模拟了数学的积分运算。数学积分本质上是一个求和过程，积分的值是函数曲线下覆盖的总面积。运算放大微分器模拟了数学的微分运算。数学微分是确定函数瞬时变化率的过程。为了展示基本原理，这一部分讨论中的积分器和微分器都是理想的。在实际应用中，为了阻止饱和，实际的积分器常常有一个额外的电阻与电路中的反馈电容器并联。为了减小高频噪声，实际的微分器往往会在其电路中用一个电阻与电容器串联。

2.3.1　运算放大积分器

一个理想积分器如图 3-61 所示。积分运算电路是一种应用比较广泛的模拟信号运算电路。它是组成模拟计算机的基本单元，也是控制和测量系统常用的重要单元，利用其充、放电过程可以实现延时、定时以及产生各种波形。

在图 3-61 中，反馈元件是一个电容器，这个电容器与输入电阻构成 RC 电路。之所以引入电容是因为电容电压 u_C 正比于电容充电电流 i_f 对时间的积分，即

$$u_C = \frac{1}{C}\int i_\text{f}\,\mathrm{d}t$$

回到图 3-61，由于运算放大器的反相端输入电流总是可以忽略，这使得

$$i_\text{in} = \frac{u_\text{in}}{R_1} \approx i_\text{f} \Rightarrow i_\text{f} \approx \frac{u_\text{in}}{R_1} \tag{3-34}$$

同样，由于运算放大器输入端的差分电压很小，也可忽略，因此有

$$u_\text{out} \approx -u_C = -\frac{1}{C}\int i_\text{f}\,\mathrm{d}t$$

将 $i_\text{f} = u_\text{in}/R_1$ 代入上式，得

$$u_\text{out} = -\frac{1}{C}\int i_\text{f}\,\mathrm{d}t = -\frac{1}{C}\int \frac{u_\text{in}}{R_1}\,\mathrm{d}t = -\frac{1}{RC}\int u_\text{in}\,\mathrm{d}t \tag{3-35}$$

并且由式(3-35)可得到运算放大积分器的输出变化率为

$$\frac{\Delta u_\text{out}}{\Delta t} = -\frac{u_\text{in}}{RC} \tag{3-36}$$

需要注意的是：图 3-61 所示的理想积分器在理论上能够很好地工作，但是实际上并非如此。如果在运算放大器的输入端存在哪怕一丁点的直流失调，都会引起输出端达到饱和。这是因为，对直流电压来说，电容器几乎是一个无穷大的电阻，直流增益将非常高。解决这个问题的方法是加入一个大阻值电阻与电容并联，这个电路称为运行平均或密勒积分器(见图 3-62)。在高频时电阻的影响很小或没有影响。在低频时，它提供电容器放电通路，减小积分器的直流增益。

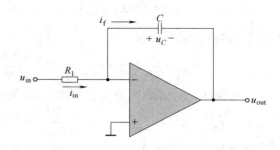

图 3-61　理想运算放大积分器

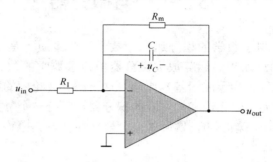

图 3-62　密勒积分器

【例 3-19】

① 对于图 3-63 所示的理想积分器输入第一个脉冲波形，试确定相应的输出电压变化率(假设输出电压的初始值为零)。

② 描述第一个脉冲后的输出，并画出输出波形。

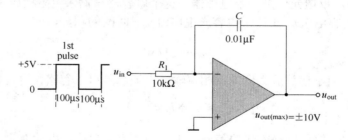

图 3-63　例 3-19 图

解： 在第一个脉冲输入为高电平时，输出电压的变化率为

$$\frac{\Delta u_{out}}{\Delta t} = -\frac{u_{in}}{R_1 C} = -\frac{5\text{V}}{10\text{k}\Omega \times 0.01\mu\text{F}} = -50\text{kV}/\text{s} = -50\text{mV}/\mu\text{s}$$

现在已知积分器输出变化率为 $-50\text{mV}/\mu\text{s}$。当输入 $+5\text{V}$ 时，输出是一个负向的斜坡。当输入是 0V 时，输出是常量。在 $100\mu\text{s}$ 的时间里，电压减小

$$\Delta u_{out} = (-50\text{mV}/\mu\text{s}) \times 100\mu\text{s} = -5\text{V}$$

因此，负向斜坡在脉冲结束时达到 $-5V$ 。然后，当输入是 $0V$ 时，输出电压维持在 $-5V$ 不变。在下一个脉冲处，输出又是负向斜坡并达到 $-10V$ 。因为这已经是放大器输出的最大极限，所以只要输入脉冲在，输出就保持在 $-10V$ 不变。波形如图 3-64 所示。

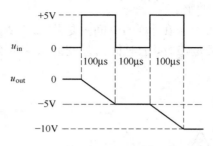

图 3-64 例 3-19 的波形图

实践练习：改变图 3-63 中积分器的电路参数。使它在相同的输入下，能够在 $50\mu s$ 的时间内，使输出变化从 $0V$ 变为 $-5V$ 。

2.3.2 运算放大微分器

理想微分器如图 3-65 所示，其产生的输出与输入电压的变化成正比。尽管在实际应用中，通常用小阻值电阻与电容器串联来限制运算放大器的增益，但是这些并不影响微分器的基本工作原理，所以在此，我们仍以理想微分器为主来讨论微分器的工作原理。

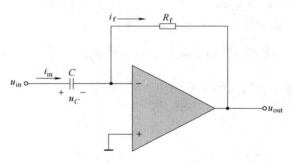

图 3-65 基本微分电路

在图 3-65 中，电容器是输入元件，与积分电路类似，这个电容器与反馈电阻构成 RC 电路。同理有电容电压 u_C 正比于电容充电电流 i_{in} 对时间的积分，即

$$u_C = \frac{1}{C}\int i_{in}\mathrm{d}t \Rightarrow i_{in} = C\frac{\mathrm{d}u_C}{\mathrm{d}t}$$

回到图 3-65，由于运算放大器的反相端输入电流总是可以忽略，这使得

$$i_{in} = C\frac{\mathrm{d}u_C}{\mathrm{d}t} \approx i_f = \frac{-u_{out}}{R_f} \Rightarrow u_{out} \approx -R_f C\frac{\mathrm{d}u_C}{\mathrm{d}t} \tag{3-37}$$

同样，由于运算放大器输入端的差分电压很小，也可忽略，因此有 $u_{in} \approx u_C$ 成立，将此式代入式(3-37)，可得

$$u_{out} = -R_f C\frac{\mathrm{d}u_{in}}{\mathrm{d}t} \tag{3-38}$$

当输入信号为线性信号时，式(3-38)可改写为

$$u_{\text{out}} = -R_{\text{f}} C \times \left(\frac{\Delta u_{\text{in}}}{\Delta t} \right) \tag{3-39}$$

【例 3-20】 对于如图 3-66 所示的理想微分器，如果输入信号是三角波，试确定微分器的输出电压，并画出输出波形。

解： 从 $t = 0$ 开始，输入电压在 5μs 的时间内是从 −5V 变为 +5V（+10V 的变化量）的正向斜坡。然后，输入电压又是在 5μs 的时间内，变为从 +5V 到 −5V（−10V 的变化量）的负向斜坡。

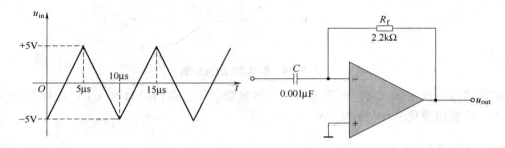

图 3-66　例 3-20 图

将上述变化代入式(3-39)，则正向斜坡的输出电压为

$$u_{\text{out}} = -R_{\text{f}} C \left(\frac{\Delta u_{\text{in}}}{\Delta t} \right) = -2.2\text{k}\Omega \times 0.001\mu\text{F} \times \left(\frac{10\text{V}}{5\mu\text{s}} \right) = -4.4\text{V}$$

同样可以计算出负向斜坡的输出电压为

$$u_{\text{out}} = -R_{\text{f}} C \left(\frac{\Delta u_{\text{in}}}{\Delta t} \right) = -2.2\text{k}\Omega \times 0.001\mu\text{F} \times \left(\frac{-10\text{V}}{5\mu\text{s}} \right) = +4.4\text{V}$$

最后，输出电压波形与输入的关系如图 3-67 所示。

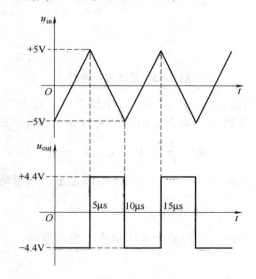

图 3-67　输出电压波形与输入的关系

实践练习： 如果图 3-66 中的反馈电阻变为 3.3kΩ，则输出电压为多少？

2.4　项目任务：超温检测仪故障检测

学习领域	任务二：超温检测仪故障检测			任课教师	
班级		姓名		学号		完成日期	

任务准备：

1. 请查阅相关技术资料，并描述出温敏电阻的电阻-温度特性。

2. 请描述出惠斯通电桥的工作原理。

自评	□	😊	□	😟	学生	
指导教师					日期	

任务电路：

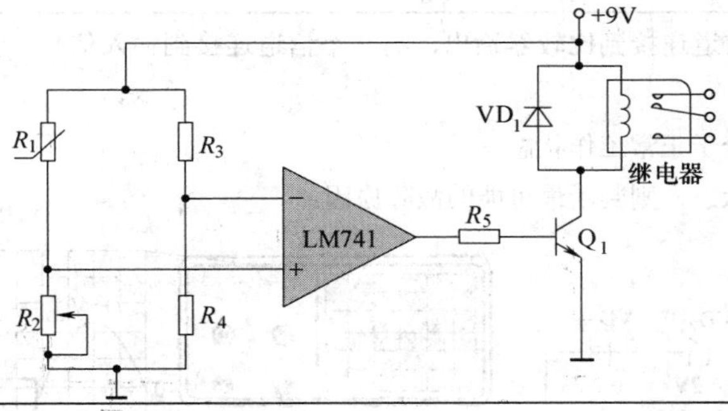

任务内容：

1. 请描述出任务电路的工作原理。

2. 根据任务条件及您掌握的资料，举出故障可能出现的几个方面。

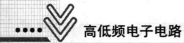
3. 为此次故障检测，您应该准备哪些检测设备？

自评	□	😊	□	😞	学生	
指导教师					日期	

任务总结：

1. 谈谈您对执行任务前准备工作的认识。

2. 谈谈您对知识的认识。

自评	□	😊	□	😞	学生	
指导教师					日期	

扩展任务：

用双踪示波器的一个信道连接到比较器输出，另一个信道连接到输入信号，仔细观察示波器波形(见彩插)。

1. 试判断该电路是否处于正常工作状态。

2. 如果不是正常工作状态，则判断最可能的故障原因。

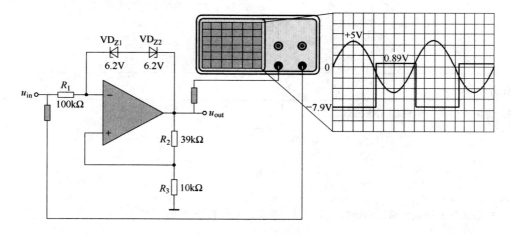

自评	□	☺	□	☹	学生	
指导教师					日期	

3.1　工　作　页

学习领域	项目3　集成电子器件数据手册阅读与信号合成					
班级		姓名		学号		完成日期	

自 我 检 查

1. 集成运算放大器具有_____。

A. 两输入两输出	B. 单输入单输出	C. 两输入单输出	D. 单输入两输出

2. _____不是运算放大器的特性。

A. 高增益	B. 低功率	C. 高输入电阻	D. 低输出电阻

3. 差分放大器_____。

A. 是运算放大器的一部分	B. 具有单输入单输出
C. 具有两输出	D. 答案 A 和 C

4. 在差分模式下，_____。

A. 两个输入端加上极性相反的信号	B. 增益为 1
C. 输入信号幅度不同	D. 只需要一个电源

5. 当差分放大器工作在单端模式时，_____。

A. 输出端接地	B. 一个输入端接地，信号加到另一输入端
C. 两输入端连接在一起	D. 输出没有反相

6. 在共模模式下，_____。

A. 两个输入端都要接地	B. 输出端连接在一起
C. 相同的信号出现在两个输入端	D. 输出信号同相

7. 共模增益_____。

A. 非常高	B. 非常低	C. 恒为 1	D. 无法预测

8. 差分增益_____。

A. 非常高	B. 非常低	C. 取决于输入电压	D. 大约100

9. 若 $A_{vd} = 3500$、$A_{vc} = 0.35$，则 CMRR 为 _____。

| A. 1225 | B. 10000 | C. 80dB | D. 答案 B 和 C |

10. 当两个输入端电压都为零时，运算放大器输出电压的理想值为 _____。

| A. 正电源电压 | B. 负电源电压 | C. 零 | D. CMRR |

11. 以下各数值中，最有可能是运算放大器开环电压增益值的是 _____。

| A. 1 | B. 2000 | C. 80dB | D. 100000 |

12. 某运算放大器的偏置电流为 50μA 与 49.3μA，则输入失调电流为 _____。

| A. 700nA | B. 99.3μA | C. 49.65μA | D. 以上都不是 |

13. 某运算放大器的输出电压在 12μs 增加了 8V，则转换速率为 _____。

| A. 96V/μs | B. 0.67V/μs | C. 1.5V/μs | D. 以上都不是 |

14. 负反馈 _____。

| A. 增大输入与输出电阻 | B. 增大输入电阻与带宽 |
| C. 减小输出电阻与带宽 | D. 不影响电阻或带宽 |

15. 负反馈的作用是 _____。

| A. 减小运算放大器的电压增益 | B. 使运算放大器振荡 |
| C. 使运算放大器工作在线性区域 | D. 答案 A 和 C |

16. 某同相放大器中，$R_i = 1.0k\Omega$、$R_f = 100k\Omega$，则闭环增益为 _____。

| A. 100000 | B. 1000 | C. 101 | D. 100 |

17. 某反相运算放大器的闭环增益为 25。其中运算放大器的开环增益为 100000。如果用开环增益为 200000 的运算放大器替换此运算放大器，则电路的闭环增益将 _____。

| A. 变为两倍 | B. 减小到 12.5 | C. 保持 25 | D. 略微增大 |

18. 电压跟随器 _____。

| A. 增益为 1 | B. 同相 | C. 无反馈电阻 | D. 答案 A、B 和 C |

19. 运算放大器的开环增益始终 _____。

| A. 小于闭环增益 | B. 等于闭环增益 | C. 大于闭环增益 | |
| D. 对给定类型的运算放大器，开环增益非常稳定并为常数 | | | |

20. 一个交流放大器的下限频率为 1kHz，上限频率为 10kHz，则这个放大器的带宽为 _____。

| A. 1kHz | B. 9kHz | C. 10kHz | D. 11kHz |

21. 一个直流放大器的上限频率为 100kHz，则这个放大器的带宽为_____。

| A. 100kHz | B. 0kHz | C. 未知量 | D. 无穷大 |

22. 运算放大器的中频开环增益为_____。

| A. 从下限频率延伸到上限频率 | B. 从 0Hz 延伸到上限频率 |
| C. 从 0Hz 开始以 –20dB/dec 下降 | D. 答案 B 和 C |

23. 开环增益等于 1 时的频率称为_____。

| A. 上限频率 | B. 截止频率 | C. 陷波频率 | D. 单位-增益频率 |

24. 运算放大器的相移是由_____引进的。

| A. 内部 RC 网络 | B. 外部 RC 网络 | C. 增益下降 | D. 负反馈 |

25. 运算放大器中的每个 RC 网络_____。

| A. 使得增益以 –6dB/八倍频程下降 | B. 使得增益以 –20dB/八倍频程下降 |
| C. 中频增益减小 3dB 下降 | D. 答案 A 和 B |

26. 使用负反馈时，运算放大器的增益带宽积将_____。

| A. 增大 | B. 减小 | C. 保持不变 | D. 波动 |

27. 如果某个同相运算放大器的中频开环增益为 200000，单位-增益频率为 5MHz，则增益-带宽积为_____。

| A. 200000Hz | B. 5000000Hz | C. 1×10^{12} Hz | D. 无法确定 |

28. 如果某个同相运算放大器的闭环增益为 20，上限频率为 10MHz，则增益-带宽积为_____。

| A. 200MHz | B. 10MHz | C. 单位-增益频率 | D. 答案 A 和 C |

29. 当_____时，正反馈发生。

| A. 输出信号反馈到输入端，输出信号与输入信号同相 |
| B. 输出信号反馈到输入端，输出信号与输入信号反相 |
| C. 运算放大器和网络总的相移为 360° |
| D. 答案 A 和 C |

30. 为了使闭环运算放大电路不稳定，_____。

| A. 需要有正反馈 | B. 环路增益大于 1 | C. 环路增益小于 1 | D. 答案 A 和 B |

31. 在过零检测器中，当输入_____时，输出改变状态。

| A. 为正 | B. 为负 | C. 跨过零 | D. 变化率为零 |

32. 过零检测器的一个应用是_____。

A. 比较器	B. 微分器	C. 求和放大器	D. 二极管

33. 比较器输入端的噪声能够引起输出_____。

A. 挂在一个状态	B. 变为零
C. 在两个状态之间反复变化	D. 产生放大的噪声信号

34. 噪声的影响可以通过_____方法减小。

A. 降低电源	B. 使用正反馈	C. 使用负反馈	D. 使用回滞
E. 答案 B 和 D			

35. 带回滞的比较器_____。

A. 有一个触发点	B. 有两个触发点
C. 有一个变化的触发点	D. 像一个电磁回路

36. 在一个回滞比较器中,_____。

A. 在两个输入端之间施加偏置电压	B. 只使用一个电源电压
C. 把输出的一部分反馈到反相输入端	D. 把输出的一部分反馈到同相输入端

37. 求和放大器可以_____。

A. 仅有一个输入	B. 仅有两个输入	C. 任何数量的输入	D. 上述答案都对

38. 如果求和放大器每个输入的电压增益是单位增益,放大器有 4.7kΩ 的反馈电阻,输入电阻的值必须为_____。

A. 4.7kΩ	B. 4.7kΩ 除以输入的数量
C. 4.7kΩ 乘以输入的数量	D. 上述答案都不对

39. 一个均值放大器有 5 个输入,R_f / R_{in} 的比率应该为_____。

A. 5	B. 0.2	C. 1	D. 2

40. 在比例加法器中,输入电阻_____。

A. 具有相同的值	B. 具有不同的值
C. 每个与输入权重成正比	D. 与 2 的倍数有关

41. 对阶跃输入,积分器的输出为_____。

A. 脉冲	B. 三角波	C. 尖峰	D. 斜坡

42. 在积分器中,反馈元件是_____。

A. 电阻	B. 电容器	C. 齐纳二极管	D. 分压器

43. 在微分器中，反馈元件是＿＿＿＿＿＿。			
A. 电阻	B. 电容器	C. 齐纳二极管	D. 分压器
44. 当微分器的输入是三角波时，输出是＿＿＿＿＿＿。			
A. 直流电平	B. 反相三角波	C. 方波	D. 三角波的一次谐波

实　践　练　习

1. 下图为某运算放大器响应阶跃输入时的输出电压。那么它的转换速率是多少？

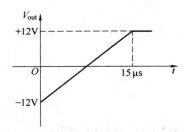

2. 如果有两种 IC 运算放大器，它们的特性如下所示。请选择您认为最好的一种，并给出理由。
运算放大器 1：$R_{in} = 5M\Omega$ ，$R_{out} = 100\Omega$ ，$A_{OL} = 50000$
运算放大器 2：$R_{in} = 10M\Omega$ ，$R_{out} = 75\Omega$ ，$A_{OL} = 150000$

3. 运算放大器的输入电流为 8.3μA 和 7.9μA ，求偏置电流 I_{BIAS} 。

4. 如果下图所示电路发生如下故障(一次只发生一个故障)，则会对输出产生什么影响？

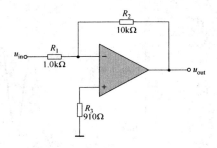

① 输出引脚与输入端短接

② R_3 开路

③ R_3 被误接为 10kΩ 而不是 910Ω

④ R_1 和 R_2 相互误接

5. RC 滞后网络的截止频率为8.5kHz。对下面的每个频率,确定相移,并画出相角–频率图。

① 100Hz	② 400Hz	③ 850Hz
④ 8.5kHz	⑤ 25kHz	⑥ 85kHz

6. 尝试利用戴维南等效定律来分析下图所示电路中的负载电流(提示:尝试将左边的电路进行戴维南等效)。

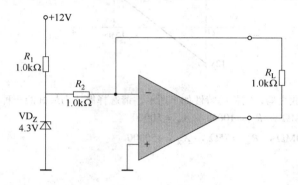

7. 当输入信号波形如下图所示时,请根据您现有比较器的知识,通过查阅资料,尝试绘制被称为窗口比较器电路的输出波形。

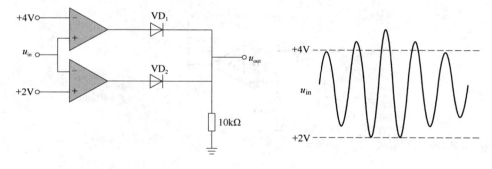

故 障 诊 断

1. 如下图所示,将给定的斜坡电压加到运算放大电路上。输出电压正确吗?如果不正确,问题出在哪里?

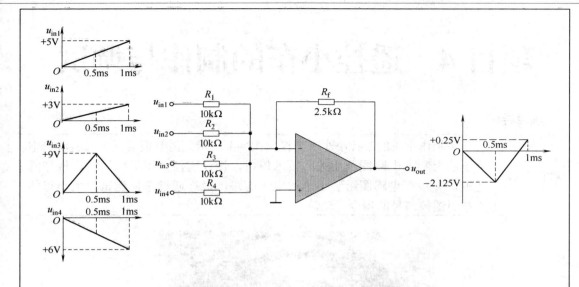

2. 下图中的波形是在电路所标示点处，通过示波器观察到的。请您判断这个电路的工作是否正常。如果不正常，那么可能的故障是什么？

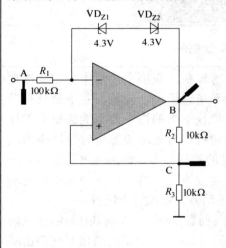

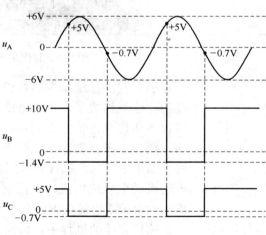

项目 4　遥控小车的制作与调试

项目导引

<table>
<tr>
<td>项目内容</td>
<td>一辆制作完成的遥控小车参考图如图 4-1 所示。需要根据任务材料清单中给出的材料、电路图及相关的技术资料，设计遥控小车机械结构、规划网孔板，并按照电路图组装小车的电子电路，最终通过整体调试，使小车能够按照遥控信号的指令行动。</td>
</tr>
<tr>
<td></td>
<td align="center">
图 4-1　制作完成的遥控小车参考图</td>
</tr>
<tr>
<td>项目路径</td>
<td>对小车发出行动指令的器件被称为发射设备，而小车接收指令需要接收设备，这就构成了一个典型的电子通信系统。但整个任务，并不是只有发射设备和接收设备那么简单。接收设备接收下来的指令并不能够使小车行动，要使小车行动，这些指令信号必须通过信号处理装置将信号转换为能够控制小车行动的执行装置(电动机)行动的控制信号，然后通过接通或关断电动机的电压或电流，来控制小车的运动或停止。再通过控制施加在电动机上的电压或电流的方向来改变小车的运动方向完成这个项目。
　　在项目完成的过程中，可能会遇到一些问题(故障)，要解决(排除)这些问题(故障)，首先必须了解什么是通信系统，以及一个典型的通信系统都由哪些功能部件组成，而这些功能部件的工作原理是什么。只有具备了这些基本知识，才可能在项目完成的过程中，对出现的问题进行判断，并根据问题原因解决这些问题。在这个过程中需要理解以下知识。
　　① 通信系统的基本组成。
　　② 通信系统各组成部件的基本工作原理。
　　③ 系统分析的基本方法。</td>
</tr>
</table>

主题 1　通信系统的基本概念

1.1　电子通信系统概述

电子通信系统通常由许多具有独立功能的电子线路(一般称为电子器件或电子部件)组成，它一般可分为模拟(线性)通信系统和数字通信系统。1837 年，美国画家兼发明家莫尔斯开发出了第一个电子通信系统。在这个通信系统中，莫尔斯利用电磁感应在一个简单的、由一根长金属线构成的发射机和接收机之间，以点、划和空格的形式传送信息，他将这个发明称之为"电报"，如图 4-2 所示。1876 年，贝尔和华特生在他们称之为"电话"的金属线上通信，第一次成功传递了人类的会话。1894 年，马可尼成功地通过地球大气层发射了第一个无线电信号，1908 年，德福莱斯特发明了真空三极管，它提供了第一个放大电流信号的实用工具。商业无线电台始于 1920 年，那时无线电台开始广播调幅(AM)信号。1933 年，阿姆斯特朗发明了频率调制(FM)，并使这种广播形式沿用至今。

图 4-2　莫尔斯和他的电报机

尽管从其开始至今电子通信的基本概念和原理变化不大，但用来实现它们的方法和电路已经发生了重大的变革。以计算机技术发展为代表的大规模集成电路的应用，简化了电子通信电路的设计，使它们更加小型化。性能的改善和可靠性的增加降低了通信系统总的成本，并使得数字通信迅速发展与普及。随着人们越来越需要相互通信，这一巨大的需求将不断刺激电子通信工业的快速发展。

目前，现代电子通信系统可大致分为金属电缆系统、微波和卫星无线系统以及光纤通信系统。

1.1.1　系统组成框图绘制

框图也称为矩形框图。在前几个项目中，或多或少已经接触到了一些。在本节内容中，将简单地对系统组成框图的绘制方法进行介绍。

如前所述，电子通信系统是由许多具有独立功能的电子部件组成的一个较为复杂的系统。而框图正是系统分析方法中一种常用的工具。其目的是用图形方式来描述一个复杂系统各组成部件或各个功能环节之间的因果关系；其作用是将复杂系统分解成各个组成复杂系统的功能部件，并用功能部件的功能描述其部件在系统中的作用(功能框)，然后按照其信息传递方向进行简化，以便能够简单而清晰地表示出各个功能部件之间的输入输出、信号处理、判断、起始或终结等基本的逻辑执行过程，帮助人们理解复杂系统工作的原理。

对于任何一个复杂系统来说，其设计与制造都可以概括为以下三个方面。

(1) 系统的设计目标。

(2) 组成系统的元器件或部件。

(3) 结果或是输出。

图 4-3 则是用框图的方式显示了系统这三个
方面之间的基本关系。图中用来表示系统元器件
或部件功能的矩形框称之为功能框，带有箭头的
有向线段表示了作为目标的输入信号和经过系统
元器件或部件处理完成之后，并表示其产生结果
的输出。对任何一个设计来说，设计和制造系统

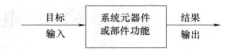

图 4-3　系统框图的基本构成

的目的就在于通过输入，经由系统元器件或部件，以某种预先设定好的方式(也就是功能)
实现人们所需要的输出结果。

图 4-4 所示的是一个用来保持液面恒定的控制系统。设计这个系统的目的是通过电动
水泵和压力传感器来感知蓄水池液面位置的改变，从而借助各个功能部件来完成"液面位
置不变"这个结果。

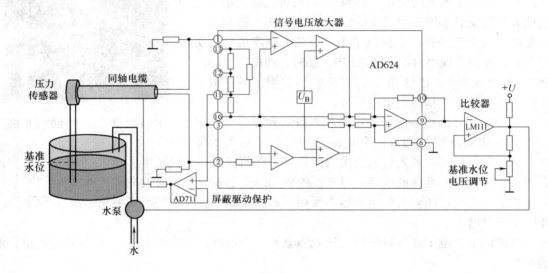

图 4-4　液面控制系统的电路图

对于图 4-4 所示的这样一个由不同部件组成，并且传递的信号不是同一种类型的复杂
系统来说，其框图的绘制往往是从系统的设计目的出发，来倒推系统的整个逻辑执行过
程。在本例中，这个系统的设计目的是保持蓄水池里的水位恒定。因此，蓄水池和它的水
位可以作为功能部件和输出结果用功能框和有向线段进行表示。考虑到蓄水池里的水是由
水泵来提供的，那么对蓄水池所要完成的蓄水功能而言，水泵抽出来的水既是水泵抽水的
结果，又是蓄水池蓄水的目标(输入)；同理，由于水泵运行与否，取决于由 LM111 所构成
的比较器是否有电信号输出。从这一点上看，也可以将比较器和它所提供的输出电压作为
功能部件和输出结果用功能框和有向线段进行表示，并且这个输出电压又成为能否使水泵
运行的目标，而使得比较器与水泵之间有了逻辑关系上的连接。在本例中，需要注意的是
比较器 LM111，因为在它的两个目标输入中，一个是来自传感器检测信号，这个信号反映

了蓄水池水面的实际位置,并通过 AD624 放大后输入到比较器 LM111 的反相输入端;而另一个是希望蓄水池液面能够保持的基准位置,这个信号来自基准水位电压调节装置。因此,由于有这样一个比较器存在,它就构成了这个系统里的反馈(见项目 3,1.4.1 小节)。利用这样的逆向思维方式,将每个元器件或部件的功能框和有向线段进行连接后,就得到了该系统完整的系统组成框图,如图 4-5 所示。

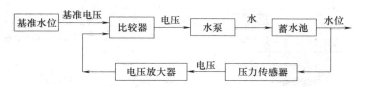

图 4-5　液面控制系统的系统组成框图

由图 4-5 所示的框图,可以很方便地解释整个系统的工作原理。但更为重要的是在对系统进行故障诊断时,可以根据框图中各组成部件的故障表现,来判断产生故障的元器件或部件,从而快速、准确地找到故障并进行排除。

1.1.2　电子通信系统的组成框图

通信中所需要的一切电子技术设备和传输介质构成的总体称为电子通信系统。电子通信系统的基本目的就是从一个地方(站)向另一个地方(站)传送信息(电信号)。图 4-6 所示为典型的通信系统结构示意图。在图 4-6 中,电视台录制的节目,经过技术设备转换成原始的电信号。这些原始的电信号再通过调制放大转换成电磁能量(电磁波),然后将它们进行发送。在发送过程中借助卫星作为中继,由地面上的一个(或多个)接收站接收。在接收站中,再通过一些技术设备将含有原始信息的视频信号进行解调处理,并让它还原成它的原始形式后在用户终端上进行播出。

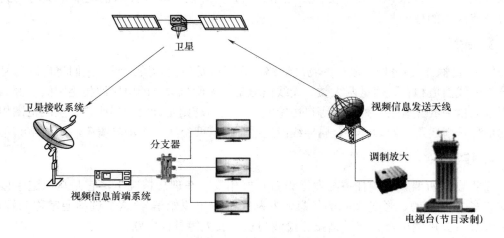

图 4-6　典型的通信系统结构示意图

对于一个复杂的通信系统来说,其应用场合不同,它所采用的技术设备、技术手段也会有很大的区别。但是从功能上来说,任何一个通信系统都离不开将原始信息转换成电磁波,并通过传输介质将信号从发射设备(机)传送到接收设备(机)这样一个过程。因此,利用系统框图,可以将任何一种复杂的通信系统用系统框图的形式加以概括和描述。图 4-7 是一个电子通信系统典型的系统组成框图。如图 4-7 所示,电子通信系统总是由信息源、发送设备、信道(传输介质)、接收设备和受信者(信宿)等几大功能部件组成。

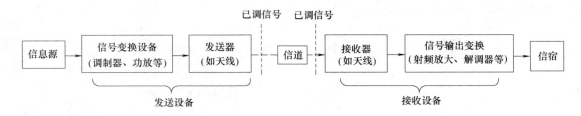

图 4-7　通信系统的基本组成框图

1. 信息源

信息源(简称信源)可以是模拟信号,也可以是数字信号。一般来说,人们在自然界能够采集到的信号通常都是模拟信号,如上例中的水位,再如温度、视频或音频信号,等等。但随着计算机数字通信技术的快速发展,通常人们利用一些传感设备或信号处理设备,在现场将这些模拟信号进行数字化处理,从而形成数字形式的信息源,例如本项目中,小车的遥控指令。

2. 发送设备

发送设备是以电信号为有效传输信号的信号变换电路,它涉及电信号的调制、功率放大与发射等具体电路。其中,调制是远距离信号传输的基础。根据信号源的信号类型,调制也分为模拟调制与数字调制,虽然它们在技术手段及实现电路上有很大的区别,但就信号调制的基本原理来说,其本质仍然是相通的。另外信号调制技术也是多路复用及提高信号抗干扰能力的技术基础。

3. 信道

信道(传输介质)是传递信号的物理通路,它可以是任何物质。通常人们将电磁信号的信道分为无线信道和有线信道两大类。无线信道是指无明显边界的电磁波传播空间,例如无线电卫星通信中的大气层,外太空等自由空间。有线信道则是针对边界明显、空间范围相对较窄的信号传播通路,例如一对金属导线或光纤、通信架空线、同轴电缆等,如图 4-8 所示。

4. 接收设备

接收设备所要完成的任务与发送设备正好相反。在理想情况下,它是从信道中接收由发送设备发送来的、经过调制的信息,并从中提取出原始信号(这个过程通常称为解调),然后经过放大后输出,它涉及谐振、检波与功率放大等具体电路。

5. 受信者

受信者(信宿)就是把原始电信号送到的目的地。例如本项目中,用于控制小车的运动或停止的继电器,再如收音机里的扬声器或电视机里的屏幕等。

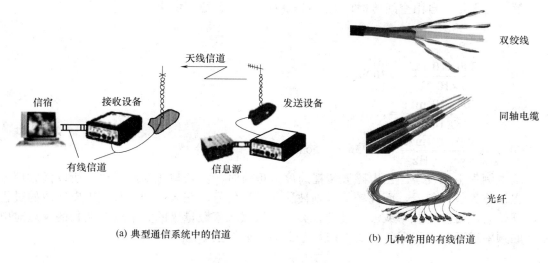

（a）典型通信系统中的信道   （b）几种常用的有线信道

图 4-8   无线与有线信道

1.1.3   传输频率

如前所述，电子通信系统的目的就是在称为"站"的两个或多个地方之间互通信息。这是通过将原始电信号转换为电磁波，然后将电磁波发射到一个或多个接收站，再在接收站还原成它的原始电信号的形式来完成的。赫兹在其早期进行实验时，所利用的电磁波频率范围是 50Hz ～ 500MHz。当马可尼等其他科学家将赫兹的实验结果应用于通信实践中时，他们最初发现低频的效果要比预期好得多。但当时人们对于无线电的传播技术知之甚少，对于天线的设计也是一无所知。随着通信技术的发展，人们已经认识到电磁波能量的传播可以通过金属线中的电压或电流完成，也可以通过向自由空间发射无线电波或通过光纤的光波进行传递，其频率几乎可以分布在无限的频率范围内。

简单地说，频率就是一个周期性运动(比如电压或电流的正弦波)在一个给定时间内所出现的次数，波形的每一个完整的交替称为一个周期。除此之外，电磁波还可以用波长来表示。波长就是指电磁波在一个周期内的传播距离。波长与频率和周期的关系可用如下公式表示为

$$v = f \times \lambda = \frac{\lambda}{T} \tag{4-1}$$

式中，v 是电磁波的传播速度，单位是 m/s (米/秒)；f 是电磁波的传播频率，单位是 Hz (赫兹)；λ 是电磁波的波长，单位是 m (米)；T 是电磁波的周期，单位是 s (秒)。

对于在自由空间中传播的电磁波来说，其速度大约和光速相等，为 $300 \times 10^8 \, \text{m/s}$，常用等号 c 表示，所以式(4-1)也可表示为

$$c = f \times \lambda \tag{4-2}$$

【例 4-1】分别计算出以下各频率信号在自由空间中的波长。

① 1MHz (调幅 AM 无线电波段)

② 27MHz (对讲机 CB 无线电波段)

③ 4GHz (卫星电视波段)

解： 由于是在自由空间传播，因此对式(4-2)进行整理，可得

$$\lambda = \frac{c}{f}$$

① $\lambda = \dfrac{300 \times 10^5 \, \text{m/s}}{1 \times 10^6 \, \text{Hz}} = 300\text{m}$

② $\lambda = \dfrac{300 \times 10^5 \, \text{m/s}}{27 \times 10^6 \, \text{Hz}} = 11.1\text{m}$

③ $\lambda = \dfrac{300 \times 10^5 \, \text{m/s}}{4 \times 10^9 \, \text{Hz}} = 0.075\text{m} = 7.5\text{cm}$

从本例中不难发现，当电磁波传播速度为恒值时，波长与频率成反比。所以低频信号常常也被称为长波信号，而高频信号则被称为短波信号。在人们利用和使用电磁波的过程中，开始对电磁波的频率或波长进行分类，并按照频率数量级的大小或其波长的长短对电磁波的频率进行分配和命名。表 4-1 就是对电磁波传输频率的分类情况。

表 4-1　传输频率分类及应用

频　率		波　长	实际应用
极高频	30～300GHz		雷达、卫星通信、微波炉、蜂窝电话
超高频	3～30GHz	300GHz —— 1mm 毫米波	
特高频	300MHz～3GHz	3GHz —— 10cm 微波	
甚高频	30～300MHz		电视广播、FM 广播
高频	3～30MHz	30MHz —— 10m 短波	
中频	300kHz～3MHZ	3MHz —— 100m 中波	AM 广播
低频	30～300kHz	300kHz —— 1km 长波	
甚低频	3～30kHz		导航通信、水下通信
音频	300～3kHz		
极低频	30～300Hz		电力传输

实践练习： 式(4-1)适合于所有的波，声波在空气中的传播速度大约为 334m/s。计算频率为 1kHz 的声波在空气中传播时的波长。

1.2　高频传输线

当高频信号或者快速上升的数字信号从某一点传输到另一点时，传输线(导线)将会产生很多不利的影响，比如信号衰减、高频响应下降和噪声增加。对于几厘米长的信号路径来说，当信号频率在 100MHz 以上或者数字信号的上升时间小于 4ns 时，这些影响将变得尤为重要。

考虑由两条金属导线组成传输线，用它将一个高频信号从一个站发送到另一个站。这时，在高频信号的作用下，传输线上会出现一个电感 L，它沿着传输线方向以串联形式存在；同时也会出现一个电容 C，它存在于两根传输导线之间，并以并联方式存在。在高频时，以串联形式出现的电感的感抗会增大，而以并联形式出现的电容的容抗则会下降。在传输线上，这些随着信号频率增高而出现的电感和电容并不是集中在某一点，而是分布在整个传输上。

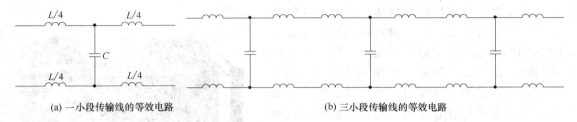

(a) 一小段传输线的等效电路　　　　　　　　(b) 三小段传输线的等效电路

图 4-9　高频传输线的等效电路

图 4-9(a)描述了一小段传输线的等效电路，其中电感和电容画成了分立元件。但需要了解的是，电感和电容是平均分布在整个传输导线上的，因此在图 4-9(a)中，电感被分成了 4 个小电感，每个小电感的电感值是 $L/4$，而电容值仍然为 C。当然，在传输线上还会存在着电阻，但由于在高频时，电阻对阻抗产生的贡献较小，因此可以忽略不计。

为了帮助理解传输线，现在对这一小段传输线的等效电路进行扩展，扩展到由一系列小段分立电感和电容连接在一起的情况，如图 4-9(b)所示。一个有趣的现象是，当加长的等效电路的段数大于 10 后，再继续增加传输线的段数，传输线的阻抗几乎不变。这也就是说，高频时，传输线的阻抗并不取决于传输线的长度(这与低频时，电阻与传输线的关系不同)，而这个固定的阻抗值就被称为传输线的特征阻抗。在高频时，传输线的特征阻抗可表示为

$$Z_0 = \sqrt{\frac{L}{C}} \tag{4-3}$$

式中，Z_0 是传输线的特征阻抗，单位是 Ω (欧姆)；L 为单位长度下的电感值，单位为 H (亨利)；C 为单位长度下的电容值，单位为 F (法拉)。

1.2.1　终止传输线

对于高频信号来说，即使是一小段传输线，相对于信号波长来说也可能是很长的。当来自信号源的信号(入射波)到达传输线终端时，它会被反射回信号源(反射波)。入射波和反射波沿着线长互相作用，会在传输线上形成驻波。驻波是由入射波和反射波相互作用而形成的稳态波。

驻波会对电视信号产生诸如重影之类的不期望出现的影响，而且也会增加噪声。为了防止驻波的产生，就需要在终端加上一个和传输线特征阻抗相同的电阻负载。当传输线以该方式终止时，整个传输线对于信号源而言呈现出电阻特性。当传输线正确终止时，所有信号功率都消耗在终端的电阻性负载上。而不正确的终止则可能会产生电磁波反射以及导致错误的信号电压出现。

一类常见的高频传输线是同轴电缆(见图 4-8(b))。同轴电缆由一根轴芯和包围在轴芯外面的导体屏蔽层组成。在高频时，这个屏蔽层既可以屏蔽外部噪声，防止外部的噪声对轴芯内的信号造成的干扰，也可以用来屏蔽因为轴芯内的信号向外辐射而导致信号的衰减。不同类型的同轴电缆有不同的特性，如功率、高频特性和特征阻抗等。在给定系统中，按照要求安装所要求的电缆类型非常重要。比如，视频系统标准中使用 75Ω 的同轴电缆，这就意味着视频系统终端采用的是阻值 75Ω 的电阻负载。如果采用不一样特征阻抗的同轴电缆进行安装，则会因为传输线特征阻抗与终端电阻不匹配而导致信号反射。

【实例】如果传输线损坏，阻抗特性的变化将导致信号的反射。一种被称为时域反射仪(TDR)的测试设备可以用于发现电缆在何处出现问题，如图 4-10 所示。TDR 向电缆发出电压脉冲，并记录下任何反射信号到达的时间。如果电缆没有损坏并且正确终止，那么反射仪能测量到的反射信号应该很少。如果电缆有损坏，或没有正确终止的话，则反射仪就会获得一个从损坏处返回的所加脉冲信号的反射信号。因为给定电缆测试信号的传播速度是一个固定值，因此通过测量信号反射回信号源所花的时间，就可以确定电缆损坏的位置。

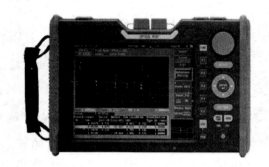

图 4-10　时域反射仪(TDR)

时域反射仪应用广泛，例如长同轴电缆和光纤系统(光学 TDR)，甚至是用来查找高频电路板中的故障。在高频电路板中，电路板上的铜皮走线类似于传输线的作用。

1.2.2　其他高频考虑

1. 电感效应

在高频(10MHz 以上)时，传输线不再是一条简单的导电通路，而成为一个有效的电感。这是由于趋肤效应造成的，趋肤效应会导致电流移动到金属导体的外表面。这种电感通常不是人们所需要的，因为它会增加传输线的电抗并增加电路中的噪声。为了避免电感的不利影响，高频电路中的导线应该尽可能地短。

2. 电容效应

在高频的时候，由于电容效应不断增加，晶体管放大器可能会越来越无效。所有有源器件在它们的各极之间都有内部电容(如 PN 结结电容)。这些内部电容对于高频模拟信号而言相当于低阻抗通路，因此降低了这些器件控制的有效性。在数字电路中，内部电容限制了脉冲从一个电平变化到另一个电平的速度。因此在高频电路中，需要使用专门设计的高频晶体管来减小内部电容。电容的另外一个影响是会在高频放大器中产生不期望的振荡，但振荡可以通过中和的办法来消除，关于这一点，将在后面的谐振放大器中进行介绍。

主题 2　通信系统的组成部件

发送设备和接收设备是通信系统中的核心部件(见图 4-7)，不同的通信系统，其发送和接收设备的组成也不尽相同，但其基本结构是相似的。下面以无线电广播系统为例来进一步说明通信系统发送设备与接收设备的基本组成。

1. 无线电广播发送设备

图 4-11 所示为无线电调幅广播发送设备的系统组成框图。

振荡器用来产生高频信号(若振荡器产生的高频信号达不到所需的频率值，那么还会用到倍频器来进一步提升高频信号的频率)。话筒所产生的微弱语音信号经放大后，送入调制器，与高频信号调制成便于无线发送的调制信号，并以足够大的功率输送到天线上，由天线辐射到自由空间。

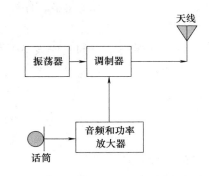

图 4-11　无线电广播发送设备的系统组成框图

2. 无线电广播接收设备

在大多数类型的模拟通信系统中，基于超外差原理的接收机广泛应用于标准广播电台、立体声和电视中。图 4-12 是超外差式调幅接收设备的组成框图。

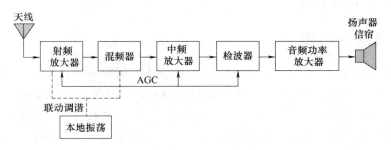

图 4-12　超外差式调幅接收设备组成框图

天线接收所有无线电信号，并将它们送给射频放大器。射频放大器可以调整(调谐)该电路的频率来选择接收调幅广播频带范围内的任何一个频率。只有被选择的频率可以通过该放大器，并进入到下一级的混频器中。

混频器电路接收两个输入，一个是来自射频放大器输出的射频信号，另一个是来自本地(机)振荡器产生的频率为465kHz的稳定正弦信号，这两个信号通过一个叫作"外差"的非线性过程进行混合，产生一个"和频"与一个"差频"。例如，如果射频放大器所选择的信号频率是1000kHz，那么本地振荡器所产生的正弦波频率则是1465kHz。因此，混频器所产生的"和频"与"差频"分别为2465kHz和465kHz。也即这个混频器所产生的

"差频"总是 465kHz，而不管射频放大器所选择的广播频率是多少。混频器将其所产生的"差频"信号输入到中频放大器。除了频率被降到 465kHz 之外，这个"差频"信号还是射频放大器所选择的原始信号的复制品，而中频放大器负责放大这个复制品的电压。

检波器电路负责将调制信号(音频信号)从放大后的 465kHz 中频信号中恢复回来。在这个电路里，不再需要中频正弦信号，因此检波器的输出只含音频信号。最后音频功率放大器将检波器"检出"的音频信号进行放大，并驱动扬声器发出声音。

AGC (自动增益控制)在检波器处提供一个直流电压，它与接收到的信号强度成正比。该电压被反馈到中频放大器，有时也反馈到混频器和射频放大器，进行增益的自动调整，以使信号在整个系统内保持为一个稳定的信号电压，而不管接收到的载波信号的强度如何。

下面从通信系统的发送设备开始，介绍通信系统主要组成部件的电路结构和工作原理等基本知识。

2.1 振 荡 器

振荡器是通过产生周期波形来实现定时、控制或通信功能的电路。在大多数的电子系统中都可以找到振荡器。例如，在通信系统中，需要通过振荡器产生高频电磁信号；而在仪器仪表中，则需要利用振荡器生产电子表、示波器和函数发生器所需要的波形信号等。

振荡器需要使用正反馈(项目 3 中 1.4.1 节)。利用正反馈将部分输出信号反馈到输入端，并加强输入信号，从而维持连续不断的信号输出。虽然在振荡电路中，外部输入信号并不是严格必需的，但是许多振荡器仍会使用外部信号来控制振荡器的振荡频率，或者使它与另一个"源"的频率同步。

2.1.1 振荡器的类型

由于所有振荡器都是将来自直流电源的电能转换为周期波形。因此，从本质上来说，振荡器仅使用直流电源作为必需的输入，而重复地输入信号并不是必需的。

振荡器的输出电压要么是正弦波，要么是非正弦波，这取决于振荡器的类型。振荡器主要分为反馈振荡器和弛豫振荡器两大类。一个基本振荡器的框图如图 4-13 所示，振荡器可以根据其所产生的信号类型来进行技术分类。

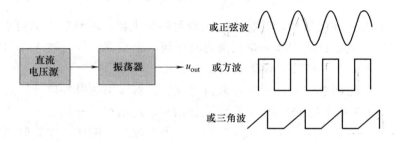

图 4-13 基本振荡器概念给出的三种常见类型的输出波形

1. 反馈振荡器

反馈振荡器是将输出信号的一部分利用正反馈形式反馈到输入端来加强输出端的输出信号。振荡开始后，环路增益保持在1.0来维持振荡。反馈振荡器由一个放大器(或者是分立晶体管，或者是集成的运算放大器)和一个正反馈网络组成，其中放大器提供环路增益，正反馈网络产生相移并提供衰减，如图 4-14 所示。

2. 弛豫振荡器

弛豫振荡器使用一个 RC 定时电路来产生波形，通常输出端产生的是方波或非正弦波。最为典型的弛豫振荡器是使用施密特触发器或其他器件交替地通过电阻向电容充电和放电来改变状态。弛豫振荡器将在本节的最后进行一个简要的介绍。

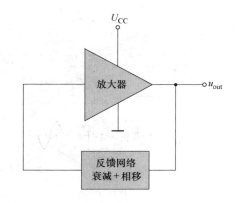

图 4-14 反馈振荡器的基本元件

2.1.2 反馈振荡器

反馈振荡器的工作基于正反馈原理，其被广泛地应用于产生正弦波。

1. 振荡条件

正如项目 3 中 1.4.1 节所介绍的那样，正反馈的特点是将输出信号同相地反馈到输入端，其过程如图 4-15 所示，同相反馈电压被放大后产生输出电压，输出电压又被反馈给输入端并再次被放大输出后反馈回输入端。这也就是说，振荡器通过建立自身循环来维持信号本身，并产生连续的正弦波输出，这个现象也就是所谓的振荡。

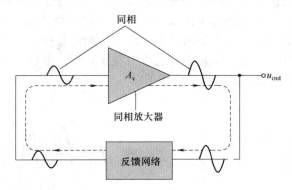

图 4-15 正反馈产生振荡

图 4-16 描述了维持振荡的两个条件。

(1) 反馈环路上的相移实际上必须为 $0°$ (同相)。

(2) 环绕反馈环路的闭环电压增益(环路增益)必须等于 1($A_{CL} = 1$，单位增益)。

环绕反馈环路上的闭环电压增益 A_{CL} 是放大器开环增益 A_v 和反馈电路的反馈(衰减)系数 k 的乘积，即

$$A_{CL} = A_v \times k$$

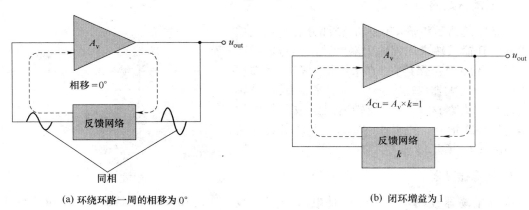

(a) 环绕环路一周的相移为0°　　　　(b) 闭环增益为1

图 4-16　振荡条件

如果希望输出正弦波，那么大于1的环路增益将很快使得波形的两个峰值处于饱和，从而让波形产生严重的失真。为了避免这种情况的发生，振荡器一旦开始振荡，就必须使用一些增益控制方法以使电路的闭环增益精确地保持在1。例如，如果反馈网络的反馈系数(衰减)是0.01，那么放大器就必须恰好具有100的增益来克服衰减，同时又不会产生严重的失真($0.01 \times 100 = 1$)。如果选择的放大器增益大于100的话，那么振荡器将产生两个峰值受限的正弦波振荡(项目 3 中 1.4 节)。

2. 开始条件

上面讨论了在什么条件下，可以让振荡器产生连续的正弦波输出。也就是说，要维持振荡并产生不失真的正弦波，那么振荡器就必须满足单位闭环增益 $A_{CL} = 1$ 这个条件。但是为了启动振荡，在正反馈环路上的初始电压增益则必须大于1，从而使得输出能够持续增加到想要维持的值之后，再使闭环电压增益下降并维持在单位增益1。开始和维持振荡的电压增益条件如图 4-17 所示(关于如何才能使得振荡输出保持在希望的电压并能够使振荡维持下去这个问题，将在随后具体的振荡电路中进行介绍。由后面的讨论可知，在振荡开始后，有很多方法可能降低并保持为单位增益)。

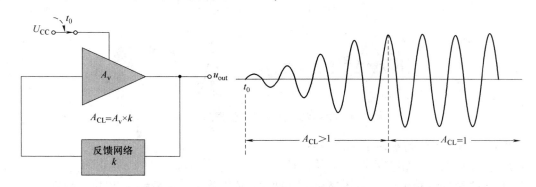

图 4-17　当振荡在 t_0 开始时，条件是 $A_{CL} > 1$，振荡产生并输出不断增大的正弦输出电压。当建立到期望的输出电压幅值后，A_{CL} 减小到 1，并把输出电压维持在这个期望的幅值上，实现等幅振荡

通常面对振荡开始，可能会提出这样一个问题：如果振荡器开始时电源是关闭的，也没有输出电压，那么反馈信号又是如何启动，并开始建立正反馈过程的？其实，对于正反馈系统而言，任何微小的噪声都可能会引起系统振荡，从而导致系统的不稳定。所以，在任何一个系统中，正反馈都是必须绝对避免的。但是对于振荡器来说，正好就是要利用这种正反馈来引起电路系统的振荡。因此，即使在开始时，振荡器的电源开关是关闭的，也没有输出电压，但是只要电源打开，那么电路中电阻或晶体管本身所产生的热噪声也足以使振荡器产生一个小的正反馈电压，只要这个反馈电压经过放大，就能不断地加强，从而产生如前所讨论的输出电压。

3. 具有RC反馈电路的正弦波振荡器

具有 RC 反馈电路的典型正弦波振荡器有三种类型。它们是文氏桥振荡器、相移振荡器和双 T 振荡器。通常，RC 反馈振荡器适用于频率小于 1MHz 的场合。在这个频率范围，文氏桥振荡器是目前为止应用最广泛的 RC 振荡器。在此，也仅以文氏桥振荡器为例，介绍此类电路的组态与工作原理。

文氏桥振荡器的基本部分是一个超前-滞后网络，如图 4-18(a)所示。其中，R_1 和 C_2 构成网络的滞后部分，R_2 和 C_1 构成网络的超前部分。超前-滞后网络的工作原理如下：在给定电路器件参数的情况下，当输入信号频率较低($R \ll 1/\omega C$)时，由于 C_1 和 C_2 的容抗较高，因此对于串联部分来说，电阻 R_1 的作用可以忽略，而对于并联部分来说，电容 C_2 的作用也可以忽略(此时的等效电路如图 4-18(b)所示)，这样超前网络 R_2C_1 就起决定作用，输出电压 u_{out} 超前于输入电压 u_{in}，而且随着频率的增加而增加(频率增加时，电容 C_1 上的容抗减小而导致所分电压下降)。

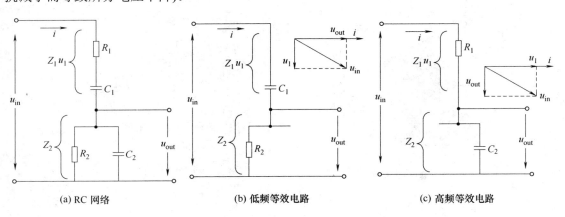

(a) RC 网络　　　　　　(b) 低频等效电路　　　　　　(c) 高频等效电路

图 4-18　RC 超前-滞后网络和它的等效电路

但是，当频率持续增加到较高($R \gg 1/\omega C$)时，由于 C_1 和 C_2 的容抗较低，因此对于串联部分来说，电容 C_1 的作用可以忽略，而对于并联部分来说，电阻 R_2 的作用也可以忽略(此时的等效电路如图 4-18(c)所示)，这样滞后网络就起决定作用，输出电压 u_{out} 超前于输入电压 u_{in}，并随着频率的增加而下降。

图 4-19 描述了 RC 超前-滞后网络的输出电压 u_{out} 随频率变化的关系曲线(频率响应曲线)。根据电路理论,在其频率响应曲线上,输出电压峰值处所对应频率被称为谐振频率 f_{r}。而在这一点上,如果将 RC 超前-滞后网络的电路参数设置为 $R_1 = R_2$,$C_1 = C_2$ 的话,那么 RC 超前-滞后网络的衰减系数将为 1/3,即有

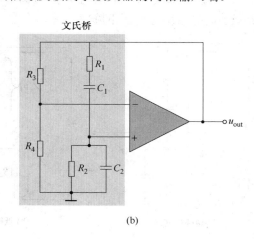

$$u_{\text{out}} = \frac{1}{3} \times u_{\text{in}} \qquad (4\text{-}4)$$

图 4-19 RC 超前-滞后网络的频率响应曲线

谐振频率为

$$f_{\text{r}} = \frac{1}{2\pi RC} \qquad (4\text{-}5)$$

归纳一下,文氏桥振荡器中的 RC 超前-滞后网络具有谐振频率 f_{r}。在这个频率处,网络呈现出电阻特性,其相移为 0°、衰减系数为 1/3。当频率低于 f_{r} 时,超前网络起主导作用,并且输出超前于输入;当频率高于 f_{r} 时,滞后网络起主导作用,并且输出滞后于输入。

1) 基本电路

将超前-滞后网络所构成的基本电路用于运算放大器的正反馈环路中,电路的组成如图 4-20(a)所示,分压器用于负反馈环路中。由图 4-20(a)可见,文氏桥振荡器电路可以看成是一个同相放大器的结构,超前-滞后网络将输出信号反馈到了放大器的同相输入端。

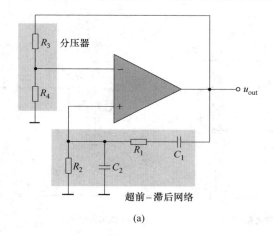

(a)

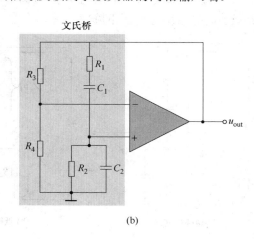

(b)

图 4-20 文氏桥振荡器的两种画法

回顾一下项目 3 中的内容,同相放大器的闭环增益由分压器电阻决定

$$A_{\text{CL}} = \frac{1}{R_4 / (R_3 + R_4)} = \frac{R_3 + R_4}{R_4}$$

为了显示出运算放大器连接在桥的两端,将电路重画在图 4-20(b)中。桥的一端是超前-滞后网络,另一端是分压器。

2) 振荡条件

图 4-21 是图 4-20 的功能原理图。为了使电路能够产生持续稳定的正弦波输出(振荡波形)，环绕在正反馈环路上的相移必须为 $0°$，并且环路的闭环增益也必须为单位增益。当正弦波振荡频率为 f_r 时，超前-滞后网络的相移为 $0°$，所以电路满足相移为 $0°$ 的相位条件，即从运算放大器的同相输入端(+)到输出端之间的信号没有反相，如图 4-21(a)所示。

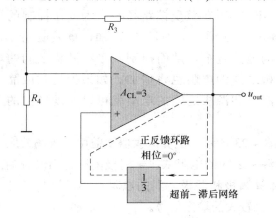

(a) 反馈环中的相位为$0°$　　　　　　　　(b) 反馈环路上的电压增益是1

图 4-21　振荡的条件

当 $A_{CL} = 3$ 时，则满足反馈环路中的单位增益条件。这抵消了超前-滞后网络的 1/3 衰减，因此使得环绕正反馈环路的闭环增益等于1，如图 4-21(b)所示。

为了使得放大器闭环增益 $A_{CL} = 3$，可选择 $R_3 = 2R_4$，那么

$$A_{CL} = \frac{R_3 + R_4}{R_4} = \frac{2R_4 + R_4}{R_4} = \frac{3R_4}{R_4} = 3$$

3) 开始条件

振荡开始前，放大器本身的闭环增益必须大于3($A_{CL} > 3$)，这种情况必须延续到输出信号的幅值达到期望的电压值。然后，在理想情况下，放大器增益必须减小到3($A_{CL} = 3$)，使得环绕在正反馈环路上的闭环电压增益为1，并且输出信号在期望的电压值上维持振荡(如图 4-17 所示)。

图 4-22 所示的电路描述了一种获得维持振荡的方法。与图 4-21 不同的地方是分压器(负反馈)网络被修改成包含一个电阻 R_5 及与两只背靠背的齐纳二极管并联的电路。当放大器的输出端没有输出电压时，这两只背靠背的齐纳二极管都开路，R_3 与 R_5 串联。此时，当选择 $R_3 = 2R_4$ 时，放大器的闭环增益将大于单位增益，有

$$A_{CL} = \frac{R_3 + R_4 + R_5}{R_4} = \frac{3R_4 + R_5}{R_4} = 3 + \frac{R_5}{R_4}$$

刚开始时，振荡器从噪声或在电源闭合瞬间获得输入，从而产生小的正反馈信号。超前-滞后网络只允许频率等于 f_r 的信号同相地出现在同相输入端。信号经过反馈、放大而连续加强，使得输出电压开始建立。当输出信号达到齐纳击穿电压时，齐纳二极管导通，

使得 R_5 被实质性地短接，从而使放大器的闭环增益降至 3。此时，总的环路增益为 1，输出信号稳定，并持续振荡。这也就是说，反馈振荡器想要达到稳定，都需要其增益能够自动调整，而这个要求就形成了自动增益控制（AGC）。

这个例子中，齐纳二极管构成的负反馈网络虽然简单，但其代价是需要产生非线性来控制振荡器的增益。因此，用这个电路来获得理想的正弦波形是非常困难的。另一种自动控制增益的方法是将场效应晶体管（JFET）用在负反馈路径中作为电压控制的电阻。这种方法能产生稳定、良好的正弦波波形。回顾一下项目 2 可知，场效应晶体管是利用栅极电压控制漏极和源极之间导电沟道的宽窄，从而控制漏极和源极之间的电流。因此，当栅极电压增加时，漏极和源极之间的电阻也将增加。如果把场效应晶体管放在负反馈路径中，那么由电压来控制漏极和源极之间的电阻就可以实现增益的自动控制。

场效应晶体管稳定文氏桥振荡器的电路如图 4-23 所示。运算放大器增益由包含场效应晶体管的电路器件控制。场效应晶体管漏极和源极之间的电阻依赖于栅极电压。当没有输出信号时，晶体管的栅极电压为 0，此时晶体管漏极和源极之间的电阻最小。这种条件下，环路增益大于 1，振荡开始工作并且快速达到较大的输出信号。

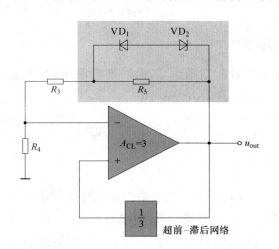

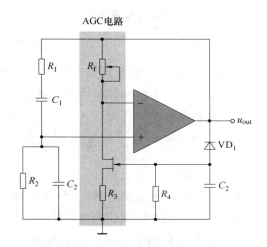

图 4-22　用两只背靠背齐纳二极管组成的自启动　　图 4-23　在负反馈中环路中使用场效应晶体管组成
　　　　文氏桥振荡器　　　　　　　　　　　　　　　　的自启动文氏桥振荡器

输出信号的负值使得二极管 VD_1 正向偏置，从而使电容 C_3 充电并达到负电压。这个电压使得晶体管漏极和源极之间的电阻增大，增益减小(因此输出也减小)。这是典型的负反馈工作。通过恰当地选择元器件，可以将增益稳定在期望的水平。

下面的例子进一步解释了一个用 JFET 晶体管来稳定的振荡器例子。

【例 4-2】确定如图 4-24 所示文氏桥振荡器的振荡频率。同样也计算 R_f。假设当振荡稳定时，场效应晶体管的内部漏极和源极间的电阻 r'_{ds} 为 500Ω。

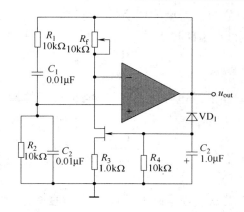

图 4-24　例 4-2 图

解：对于超前-滞后网络，$R_1 = R_2 = 10\text{k}\Omega$，$C_1 = C_2 = 0.01\mu\text{F}$，因此由式(4-5)可得该文氏桥振荡器的振荡频率为

$$f_r = \frac{1}{2\pi R_1 C_1} = \frac{1}{2 \times \pi \times 10\text{k}\Omega \times 0.01\mu\text{F}} \approx 1.59\text{kHz}$$

为了维持振荡，闭环增益必须为 3.0 。由于这个增益是同相放大器的增益，因此由项目 3 中式(3-8)得

$$A_v = \frac{R_f}{R_i} + 1$$

其中：R_i 由 R_3 和 r'_{ds} 组成，将其代入上式，可得

$$A_v = \frac{R_f}{R_3 + r'_{ds}} + 1$$

整理并解得

$$R_f = (A_v - 1) \times (R_3 + r'_{ds}) = (3-1) \times (1.0\text{k}\Omega + 0.5\text{k}\Omega) = 3.0\text{k}\Omega$$

实践练习：电路如图 4-24 所示。

① 若场效应晶体管内部的漏极和源极间的电阻 r'_{ds} 为 350Ω，求 R_f 的值。

② 如果 R_f 设置得太高，振荡会发生什么情况？如果设置得过低呢？

4．具有 LC 反馈电路的正弦波振荡器

RC 反馈振荡器，特别是文氏桥振荡器，通常适合于频率不超过 1MHz 的应用，而 LC 反馈振荡器则通常用于需要更高频率的应用中。因为受大多数运算放大器增益的限制(较低的单位增益)，所以分立式晶体管(BJT 或 FET)常常作为 LC 振荡器中的增益器件。典型的 LC 反馈振荡器有：考毕兹振荡器、克拉普振荡器、哈特利振荡器、阿姆斯特朗振荡器和晶体控制振荡器等。在此，将主要以考毕兹振荡器为例，来讨论 LC 反馈振荡器的组态与工作原理，最后将对晶体控制振荡器做一个简要介绍。

考毕兹振荡器是以其发明者名字命名的一种具有 LC 反馈电路的基本振荡器，它的结构如图 4-25 所示。这种类型的振荡器在反馈环路中使用一个 LC 谐振电路来提供必要的相

移。与文氏桥振荡器类似，它只让期望的振荡频率通过。

振荡器的振荡频率是由 LC 电路提供的谐振频率，它由下面的近似公式计算得到

$$f_r \approx \frac{1}{2\pi\sqrt{LC_T}} \tag{4-6}$$

式中，C_T 是 LC 反馈回路的总电容。在如图 4-25 所示的谐振电路中，由于电容器 C_1 和 C_2 实际上是串联在一起，所以总电容 C_T 为

$$C_T = \frac{C_1 \times C_2}{C_1 + C_2}$$

1) 振荡和开始条件

考毕兹振荡器中，LC 谐振反馈电路的反馈系数 k(衰减)基本上是由 C_1 和 C_2 决定的。图 4-26 给出了谐振电压在 C_1 和 C_2 之间分摊。如图 4-27 所示，C_2 上的电压是振荡器的输出电压 u_{out}，C_1 上的电压是反馈电压 u_f。反馈系数(衰减)k 的表达式为

$$k = \frac{u_f}{u_{out}} = \frac{i \times X_{C_1}}{i \times X_{C_2}} = \frac{X_{C_1}}{X_{C_2}} = \frac{1/2\pi f_r C_1}{1/2\pi f_r C_1} = \frac{C_2}{C_1}$$

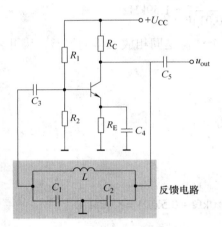

图 4-25　用双极晶体管作为增益元件的基本
　　　　　考毕兹振荡器

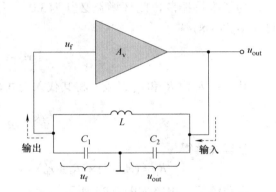

图 4-26　考毕兹电路工作原理示意图

由于振荡的条件是 $A_{CL} = A_v \times k = 1$，因此当 $k = C_2/C_1$ 时，有

$$A_v = \frac{C_1}{C_2} \tag{4-7}$$

式中，A_v 是放大器的电压增益。满足这个条件，则有下式成立

$$A_{CL} = A_v \times k = \frac{C_1}{C_2} \times \frac{C_2}{C_1} = 1$$

如前所述，为了能够使振荡器自启动，$A_{CL} = A_v \times k$ 必须大于 1，因此，电压增益在振荡器进入到所期望的输出电压之前，放大器的电压增益必须要稍微大于 C_1/C_2。

2) 反馈电路中负载对振荡频率的影响

如图 4-27 所示，放大器的输入电阻作用于谐振反馈电路，会减小谐振电路的品质因数

Q(参考电路基础中关于谐振方面的相关知识)。并联谐振电路的谐振频率依赖于电路的品质因数Q，其表达公式为

$$f_r = \frac{1}{2\pi\sqrt{LC_T}} \times \sqrt{\frac{Q^2}{Q^2+1}} \tag{4-8}$$

根据经验，当品质因数$Q > 10$时，谐振频率接近$f_r = 1/2\pi\sqrt{LC_T}$，而当$Q < 10$时，谐振频率f_r将显著减小。为了减小晶体管输入电阻的负载效应，可以用场效应晶体管来代替双极型晶体管(场效应晶体管的输入电阻比双极型晶体管的输入电阻大得多)，改进后的基本考毕兹振荡器的电路如图 4-28 所示。

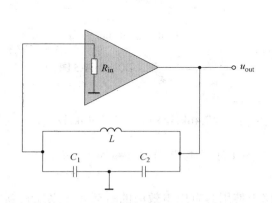

图 4-27　放大器输入电阻是反馈电路的负载，减小
电路的品质因数 Q，因此减小谐振频率

图 4-28　基本场效应管的考毕兹振荡器

同样，当外部负载连接到振荡器的输出端时，如图 4-29(a)所示，谐振频率f_r同样会因为谐振电路品质因数的下降而减小，这种现象通常发生在负载很小的情况下。一种除去负载电阻影响的方法是通过变压器耦合，如图 4-29(b)所示。

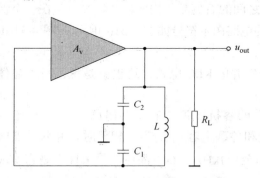

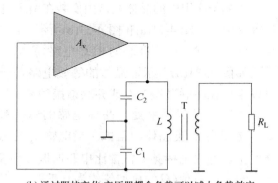

(a) 负载电阻可能导致振荡器品质因数Q下降，因
此减小谐振频率

(b) 通过阻抗变化,变压器耦合负载可以减小负载效应

图 4-29　振荡器负载

【例 4-3】 振荡器电路如图 4-30 所示。

① 确定图 4-30 所示振荡器的振荡频率。假设在反馈电路上的负载可以忽略不计，并且有 $Q > 10$。

② 如果振荡器调节到 $Q = 8$，则振荡频率为多少？

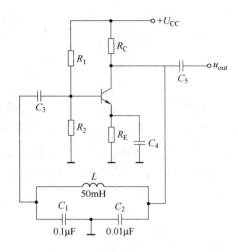

图 4-30 例 4-3 图

解： ① $C_{\mathrm{T}} = \dfrac{C_1 \times C_2}{C_1 + C_2}$

$$= \frac{0.1\mu\mathrm{F} \times 0.01\mu\mathrm{F}}{0.1\mu\mathrm{F} + 0.01\mu\mathrm{F}} \approx 0.0091\mu\mathrm{F}$$

因为 $Q > 10$，所以由式(4-6)可得

$$f_{\mathrm{r}} \approx \frac{1}{2\pi\sqrt{LC_{\mathrm{T}}}} = \frac{1}{2\pi\sqrt{50\mathrm{mH} \times 0.0091\mu\mathrm{F}}} = 7.46\mathrm{kHz}$$

② 当调节 $Q = 8$ 时，由式(4-8)可得

$$f_{\mathrm{r}} = \frac{1}{2\pi\sqrt{LC_{\mathrm{T}}}} \times \sqrt{\frac{Q^2}{Q^2 + 1}} = 7.46\mathrm{kHz} \times \sqrt{\frac{8^2}{8^2 + 1}} = 7.46\mathrm{kHz} \times 0.9923 = 7.40\mathrm{kHz}$$

实践练习：如果振荡器调节为 $Q = 4$，那么图 4-30 中振荡器的频率为多少？

3) 晶体控制振荡器

最稳定和精确的振荡器类型是在反馈环路中使用具有压电效应的石英晶体来控制频率的反馈振荡器。

(1) 压电效应。石英是一种天然的结晶物质，具有压电效应。当变化的机械应力加到晶体上时会引起振动，机械振动的频率会在石英晶体上产生电压。反之，当交流电压加到石英晶体上时，石英晶体也会以所施加电压的频率产生振动。最大的振动发生在晶体的天然谐振频率处，石英晶体的谐振频率由其物理尺寸和晶体切割方式决定。

在电子应用中的晶体通常由安装在两个电极之间的石英晶片构成，并将其封装在一个保护容器中，如图 4-31(a)和图 4-31(b)所示。晶体的电路图示符号如图 4-31(c)所示，图 4-31(d)将晶体等效成一个串并联的 RLC 电路。

如图 4-31(d)所示，晶体的等效电路是一个串并的 RLC 电路，这也就是说，石英晶体可以工作在串联谐振频率或并联谐振频率上。

在串联谐振频率处，晶体电感的感抗被 C_{S} 的容抗抵消。剩余的串联电阻 R_{S} 和电容 C_{F} 决定了石英晶体的阻抗。当电感 L_{S} 的感抗和并联电容 C_{P} 的容抗相等时，并联谐振就会发生。并联谐振频率常常比串联谐振频率要高至少 1kHz。石英晶体的最大优点是它呈现出非常高的 Q 值(Q 的典型值约为几千)。

使用晶体作为串联谐振电路的振荡器如图 4-32(a)所示。石英晶体的电抗在串联谐振频率处最小，因此就提供了最大的反馈电压。晶体调谐电容 C_{C} 是用来微调振荡器频率的，通过轻微地调节，来上下"拉动"晶体的谐振频率。

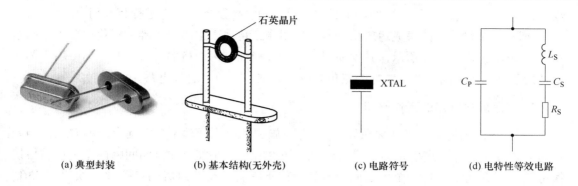

图 4-31　石英晶振

含有一个晶体的改进的考毕兹结构如图 4-31(b)所示，其中的石英晶体充当并联谐振电路。石英晶体的阻抗在并联谐振处最大，此时在电容上产生最大的谐振电压，电容 C_1 将部分电压反馈到晶体管的输入端。

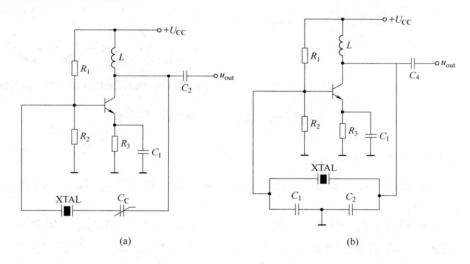

图 4-32　基本晶体振荡器

(2) 晶体中的振荡模式。压电晶体能够以两种模式振荡，即基本频率模式或泛音频率模式。

晶体的基本频率模式中的基本频率是指石英晶体自然谐振的最低频率。基本频率取决于晶体的机械尺寸、切割方式和其他因素。基本频率的大小与晶体板材的厚度成反比。因为晶体板材切得太薄容易压裂，所以基本频率一般都有一个上限。对大多数石英晶体来说，上限频率小于 20MHz。如果需要更高的振荡频率，则石英晶体必须工作在泛音频率模式。泛音频率通常是基本频率的奇数倍(如 3, 5, …)，但也有例外。

大多数晶体振荡器是集成电路封装的。

2.1.3　弛豫振荡器

第二大类主要的振荡器是弛豫振荡器。弛豫振荡器使用一个 RC 定时电路和一个通过改变状态而产生周期波形的器件。下面主要以三角波振荡器为例来进行相关问题的讨论。

项目 3 中讨论过的集成运放积分器可以用作三角波产生器的基础。三角波发生器的基本工作原理如图 4-34(a)所示，其中使用了一个双极性、可切换的输入电源。图中用双掷开关是为了介绍相关的概念，实际的三角波产生方法并不使用这种电路。

1. 三角波振荡器的工作原理

如图 4-33(a)所示，当开关在位置 1 时，施加负电压，输出是正向上升的斜坡；当开关切换到位置 2 时，产生负向下降的斜坡。如果将开关在固定的时间间隔内重复地前后切换位置，那么输出就是一个由正向上升和负向下降斜坡交替组成的三角波，如图 4-33(b)所示。

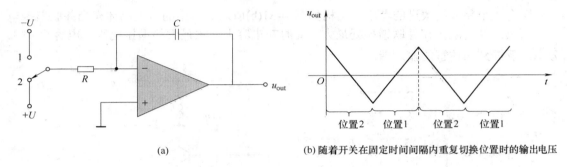

(a)   (b) 随着开关在固定时间间隔内重复切换位置时的输出电压

图 4-33   基本三角波发生器

2. 实际的三角波振荡器

实际的三角波振荡器是使用一个运放比较器来实现开关功能，如图 4-34(a)所示。其工作原理描述如下。

开始时，假设比较器的输出电压位于它的最大负值，这个输出通过电阻 R_1 连接到积分器的反相输入端，在积分器的输出端产生一个正向上升的斜坡波形。当斜坡波形电压达到上触发点(UTP)时，比较器切换到它的最大正值，这个正值使得积分器输出斜坡变成负向下降。这个斜坡电压一直往下，直到达到比较器的下触发点(LTP)。在到达该点后，比较器输出又切换到最大负值并且再次重复这个循环。图 4-34(b)对此过程进行了描述。

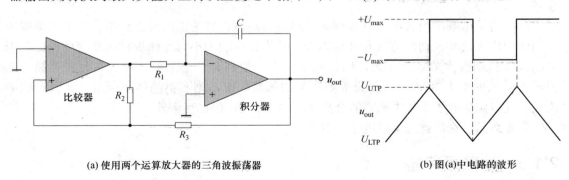

(a) 使用两个运算放大器的三角波振荡器   (b) 图(a)中电路的波形

图 4-34   实际的三角波振荡器

因为比较器产生的方波输出，所以图 4-34(a)中的电路也可以用作三角波发生器和方波发生器。这种类型的设备通常称为函数发生器，因为它们会产生多种输出函数。方波的输出幅度由比较器的输出摆幅决定，电阻 R_2 和 R_3 通过建立上触发点(UTP)和下触发点(LTP)电压来设置三角波输出的幅度，其公式如下：

$$U_{\text{UTP}} = +U_{\max} \times \frac{R_3}{R_2}, \quad U_{\text{LTP}} = -U_{\max} \times \frac{R_3}{R_2}$$

式中，比较器输出电压 $+U_{\max}$ 和 $-U_{\max}$ 是相等的。两种波形的频率取决于电阻 R_2 和 R_3。通过改变电阻 R_1，可以调整振荡频率而不会改变输出幅度。振荡频率的公式为

$$f = \frac{1}{4R_1C} \times \frac{R_2}{R_3} \tag{4-9}$$

【例 4-4】确定图 4-35 中电路的频率。为了使得频率为 20kHz，R_1 的值应变为多少？

解： 由式(4-9)可得

$$f = \frac{1}{4R_1C} \times \frac{R_2}{R_3} = \frac{1}{4 \times 10\text{k}\Omega \times 0.01\mu\text{F}} \times \frac{33\text{k}\Omega}{10\text{k}\Omega} = 8.25\text{kHz}$$

为了使振荡频率为 20kHz，则

$$R_1 = \frac{1}{4Cf} \times \frac{R_2}{R_3} = \frac{1}{4 \times 20\text{kHz} \times 0.01\mu\text{F}} \times \frac{33\text{k}\Omega}{10\text{k}\Omega} = 4.13\text{k}\Omega$$

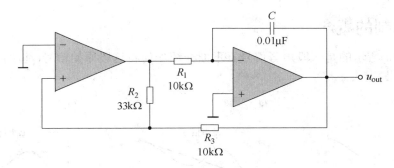

图 4-35　例 4-4 图

实践练习： 如果比较器输出为 ±10V，图 4-36 所示电路产生的三角波的幅度是多少？

2.2　调　制　器

调制器是通信系统中重要的设备组成部分，其目的是通过调制将原始电信号转换为易于远距离传输的电磁波。通俗来说，调制就是将低频原始信号"装载"到高频电磁波上去的过程，这个过程类似于交通运输系统中将货物装上卡车长途送往目的地的过程，如图 4-36 所示。

原始信号的调制方法有很多，比如常用的幅度调制(AM)或者是频率调制(FM)，除此之外，还有脉冲调制、相位调制(PM)、幅移键控调制(ASK)和频移键控调制(FSK)等调制方法。因为本书所能涵盖的范围有限，无法将所有的调制方法都进行讨论。因此，本书将以基本的幅度调制(AM)为主，介绍信号调制的相关概念和技术手段等方面的知识。首先，介绍几个信号调制中的术语。

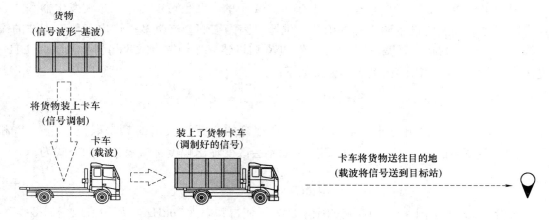

图 4-36　信号调制概念的示意图

　　基波：指原始的电信号，它的特点是其电压或电流变化的频率较低，比如由话筒转换过来的声音信号。

　　载波：指由高频振荡器(前文所讨论的内容)产生的电磁波信号，它表现为以较高频率变化的正弦波电压或电流。

　　已调信号：调制后含有原始基波信号变化规律的高频电磁波。

2.2.1　调制的概念

　　图 4-37(a)所示的是一段声音信号。下面介绍如何将这段原始信号(基波)"装载"到高频电磁波(载波)上去。

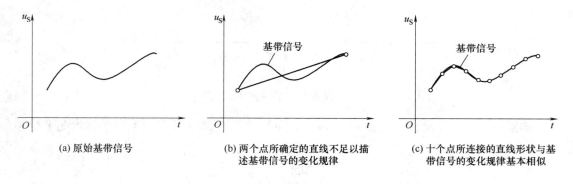

图 4-37　基带信号上的信息点

　　从数学上来说，波形就是一段由无限多个点连接起来的曲线，如图 4-37(a)所示。但如果仅从这段声音曲线上取两个点"装载"到载波上的话，那么，当将这两个点送到目的地时，很难用这两个点所连成的直线来复现原有声音曲线的高低起伏，如图 4-37(b)所示。如果在这条声音曲线上取10个点，很显然，虽然这10个点相互之间的连线复现出来的曲线与原始声音曲线依然存在差别，但它的形状已经基本与原始声音曲线的形状大致相似了，如图 4-37(c)所示。这就给出一个启示：为了使基波信号能够在传送后得到不失真的复现，则应该在基波信号上获取尽可能多的信息点。但事实上是，如果在基波信号波形上取得的信息点过于密集的话，将给载波带来较大的设计和制造成本压力。在实际应用中，通常可根据香农采样定理，使每秒钟设置的信息点个数为信号频谱中最高频率信号的 2 倍，这样在接收机收到这些信息点后，就可以不失真地复现出原始的基波信号。

因此，所谓调制实际上就是考虑如何用高频载波信号来"装载"原始信号中的这些信息点。根据"装载"基带信号上信息点的不同方式，调制分为不同的方式。最基本的调制方式是幅度调节。即在一个周期内，用载波信号的幅值去拟合基带信号上所选择的信号点如图 4-38(a)所示。这样，就可以获得一个幅值大小随基带信号点幅值变化而变化的调制信号。这种用载波幅度去拟合基带信号信息点的调制方式也简称为调幅，用 AM 表示。另一种基本的调制方式是用载波信号的个数来拟合基带信号的信息点。例如，在本例中，对于第一个信息点的幅值，假设用两个载波来进行拟合，那么由于第二个信息点的幅值比第一个信息点的幅值大，因此在相同的时间段里，就需要使用多于一个信息点的载波个数来拟合第二个信息点。也就是说，若基带信号信息点的幅值越高，则载波信号的频率(载波个数)也就越高，其波形也就越稠密。反之则载波信号的频率就越低，波形也就越稀疏。这样，就获得了一个载波频率数随基带信号点幅值变化而变化的调制信号，这种用载波个数去拟合基带信号信息点的调制方式就称为频率调制，简称调频，用 FM 表示。

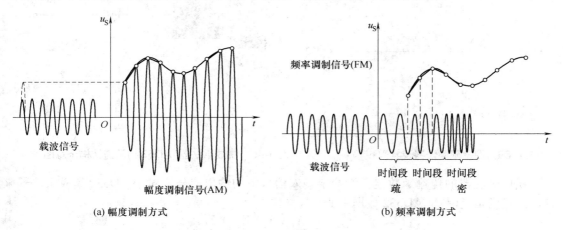

(a) 幅度调制方式   (b) 频率调制方式

图 4-38   信号调制的基本方式

2.2.2   幅度调制

由以上讨论可知，所谓幅度调制就是让载波信号的幅值随着基波信号幅值的规律做线性变化。为了简单起见，首先假设基波信号是一个纯粹的正弦信号，表示为

$$u_m = U_{mp} \sin(2\pi f_m t)$$

式中，U_{mp} 是基波信号的峰值电压(最大值)，f_m 是其变化频率。而由于载波信号本身就是高频正弦波，所以用 $u_c = U_{cp} \sin(2\pi f_c t)$ 进行表示。其中，U_{cp} 是载波信号的峰值电压(最大值)，f_c 是载波信号变化频率。如果现在要用这个假设的基波信号去调节载波信号的幅值，那么只需要让载波信号的幅值 U_{cp} 随基波信号的变化而变化即可，也即令

$$U_{cp} = u_m = U_{mp} \sin(2\pi f_m t)$$

现在将上式代入 $u_c = U_{cp} \sin(2\pi f_c t)$ 中可得

$$u_{\text{c}} = U_{\text{cp}} \sin(2\pi f_{\text{c}}t) = \left[U_{\text{mp}} \sin(2\pi f_{\text{m}}t) \right] \sin(2\pi f_{\text{c}}t) = U_{\text{mp}} \left[\sin(2\pi f_{\text{m}}t) \sin(2\pi f_{\text{c}}t) \right]$$

由此可见，幅度调制是两个信号进行乘法的过程。

1. 线性乘法器

线性乘法器是很多不同类型通信系统的关键电路器件。一般线性乘法器可分成单象限、两象限和四象限乘法器。象限区分指乘法器所能处理的输入极性组合的数量。象限的图形表示如图 4-39 所示。一个四象限乘法器能够接受 4 种可能的输入极性组合中的任意一种，同时产生一个相应的极性输出。

现有的线性 IC 乘法器(例如 AD532)包含了对两个输入信号进行相乘所需的所有要素。图 4-40 是 AD532 乘法器的原理结构示意图。由图 4-40 可见，输入信号 X 和 Y 可以看成是两个运算放大器的差分输入端。这些输入信号也可以连接成单端模式，这只需要把 X 或者 Y 输入中的一个信号端接地就可以了。

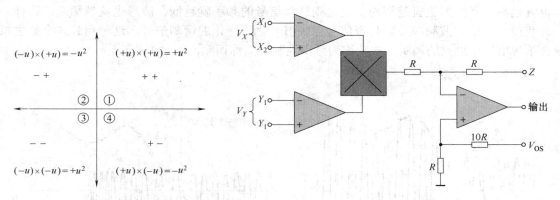

图 4-39　四象限乘法器及其乘积　　　　　图 4-40　集成乘法器(AD532)原理结构示意图

线性乘法器的传输函数定义为给定输入信号下的输出信号。对于 AD532 集成乘法器来说，传输函数是(参见 AD532 数据手册)

$$V_{\text{OUT}} = \frac{(X_1 - X_2)(Y_1 - Y_2)}{10\text{V}}$$

上式分母中的10V值是指该器件的比例系数(Scale Factor，SF)。

图 4-41(a)是 DIP 封装下 AD532 的引脚图，图 4-41(b)是乘法器的电路符号，图 4-41(c)是 AD532 乘法器的典型连接图(AM 调制)。

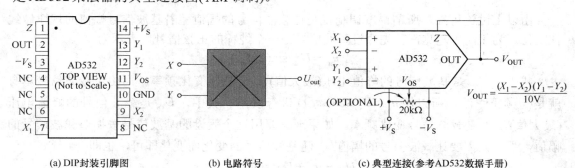

(a) DIP封装引脚图　　　　　　(b) 电路符号　　　　　(c) 典型连接(参考AD532数据手册)

图 4-41　AD532 集成乘法器

由图 4-41(c)可以看到，标识为 Z 的输入引脚需要与标识为 V_{OUT} 的输出引脚相连。参考图 4-40 所示原理结构图可知这构成了输出运放的反馈回路。另一方面，20kΩ 的电位器需要连接在两个电源输入端 $+V_S$ 和 $-V_S$ 之间，它的中间滑片连接到 V_{OS} 输入端。这是一个可以选择的连接，其目的是对任何可能的输出失调进行补偿。

AD532 集成芯片的乘法精度可以达到 ±1%。在使用中，为了提高使用精确度，所有的输入端都应该先接地，然后调整补偿电位器，使芯片输出为 0V（零输入零输出）。当不需要补偿网络时，V_{OS} 引脚必须接地。

AD532 是一个四象限乘法器，从而可以接受任何输入极性的组合。输入可以是单端输入，也可以是差分输入。输出可以是正，也可以是负。这些特性在下面的例子中将进行说明。

【**例 4-5**】假设 AD532 连成一个乘法器。输入信号为：$X_1 = 3V$，$X_2 = 1.4V$，$Y_1 = 5.3V$，$Y_2 = 1.8V$。求输出电压。

解： 由 AD532 集成芯片的传输函数，得

$$V_{OUT} = \frac{(X_1 - X_2)(Y_1 - Y_2)}{10V} = \frac{(3V - 1.4V) \times (5.3V - 1.8V)}{10V} = \frac{5.6V^2}{10V} = 560mV$$

实践练习： 如果例 4-5 中的信号极性都取反，求输出电压。

【**例 4-6**】假设 AD532 连成一个乘法器，且输入为单端形式。输入信号为：$X_1 = 4.15V$，$Y_1 = -1.51V$，求输出电压。

解： 由 AD532 集成芯片的传输函数，得

$$V_{OUT} = \frac{(X_1 - 0)(Y_1 - 0)}{10V} = \frac{4.15V \times (-1.51V)}{10V} \approx \frac{-6.27V^2}{10V} = -627mV$$

实践练习： 如果例 4-6 中，Y_1 输入端接地，Y_2 加上 $-1.51V$ 的信号，求输出电压。

由 AD532 集成芯片的数据手册可知，AD532 也可以用于两象限分频器、平方电路、平方根电路和平方差电路。这些应用的完整讨论不在本书的范围内，关于这些电路的更多内容，可以查看 AD532 的数据手册。

2. 差频与和频

如果两个不同频率的正弦信号表达式相乘，其结果中就会有"和频"与"差频"项产生。现假设有两个不同频率的正弦电压，其中一个电压为

$$u_1 = U_{1p} \sin(2\pi f_1 t)$$

式中，U_{1p} 是该正弦电压的峰值电压，f_1 是其变化频率。

另一个正弦电压为

$$u_2 = U_{2p} \sin(2\pi f_2 t)$$

式中，U_{2p} 是该正弦电压的峰值电压，f_2 是其变化频率。将这两个不同频率的正弦电压相乘，得到

$$u_1 \times u_2 = U_{1p} \sin(2\pi f_1 t) \times U_{2p} \sin(2\pi f_2 t) = U_{1p} \times U_{2p} \left[\sin(2\pi f_1 t) \times \sin(2\pi f_2 t) \right]$$

将基本的三角函数恒等式 $(\sin A)(\sin B) = \frac{1}{2} \left[\cos(A - B) - \cos(A + B) \right]$ 应用到上式，有

$$u_1 \times u_2 = \frac{U_{1p} \times U_{2p}}{2} \left[\cos(2\pi f_1 t - 2\pi f_2 t) - \cos(2\pi f_1 t + 2\pi f_2 t) \right]$$

$$= \frac{U_{1p} \times U_{2p}}{2} \left[\cos 2\pi (f_1 - f_2) t - \cos 2\pi (f_1 + f_2) t \right]$$

整理得

$$u_1 \times u_2 = \frac{U_{1p} \times U_{2p}}{2} \cos 2\pi(f_1 - f_2)t - \frac{U_{1p} \times U_{2p}}{2} \cos 2\pi(f_1 + f_2)t \qquad (4\text{-}10)$$

从式(4-10)中可以看到：在两个正弦电压 u_1 和 u_2 的乘积中包含一个"差频" $f_1 - f_2$ 与一个"和频" $f_1 + f_2$。乘积项中的余弦仅表示相乘过程产生了一个 $90°$ 的相移。

3. 抑制载波双边带调制(DSB-SC)

因为幅度调制是一个乘法过程，所以下面来看载波和基波信号。如前所述，正弦载波信号的表达式为

$$u_c = U_{cp} \sin(2\pi f_c t)$$

假设的正弦基波信号表达式为

$$u_m = U_{mp} \sin(2\pi f_m t)$$

现在将上述两式代入式(4-10)，得到

$$u_c \times u_m = \frac{U_{cp} \times U_{mp}}{2} \cos 2\pi(f_c - f_m)t - \frac{U_{cp} \times U_{mp}}{2} \cos 2\pi(f_c + f_m)t$$

上式中所表达的两个正弦信号相乘后的输出信号可以由线性乘法器产生。

从上式中可以发现，调制后的输出信号有一个"差频"项 $f_c - f_m$ 与一个"和频"项 $f_c + f_m$。但原始基波信号的频率 f_m 和原始载波信号的频率 f_c 并没有单独出现在上面的表达式中。也就是说，当这两个不同频率正弦信号相乘时，其乘积中既不包含具有原始基波频率 f_m 的信号，也不包含具有原始载波频率 f_c 的信号。这种形式的幅度调制叫作抑制载波双边带调制(DSB-SC，因为输出中没有载波频率，所以说载波频率被抑制掉了)。

抑制载波双边带调制后信号的波形如图 4-42 所示。

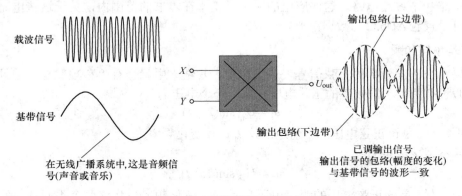

载波信号

基带信号

在无线广播系统中,这是音频信号(声音或音乐)

X

Y

U_{out}

输出包络(上边带)

输出包络(下边带)

已调输出信号
输出信号的包络(幅度的变化)
与基带信号的波形一致

图 4-42   平衡调制波形示例

4. 抑制载波双边带调制的频谱

信号频率信息的图形表示叫作信号的频谱(项目 1 中 1.2 节)。频谱显示的是频域上的电压，而不是像波形图那样显示的是时域上的电压。

两个正弦信号乘积的频谱如图 4-43 所示。图 4-43(a)显示了两个输入信号的频率，图 4-43(b)显示了两个信号相乘后的输出频率。在通信技术术语中，"和频"称为上边带频率，"差频"称为下边带频率，这是因为这些频率出现在载波频率的两边(在抑制载波双边带调制中，则是出现在了消失的载波频率两边)。

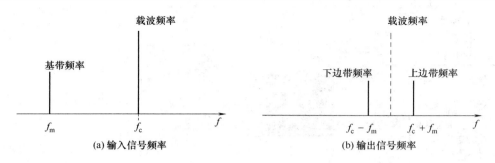

图 4-43　抑制载波双边带调制

5. 线性乘法器用作抑制载波双边带调制器

如前所述，当将载波信号和基带信号加到线性乘法器的输入端时，该乘法器就相当于一个平衡调制器，如图 4-42 所示。抑制载波双边带调制器将产生一个上边带频率和一个下边带频率，但是不产生载波频率。抑制载波双边带调制可应用在某些类型的通信系统中，比如单边带系统，但是不适合应用于标准的 AM 广播系统。

线性乘法器用作抑制载波双边带调制器的原理结构如图 4-44 所示。

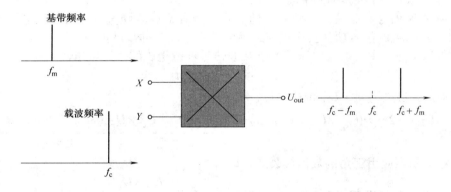

图 4-44　线性乘法器用作抑制载波双边带调制

【例 4-7】求图 4-45 中抑制载波双边带调制器的输出信号里所包含的信号频率。

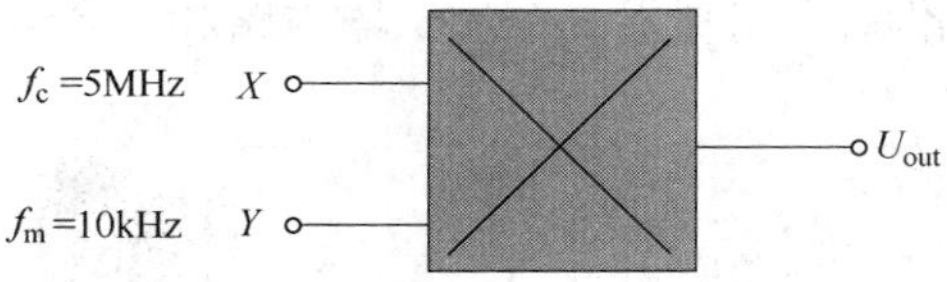

解：上边带频率：

$$f_c + f_m = 5\text{MHz} + 0.01\text{MHz} = 5.01\text{MHz}$$

下边带频率：

$$f_c - f_m = 5\text{MHz} - 0.01\text{MHz} = 4.99\text{MHz}$$

实践练习：解释使用相同的载波频率时，如何能够增大两个边带频率之间的距离。

图 4-45　例 4-7 图

6. 标准的幅度调制

在标准的 AM 系统中，输出信号应该包含载波频率 f_c、"和频" $f_c + f_m$ 与"差频" $f_c - f_m$。标准的幅度调制频谱如图 4-46 所示。

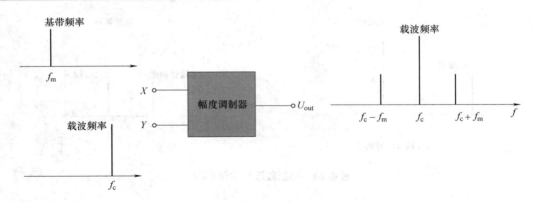

图 4-46 线性乘法器用作标准幅度调制

标准幅度调制信号的表达式为

$$u_{\text{out}} = U_{\text{cp}}^2 \sin 2\pi f_{\text{c}} t + \frac{U_{\text{cp}} \times U_{\text{mp}}}{2} \cos 2\pi (f_{\text{c}} - f_{\text{m}}) t - \frac{U_{\text{cp}} \times U_{\text{mp}}}{2} \cos 2\pi (f_{\text{c}} + f_{\text{m}}) t \qquad (4\text{-}11)$$

从式(4-11)可以看到，式中的第一项是载波频率 f_{c}，其他两项是边带频率。下面来看载波频率是怎么包含在式(4-11)中的。

如果在基波信号与载波信号相乘之前，将一个等于载波峰值电压的直流电压加到基波信号中去，那么载波信号项就会出现在最后的结果中。具体步骤如下。

(1) 在基波信号中，加入电压值等于载波信号峰值电压的直流电压，则有

$$U_{\text{cp}} + U_{\text{mp}} \sin 2\pi f_{\text{m}} t$$

(2) 乘以载波信号 $u_{\text{c}} = U_{\text{cp}} \sin(2\pi f_{\text{c}} t)$，可得

$$u_{\text{out}} = (U_{\text{cp}} \sin 2\pi f_{\text{c}} t)(U_{\text{cp}} + U_{\text{mp}} \sin 2\pi f_{\text{m}} t) = U_{\text{cp}}^2 \underbrace{\sin 2\pi f_{\text{c}} t + U_{\text{cp}}}_{\text{载波项}} \times \underbrace{U_{\text{mp}}(\sin 2\pi f_{\text{c}} t)(\sin 2\pi f_{\text{m}} t)}_{\text{乘积项}}$$

(3) 对乘积项应用三角函数恒等公式，即可得

$$u_{\text{out}} = U_{\text{cp}}^2 \sin 2\pi f_{\text{c}} t + \frac{U_{\text{cp}} \times U_{\text{mp}}}{2} \cos 2\pi (f_{\text{c}} - f_{\text{m}}) t - \frac{U_{\text{cp}} \times U_{\text{mp}}}{2} \cos 2\pi (f_{\text{c}} + f_{\text{m}}) t$$

上式证明了乘法器输出结果中包含一个载波项和两个边带频率。图 4-47 说明了一个标准幅度调制用一个加法器电路和一个乘法器电路实现的方式及调制后的波形。

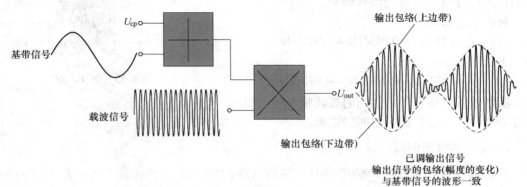

图 4-47 标准的幅度调制

【**例 4-8**】通过一个标准幅度调制器，用一个25kHz的正弦信号去调制一个1200kHz的载波信号，试确定其输出频率。

解：上边带频率：

$$f_c + f_m = 1200\text{kHz} + 25\text{kHz} = 1225\text{kHz}$$

下边带频率：

$$f_c - f_m = 1200\text{kHz} - 25\text{kHz} = 1175\text{kHz}$$

输出包含载波频率和两个边带频率，如图4-48所示。

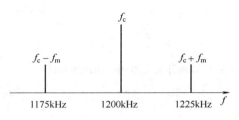

图4-48　例4-8图

实践练习：将这个例子的输出频谱和具有相同输入信号的抑制载波双边带调制器的输出频谱进行比较。

到此，为了简化问题，考虑的调制信号是一个纯粹的正弦信号。但如果接收到的音频信号只是一个用纯粹正弦信号调制的AM信号的话，那么，只能从接收机的扬声器中听到一个单个音调。

实际的声音或者音乐信号包含从20Hz到20kHz范围内的很多正弦分量(项目 1 中1.2 节)。例如，用频率100Hz ~ 10kHz的声音或者音乐信号的幅度去调制一个载波频率，其频谱如图 4-49 所示。与单频率正弦波调制信号情况中只有一个上边带频率和一个下边带频率不同，此时下边带和上边带分别对应声音或者音乐信号中的每个正弦分量的"差频"与"和频"。

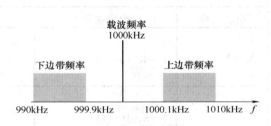

图4-49　声音或音乐信号的频谱示意图

2.3　项目任务：遥控小车组成框图的绘制

学习领域	任务一：遥控小车组成框图的绘制			任课教师	
班级		姓名		学号		完成日期	

项目执行前的准备及任务内容：

1. 请根据通信系统的基本组成框图，绘制出遥控小车的组成框图。

2. 遥控小车采用了幅移键控(ASK)的信号调制方式。请查阅相关资料，并在教师指导下完成下列任务。

① 描述出幅移键控调制方式与幅度调制方式的区别。

② 绘制出幅移键控调制方式的组成框图。

③ 描述幅移键控调制方式的基本工作原理。

④ 描述微动开关在本例中的应用功能。

3. 查阅数据手册，描述 PT2262 的器件功能并对其管脚给予说明

描述 PT2262 的器件功能：

引脚名称	引脚编号	说　　明
$A_0 \sim A_{11}$	1～8、10～13	
$D_0 \sim D_5$	7～8、10～13	
V_{CC}	18	
V_{SS}	9	
DIN	14	
OSC_1	16	
OSC_2	15	
V_T	17	

4. 描述 PT2272 的器件功能并对其管脚给予说明。

描述 PT2272 的器件功能：

引脚名称	引脚编号	说　明
$A_0 \sim A_{11}$	$1 \sim 8$、$10 \sim 13$	
$D_0 \sim D_5$	$7 \sim 8$、$10 \sim 13$	
V_{CC}	18	
V_{SS}	9	
DIN	14	
OSC_1	16	
OSC_2	5	
V_T	17	

5. 阅读 PT2262 发射部分的硬件电路图，指出 PT2262 外围电路中各电路元器件的功能。

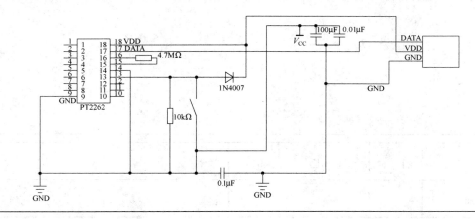

电阻		电容	
电阻		电容	
电容		二极管	
电路工作原理描述：			

6. 阅读 PT2272 接收部分的硬件电路图，指出 PT2272 外围电路中各电路元器件的功能。

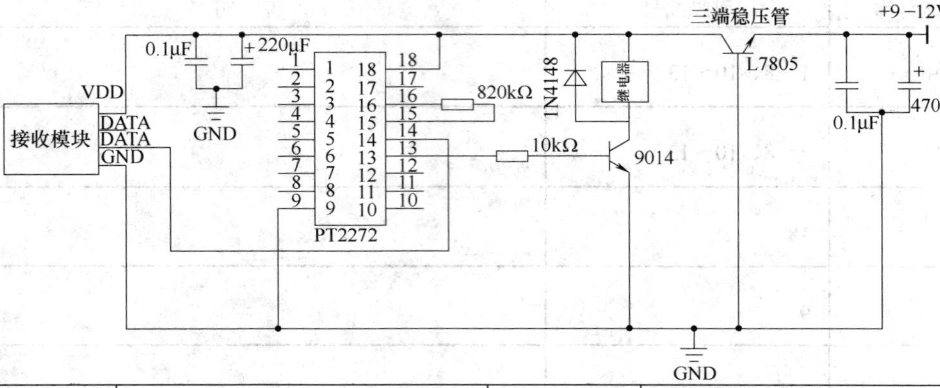

电阻		二极管	
电阻		三极管	
电容		三极管	
电容		继电器	
电容			
工作原理描述：			

自评	□	☺	□	☹	学生	
指导教师					日期	

2.4　射频放大器

一般来说，射频(RF)是指用来进行无线传输的频率，频率范围包括10kHz的实际低频到300GHz以上。在100kHz以上，放大器经常在输入端、输出端或负载端采用调谐电路，因此人们往往将工作在100kHz以上的放大器称为射频放大器或调谐放大器。

带谐振电路的放大器在通信系统中很常见，因为通信系统都是采用很高的频率进行信号传输的系统。由如图 4-12 所示的超外差式调幅接收机的系统组成框图来看，射频放大器的主要功能是利用谐振在众多的无线电信号中选出特定频段内的信号并加以放大，同时抑制其他频段的信号。因此，射频放大器具有选频的特点，并广泛应用于通信系统的接收设备中。

从本质上看，对于低频放大器进行直流偏置设置的方法同样适用于射频放大器，但对于交流分析来说，射频放大器则需要做一些修正。因为低频放大器是非谐振的，它们用来放大较宽频率范围内的信号。而射频放大器则不同，由于它们是用来放大特定频段内的信号，并消除特定频段之外的信号。因此它们通常使用并联LC谐振电路作为负载。

根据电路谐振理论，当谐振发生时，并联谐振电路会对产生谐振频率的交流信号呈现出较高的阻抗，且谐振电路的中心频率(谐振频率)可表示为

$$f_r = \frac{1}{2\pi\sqrt{LC}} \tag{4-12}$$

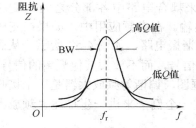

图 4-50　并联谐振电路中的阻抗与频率的函数关系

射频放大器的带宽是由谐振电路的 Q (品质因数)决定的。从实际应用的角度上看，品质因数 Q 几乎总是由电感决定的，因此 Q 常可以表示为电感的感抗 X_L 和电阻 R 的比值。同时，它也可以表示为谐振频率 f_r 与带宽 BW 的比值

$$Q = \frac{X_L}{R} = \frac{f_r}{BW} \tag{4-13}$$

并联谐振电路的响应取决于电路的 Q 值，如图 4-50 所示(参见电路基础中的谐振电路)。

一个使用场效应晶体管(JFET)的基本调谐射频放大器如图 4-51 所示。场效应晶体管的栅极和漏极电路都包含在并联谐振电路中，该放大器的谐振电路则由变压器绕组和电容组成。栅极和漏极之间的虚线电容表示了场效应晶体管的内部电容，其电容值只有几个皮法。漏极电路对所选中频段内的交流信号有很高的阻抗，但对直流静态电流来说，变压器一次绕组只相当于一个很小的电阻。

虽然栅极和漏极之间的内部电容很小(虚线表示的电容)，但在高频下，它可能在输出和输入之间产生较大的正反馈(同相)，从而使放大器产生振荡。为了防止这种现象的发生，有必要采用"中和"电路，特别是在高阻抗电路中。

"中和"是在电路中加入相同量的负反馈(反相)来抵消放大器中由于内部电容所产生的正反馈(同相)。图 4-52 给出了一个常见的中和电路，叫哈泽泰中和电路。哈泽泰中和电路的原理就是通过调节中和电容 C_n 产生适当的负反馈来抵消不期望的正反馈。在这个电路中还可以看到漏极电源是通过一个中心抽头的变压器进行连接。

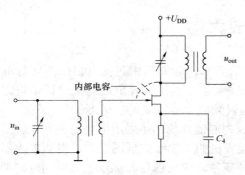

图 4-51 调谐射频放大器

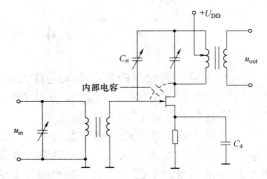

图 4-52 哈泽泰中和电路，C_n 抵消了内部电容

变压器可以用来将信号从一级耦合到另一级。对分立元件组成的多级放大器而言，都要求直流偏置与交流信号隔离。在项目 2 中已经提及电容具有隔直流通交流的作用，变压器也具有这种功能。此外，变压器还提供了电路中阻抗匹配的方法。根据电路理论，变压器二次侧的负载可以随着变压器绕组匝数的改变而改变，表示为

$$R_{L2} = \left(\frac{N_2}{N_1}\right)^2 \times R_{L1} \tag{4-14}$$

式中，R_{L2} 为变压器二次侧的等效电阻，N_2/N_1 是变压器二次侧绕组对一次侧绕组的匝数比，R_{L1} 是一次侧的等效电阻。

变压器可以用在输入端、输出端，或者各级之间来耦合电路中各部分之间的交流信号。在低频应用中，通过阻抗匹配可以进行最大功率传输。在高频应用中，如果在变压器的一次侧接上一个并联电容，就可以形成一个高 Q 值的谐振电路，如图 4-52 所示，从而使放大器可以只放大期望信号附近非常狭窄范围内的频率信号，而不放大其他频率的信号。

回顾图 4-12 所示的超外差式调幅接收设备的组成框图，调谐射频放大器是用来接收和放大调幅广播频带内的任何一个频率信号的。下面通过一个例子来进一步描述射频放大器选频放大的过程。

【例 4-9】射频放大器如图 4-53 所示。

① 若要接收频段为 550～1605kHz 的无线电广播信号，则可调电容 C_1 的调谐范围至少需要多大？

② 求射频放大器的空载电压增益。

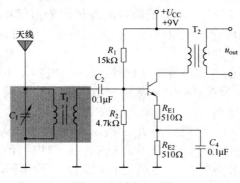

图 4-53 例 4-9 图

解:

① 若要接收频段为 550～1605kHz 的无线电广播信号，则射频放大器选频电路的谐振频率也应在 $f_r = 550 \sim 1605\text{kHz}$ 的频率范围之内，由式(4-12):

当 $f_r = 550\text{kHz}$ 时，有 $C_1 = \dfrac{1}{(2\pi f_r)^2 \times L} = \dfrac{1}{(2\pi \times 550 \times 10^3)^2 \times 30 \times 10^{-6}} \approx 2794.1\text{pF}$

当 $f_r = 1650\text{kHz}$ 时，有 $C_1 = \dfrac{1}{(2\pi f_r)^2 \times L} = \dfrac{1}{(2\pi \times 1605 \times 10^3)^2 \times 30 \times 10^{-6}} = 328.1\text{pF}$

因此，若要接收频段为 550～1605kHz 的无线电广播信号，图 4-53 所示射频放大器中的 LC 谐振电路 C_1 至少应该有 $C_1 = 328.1 \sim 2794.1\text{pF}$ 的可调范围。

② 首先计算射频放大器的直流参数。

$$V_B = \left(\frac{R_2}{R_1 + R_2} \right) \times U_{CC} = \left(\frac{4.7\text{k}\Omega}{15\text{k}\Omega + 4.7\text{k}\Omega} \right) \times 9\text{V} \approx 2.15\text{V}$$

$$V_E = V_B - U_{BE} = 2.15\text{V} - 0.7\text{V} = 1.45\text{V}$$

$$I_E = \frac{V_E}{R_{E1} + R_{E2}} = \frac{1.45\text{V}}{100\Omega + 510\Omega} \approx 2.38\text{mA}$$

由项目 2 中式(2-14)，射频放大器动态发射极电阻为

$$r_e' \approx \frac{25\text{mV}}{I_E} = \frac{25\text{mV}}{2.38\text{mA}} \approx 10.5\Omega$$

当 $f_r = 550\text{kHz}$ 时，射频电路负载 $X_L = 2\pi f_r L = 2\pi \times 550\text{kHz} \times 99.5\mu\text{H} = 343.7\Omega$。

当 $f_r = 1305\text{kHz}$ 时，射频电路负载 $X_L = 2\pi f_r L = 2\pi \times 1605\text{kHz} \times 99.5\mu\text{H} = 1002.9\Omega$。

因此，该射频放大电路的空载电压增益将随接收信号频率的变化而变化，由式(2-16)，有

当 $f_r = 550\text{kHz}$ 时，空载电压增益 $A_v = \dfrac{X_L}{R_e} = \dfrac{X_L}{r_e' + R_{E1}} = \dfrac{343.7\Omega}{10.5\Omega + 100\Omega} \approx 3.1$

当 $f_r = 1305\text{kHz}$ 时，空载电压增益 $A_v = \dfrac{X_L}{r_e' + R_{E1}} = \dfrac{1002.9\Omega}{10.5\Omega + 100\Omega} \approx 9.1$

由此例可见，当射频放大器作为调谐放大器使用时，需要从不同频率的无线电信号中选出所需要的信号进行放大，但由于其负载阻抗会随着所选频率的不同而发生剧烈变化，导致射频放大器的电压增益变化，从而使输出信号电压不稳。所以，为了提高接收设备的性能，射频放大器通常需要利用增益自动控制(AGC，参见项目 4 中 2.1.2 小节)电路来对放大器增益进行控制。

2.5 混频器与中频放大器

混频器本质上是一个用于频率转换的器件，它可以把信号的频率从一个值转换成另一个值。接收机设备中的混频器把接收下来的已调射频信号(有时是由一个射频放大器放大后输出的，有时则可能不是)和本地振荡器的信号进行混合，从而产生一个频率等于两个输入频率差值的调制信号与一个频率等于两个输入频率和值的调制信号。混频的功能框图如图 4-54 所示。

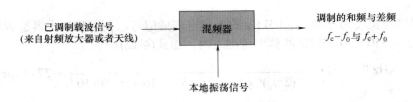

图 4-54 混频器的功能框图

2.5.1 混频器

在接收设备的应用中，混频器必须产生一个频率分量等于输入信号差频的输出信号。从本项目主题 2.2 的数学分析中可以看到，如果两个正弦信号相乘，那么乘积中就会包含一个差频项与一个和频项。因此，混频器实际上也是如图 4-55 所示的一个线性乘法器。

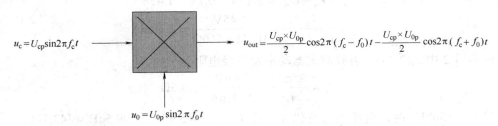

图 4-55 混频器是一个线性乘法器

【例 4-10】 对于某乘法器，其中一个输入是峰值电压为 5mV 、频率为 1200kHz 的正弦信号，另一个输入是峰值电压为 10mV 、频率为 1665kHz 的正弦信号，求乘法器的输入及输出表达式。

解： 两个输入的表达式为

$$u_1 = (5mV)\sin(2\pi \times 1200kHz \times t)$$
$$u_2 = (10mV)\sin(2\pi \times 1665kHz \times t)$$

将两个表达式相乘，可得

$$u_1 u_2 = 5mV \times 10mV \left[\sin(2\pi \times 1200kHz \times t) \times \sin(2\pi \times 1665kHz \times t) \right]$$

利用三角函数恒等式 $(\sin A)(\sin B) = \dfrac{1}{2} \left[\cos(A-B) - \cos(A+B) \right]$，可得

$$u_1 \times u_2 = \frac{5mV \times 10mV}{2} \left[\cos 2\pi (1665kHz - 1200kHz)t - \cos 2\pi (1665kHz + 1200kHz)t \right]$$

$$= (25\mu V)\cos 2\pi (465kHz)t - (25\mu V)\cos 2\pi (2865kHz)t$$

实践练习： 在本例中差频分量的峰值幅度和频率分别是多少？

2.5.2 中频放大器

在接收机系统中，来自混频器的和频与差频信号都会输入到中频(IF)放大器中。中频放大器实际上也是一个调谐放大器，用来对差频信号进行谐振而抑制和频信号。使用中频放大器的主要优点是其放大的信号频率是固定的，并且对于任何选中的射频信号(在设计范

围内)，调谐电路都无须改变。一方面，这可以通过让本地振荡器跟踪射频信号来完成。另一方面，因为中频是固定的，所以用固定的调谐电路来进行信号放大就很简单，不会出现因信号频率变化而导致电压增益的变化，也无须用户进行任何调整。这一思想首先由美国无线电专家埃德温·霍华德·阿姆斯特朗在第一次世界大战期间提出，现在仍然应用于大多数的通信设备中。

对于幅度调制信号来说，中频放大器是以 465kHz 为中心频率(我国超外差通信系统中的本地振荡频率)的指定带宽。而对于频率调制信号来说，带宽中心频率为 10.7MHz (同上)。同时，中频放大器也是超外差式接收机的一个重要组成部分，因为它设定为在单谐振频率下工作，所以在整个接收到的载波频带内，可以保持放大器的工作频率不变。图 4-56 从电路组成的角度讨论了中频放大器的基本功能。

图 4-56 是一个两级调谐放大器的例子，它由一个射频放大器和一个混频器组成，射频放大器用于调谐并放大来自信号站的高频信号；混频器将信号与本地振荡器产生的正弦波混合在一起。它在第一级的输入端和第二级的输出端都使用了谐振电路。两级之间采用变压器耦合。

振荡器的频率设置与射频放大器之间有一个固定差值。当射频放大器通过调谐电容 C_1 来选择允许放大的无线电信号时，与电容 C_1 联动的振荡器电容 C_8 也会发生改变，以保证振荡频率与射频放大器之间的频率差值恒定不变。射频放大器与振荡器信号在混频电路中混合时，会产生两个新频率：两个输入信号频率的"和"以及两个输入信号频率的"差"。第二个谐振电路(T_3)会与两个输入信号的差值频率发生谐振，同时对其他频率进行抑制。这个差值频率就是中频信号，它会在中频放大器中进一步放大。中频放大器的优点就在于它是专门用来处理单一频率的放大器。

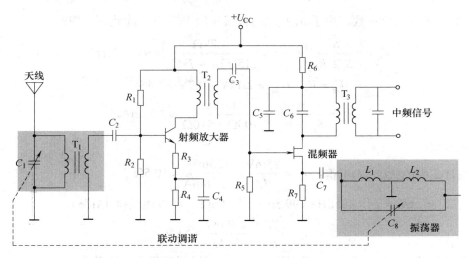

图 4-56   一个调谐接收机电路，包括一个射频放大器和一个混频器

进一步来看图 4-56 所示的电路，第一个调谐电路包括变压器 T_1 的一次侧，它与电容 C_1 构成的谐振回路用来接收信号。接收下来的射频信号通过变压器 T_2 送到混频器的栅极，并与来自振荡器(在图 4-56 中未给出振荡器的全部电路)的信号进行混合后输出。输出端的谐振电路谐振频率设定为混频器的差值频率，因此混频器的输出是中频，将被耦合到下一

级做进一步放大。

【**例 4-11**】假设图 4-57 中的中频放大器包含一个调谐到 465kHz (标准中频)的中频变压器，变压器一次侧的电感为 99.5μH 、电阻为 5.6Ω ，在内部还包括一个 1250pF 的电容和一次侧并联。

① 求调谐电路的 Q 值、空载电压增益 A_v 以及带宽 BW 。

② 如果在变压器的二次侧接入一个阻值为 1.0kΩ 的负载电阻，导致谐振电路的 Q 值下降至 20 ，求此时的电压增益和带宽。

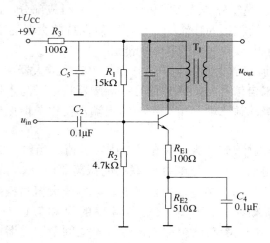

图 4-57　例 4-11 图

解：

① 首先计算直流参数。由于 R_3 两端的直流压降非常小，因此可以忽略。

$$V_B = \left(\frac{R_2}{R_1 + R_2}\right) \times U_{CC} = \left(\frac{4.7k\Omega}{15k\Omega + 4.7k\Omega}\right) \times 9V \approx 2.15V$$

$$V_E = V_B - U_{BE} = 2.15V - 0.7V = 1.45V$$

$$I_E = \frac{V_E}{R_{E1} + R_{E2}} = \frac{1.45V}{100\Omega + 510\Omega} \approx 2.38mA$$

交流参数：

由项目 2 中的式(2-14)可得：$r_e' \approx \dfrac{25mV}{I_E} = \dfrac{25mV}{2.38mA} \approx 10.5\Omega$ 。

因为 $X_L = 2\pi f L = 2\pi \times 465kHz \times 99.5\mu H \approx 290.6\Omega$ ，所以由式(4-13)得

$$Q = \frac{X_L}{R} = \frac{290.6\Omega}{5.6\Omega} \approx 51.9$$

同理有：$Z_c \approx QX_L = 51.9 \times 290.6\Omega = 15k\Omega$ ，则得到空载电压增益为

$$A_v = \frac{Z_c}{R_e} = \frac{Z_c}{r_e' + R_{E1}} = \frac{15k\Omega}{10.5\Omega + 100\Omega} \approx 136$$

由式(4-13)可知带宽为

$$BW = \frac{f_r}{Q} = \frac{465kHz}{51.9} \approx 9kHz$$

② 负载的加入不会对直流参数及 r_e'、X_L 产生影响。二次侧的负载电阻会使 Q 减小并使此谐振电路的阻抗减小。因此，谐振电路的新阻抗为

$$Z_c \approx QX_L = 20 \times 290.6\Omega \approx 5.81\text{k}\Omega$$

电压增益及带宽为

$$A_v = \frac{Z_c}{R_e} = \frac{Z_c}{r_e' + R_{E1}} = \frac{5.81\text{k}\Omega}{10.5\Omega + 100\Omega} \approx 53$$

$$\text{BW} = \frac{f_r}{Q} = \frac{465\text{kHz}}{20} = 23.25\text{kHz}$$

实践练习：在本例中，如果电容 C_2 开路，则会对电压增益产生什么影响？对带宽又会产生什么影响？

在接收机系统中，来自混频器的和频与差频都输入到中频放大器中。如前所述，中频放大器实际上就是一个调谐放大器，用来对混频器输出信号中的差频信号做出响应，而抑制和频信号。

【例 4-12】 根据图 4-58 中给出的条件，确定混频器及中频放大器的输出频率。

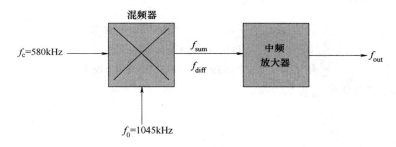

图 4-58 例 4-12 图

解：根据图 4-58 中给出的条件，混频器产生了如下的和频与差频：

$$f_{\text{sum}} = f_0 + f_c = 1045\text{kHz} + 580\text{kHz} = 1625\text{kHz}$$

$$f_{\text{diff}} = f_0 - f_c = 1045\text{kHz} - 580\text{kHz} = 465\text{kHz}$$

中频放大器在其输出端的谐振电路中只对差频信号产生响应，因此中频放大器的输出频率为

$$f_{\text{out}} = f_{\text{diff}} = 465\text{kHz}$$

【例 4-13】 假设某广播系统的接收机接收到的标准调幅载波信号的频率为 $f_c = 1\text{MHz}$，它由一个最高频率为 $f_m = 5\text{kHz}$ 的音频信号进行调制，试确定：

① 输入到混频器的频率；

② 本地振荡器需要产生的振荡频率；

③ 混频器产生的频谱；

④ 中频放大器产生的输出频率。

解：

① 根据标准幅度调制的输出方式，调制器产生的调幅波频率应为

$$f_c = 1\text{MHz} = 1000\text{kHz}$$

$$f_c + f_m = 1000\text{kHz} + 5\text{kHz} = 1005\text{kHz}$$

$$f_c - f_m = 1000\text{kHz} - 5\text{kHz} = 995\text{kHz}$$

根据接收原理，上述频谱就是通过射频放大器接收后，输入到混频器中的信号频谱。

② 对于这个频谱，本地振荡器通过联动调谐，应产生的本地振荡频率为

$$f_0 = f_c + 465\text{kHz} = 1000\text{kHz} + 465\text{kHz} = 1465\text{kHz}$$

③ 对此混频器将产生如下的和频与差频：

$$f_0 + (f_c + f_m) = 1465\text{kHz} + 1005\text{kHz} = 2470\text{kHz}$$

$$f_0 - (f_c + f_m) = 1465\text{kHz} - 1005\text{kHz} = 460\text{kHz}$$

$$f_0 + f_c = 1465\text{kHz} + 1000\text{kHz} = 2465\text{kHz}$$

$$f_0 - f_c = 1465\text{kHz} - 1000\text{kHz} = 465\text{kHz}$$

$$f_0 + (f_c - f_m) = 1465\text{kHz} + 995\text{kHz} = 2460\text{kHz}$$

$$f_0 - (f_c - f_m) = 1465\text{kHz} - 995\text{kHz} = 470\text{kHz}$$

④ 由于中频放大器是一个频率选择放大电路，所以它只能对差频 465kHz 和以 465kHz 为中心的 10kHz 带宽内的边带信号进行响应。因此中频放大器产生的输出信号频谱为

$$f_0 - (f_c + f_m) = 1465\text{kHz} - 1005\text{kHz} = 460\text{kHz}$$

$$f_0 - f_c = 1465\text{kHz} - 1000\text{kHz} = 465\text{kHz}$$

$$f_0 - (f_c - f_m) = 1465\text{kHz} - 995\text{kHz} = 470\text{kHz}$$

整个信号频率变化的过程如图 4-59 所示。

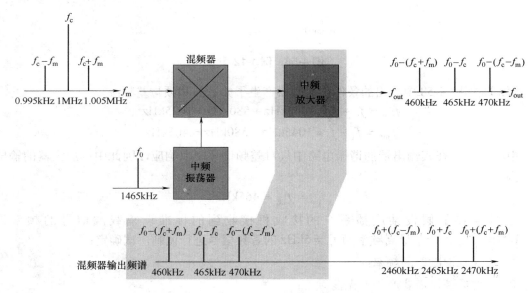

图 4-59　接收机中各部件频率变化的过程

根据系统的不同，中频放大器的具体电路可能会存在差异，但它总会有一个调谐电路位于其输入端或输出端(有时也会同时位于输入端或输出端)。中频放大器可以应用于 AM 和 FM 系统中。中频放大器通常配置有增益自动控制(AGC)电路，从而使中频放大器的增益保持在一个固定的大小上。

2.6　幅度解调器

　　幅度(AM)解调与幅度调制过程正好相反，可以看成是一个逆调制过程，其目的是要把原始的基带信号从高频调幅信号中取出来，因此幅度解调器也称为检波器。虽然峰值包络检波的方法比较常见，但是调幅接收机中的检波器同样可以用乘法器来实现。

　　图 4-60 是利用一个线性乘法器串联一个低通滤波器来实现的幅度解调电路，其中滤波器的截止频率是给定应用中所要求的最高音频频率(比如15kHz)。

　　在例 4-13 中，若接收到的信号是一个用 $f_{\text{m}} = 5\text{kHz}$ 的单音频信号调制的载波，在接收设备接收后，经过混频及中频放大后频谱如图 4-59 所示。这时若采用如图 4-60 所示的幅度解调器，则其频谱变化的工作原理则如图 4-61 所示。只有频率低于15kHz的音频频率能够通过低通滤波器。通过这样的频谱变换，原始的基带信号(5kHz的单音频信号)就从接收到的已调载波信号中被取出来。

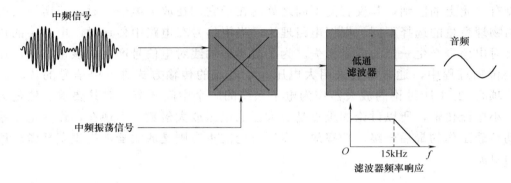

图 4-60　基本幅度解调器

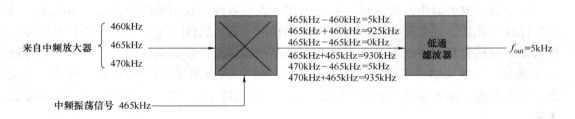

图 4-61　基本幅度解调器频谱中的工作原理

　　这种幅度解调器的一个缺点就是必须生成一个纯中频振荡信号与来自中频放大器的已调信号进行混合。

　　实践练习：假设某接收机接收到的载波信号的频率为 $f_{\text{c}} = 1\text{MHz}$，它由一个频率为 $f_{\text{m}} = 10\text{kHz}$ 的单音频信号进行调制，试确定：

　　① 输入到混频器的频率；

　　② 本地振荡器需要产生的振荡频率；

③ 混频器产生的频谱；

④ 中频放大器产生的输出频率；

⑤ 解调器输出端上的输出频率。

2.7　功率放大器

在如图 4-12 所示的广播系统中，接收机系统中连接在检波器输出端的音频功率放大器用于恢复和提升原始音频信号的功率来驱动扬声器。不仅仅是电子通信系统，在任何一个电子系统中，信号被放大的目的，往往都是为了要去推动一个实际的负载做功。例如，电子通信系统中的扬声器、遥控小车中的电动机、仪器仪表中的指针动作或控制设备中的继电器开关等。推动一个实际的负载做功需要很大的功率，而能够输出较大功率的放大器就被称为功率放大器。

从电路组态及电路的工作原理上看，功率放大器与项目 2 中讨论过的电压放大器并没有本质上的区别，其仅有的不同之处就在于它们在放大电信号时，对所放大电信号的物理参量的选择不同。根据电路理论，当电信号在电路中传递时，电路中的传输线会对电信号产生一定的能量损失。为了减小传输线对电信号产生的能量损失，在电信号传输过程中，通常都会采用大电压、小电流的传输方式进行电信号的传输。因此，项目 2 中所讨论的放大器作为电子系统的一个中间环节，对其要求自然是大电压、小电流传输，所以讨论的重点是放大器的电压放大倍数。而现在，作为电子系统推动负载工作的最后一级，功率放大器所讨论的重点则是放大器能提供负载做功所需要的电流。

2.7.1　甲类功率放大器

在小信号放大器中，交流信号电流只在交流负载线的极小范围内移动。当输出信号电流比较大并且接近交流负载线的上下限(饱和区与截止区)时，它就是一个大信号类型的放大器。在任何情况下，只要放大器都工作在线性区域，那么就认为大信号和小信号放大器都是甲类放大器。甲类功率放大器是指提供功率(而不是电压)给负载的大信号放大器。根据经验，如果需要考虑元件的散热问题，那么这个放大器就可能是一个甲类功率放大器。

1. 散热

功率晶体管(和其他功率器件)必须驱散内部产生的过量热量。对于双极型功率晶体管而言，集电极是最关键的部位，所以晶体管外壳始终与集电极相连。所有功率晶体管的外壳都在管子和散热槽之间设计有一个较大的接触面积。晶体管产生的热量通过外壳到达散热槽，然后散发到周围的空气中，如图 4-62(a)所示。散热槽的尺寸、鳍板的数量、材料的种类等都取决于晶体管工作环境的最高温度和散热要求。在大功率(几百瓦)应用场合，可能还需要冷却扇。

(a) 典型功率晶体管
的外形及封装

(b) 功率放大器散热槽连接

(c) 鳍板

图 4-62　功率晶体管

系统散热的能力由很多因素决定。一个重要的因素就是设备周围的环境温度。很多说明书特别说明了设备工作的环境温度。超过该温度，器件性能必定会下降。性能的下降通常用"毫瓦每度"来表示(mW/℃)。例如，假设一个给定的功率晶体管在25℃时，额定功率为15W。如果其说明书指出，超过这个温度，设备的散热就会减少120mW/℃。这意味着，如果周围环境温度提高到55℃，那么此功率晶体管的额定功率将下降至 $15W - [(120mW/℃) \times 30℃] = 11.4W$。

2. 静态工作(Q)点

在项目 2 的 2.1.5 节中曾提到直流负载线和交流负载线在Q点相交。当Q点位于交流负载线的中点位置时，就能得到甲类放大器放大信号的最大值。

观察图 4-63(a)中给定功率放大器的负载线图，就能理解这个概念。该图给出了交流负载线，其中Q点位于其中心。在忽略饱和区及截止区的情况下，集电极电流可以从Q点值I_{CQ}向上最大变化到饱和值$i_{c(sat)}$；向下最小变化到截止值$i_c = 0$。同样，集电极-发射极电压可以从其Q点值U_{CEQ}向右增大到最大截止值$U_{ce(off)}$，向左减小到最小饱和值$u_{ce} \approx 0$。这个工作过程如图 4-63(b)所示。集电极电流的峰值等于I_{CQ}，相应的集电极-发射极电压的峰值等于U_{CEQ}。这个信号就是甲类放大器中可以获得的最大信号。但需要注意的是，在实际应用中，为了保证输出信号的完整性，输出信号是不能完全达到饱和与截止值的，所以实际的最大值比理论分析上的值要小一些。

如果Q点不在交流负载线的中心，那么输出信号就会受到限制。图 4-64 给出了Q点从中心移向截止区时负载线的情况。

在本例中，输出范围受截止区的限制。集电极电流只能在向下到接近于$i_c = 0$与I_{CQ}向左等量的范围内摆动，集电极-发射极电压也只能在向右到接近于截止电压$u_{ce(off)}$和U_{CEQ}向左等量范围内摆动变化，如图 4-64(a)所示。如果放大器工作范围超过此区域，则信号波形就会在截止处被"削顶"，如图 4-64(b)所示。

图 4-65 给出了Q点从中心移向饱和区时负载线的情况。此时，输出变化范围受饱和区的限制，集电极电流只能在向左到接近饱和值$i_{c(sat)}$与I_{CQ}向下等量的范围内摆动，而集电极-发射极电压也只能在向左到接近饱和U_{CEQ}向右等量的范围内摆动变化，如图 4-65(a)所示。如果放大器超出该范围，其信号波形将在饱和区处被"削顶"，如图 4-65(b)所示。

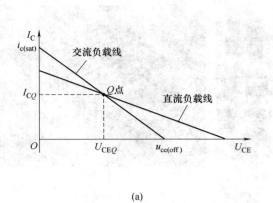

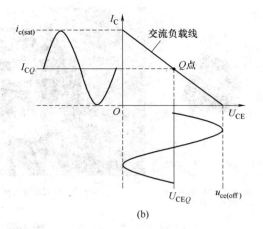

(a)

(b)

图 4-63　当 Q 点位于交流负载线的中心时，甲类放大器有最大的输出

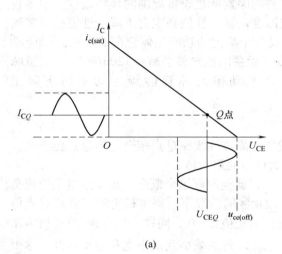

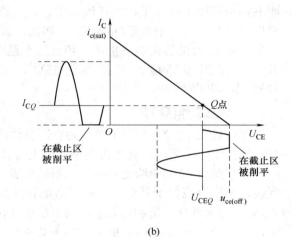

(a)

(b)

图 4-64　Q 点靠近截止区

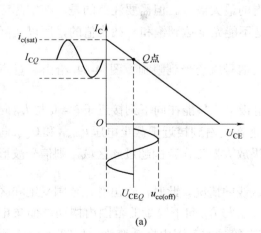

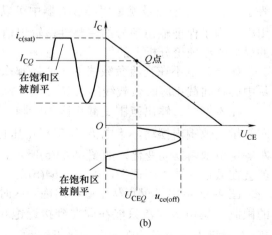

(a)

(b)

图 4-65　Q 点靠近饱和区

3. 功率增益

功率放大器向负载传输功率。放大器的功率增益是传输到负载的功率与输入功率之比。一般来讲，功率增益为

$$A_p = \frac{P_L}{P_{in}} \tag{4-15}$$

式中，A_p 为功率增益，P_L 为传输到负载上的信号功率，P_{in} 为进入到功率放大器的信号功率。

根据已知条件，可以通过几个公式来求得功率增益。通常情况下，求功率增益最简单的方法就是根据输入电阻、负载电阻和电压增益来计算。

功率可以通过电压和电阻来表示为 $P = U^2 / R$（对于交流功率，电压用有效值表示）；传输到负载端的输出功率为 $P_L = U_L^2 / R_L$；传输到功率放大器的输入功率为 $P_{in} = U_{in}^2 / R_{in}$。将以上关系代入到式(4-15)中，可以得到下面的关系式，即

$$A_p = \frac{U_L^2}{U_{in}^2} \times \frac{R_{in}}{R_L} = A_v^2 \times \frac{R_{in}}{R_L} \tag{4-16}$$

式(4-16)表明：功率放大器的功率增益是电压增益的平方乘以输入电阻与输出负载电阻的比值。此式适用于任何放大器。例如，某共集电极电压放大器(射极跟随器)的输入电阻为 $10k\Omega$，负载电阻为 100Ω，那么因为共集电极电压放大器的电压增益近似为1，所以它的功率增益为

$$A_p = A_v^2 \times \frac{R_{in}}{R_L} = 1 \times \frac{10k\Omega}{100\Omega} = 100$$

4. 直流静态功率

没有信号输入，晶体管的直流静态功率(功耗)是 Q 点直流偏置电流与电压的乘积：

$$P_{DQ} = I_{CQ} \times U_{CEQ} \tag{4-17}$$

甲类功率放大器能够提供功率给负载的唯一方法是使静态电流至少等于负载电流所要求的峰值电流。信号不会增加晶体管的功耗，相反会引起总功耗的减小。式(4-17)给出的静态功率是甲类功率放大器必须处理的最大功率。晶体管的额定功率通常会大于这个值。

5. 输出功率

一般情况下，输出的信号功率是负载电流有效值与负载电压有效值的乘积。当 Q 点位于交流负载线中点时，可获得最大不失真交流信号。对于 Q 点在交流负载线中点的共发射极放大器来说，最大峰值电压是

$$U_{c(max)} = I_{CQ} \times R_C$$

有效值是 $0.707U_{c(max)}$，如图 4-63(b)所示。

最大峰值电流为

$$I_{c(max)} = \frac{U_{CEQ}}{R_C}$$

有效值是 $0.707I_{c(max)}$，如图 4-63(b)所示。

为了求得信号的最大输出功率，可使用最大电压和最大电流的有效值。A 类放大器的

最大输出功率为

$$P_{\text{out(max)}} = (0.707I_{\text{c(max)}}) \times (0.707U_{\text{c(max)}}) \approx 0.5 \times \frac{U_{\text{CE}Q}}{R_{\text{C}}} \times I_{\text{C}Q} \times R_{\text{C}} = 0.5I_{\text{C}Q}U_{\text{CE}Q} \tag{4-18}$$

【例 4-14】 求图 4-66 所示电路中 A 类功率放大器的交流模型，并使用两级放大器的交流模型来计算电压增益和功率增益。

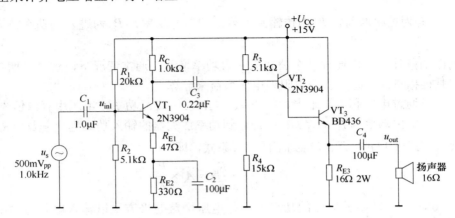

图 4-66　例 4-14 图

解： 首先求每级放大器的基本参数，包括空载电压增益 $A_{\text{v(NL)}}$、输入电阻 R_{in} 和输出电阻 R_{out}。

① 第一级放大器的基本参数。

第一级的空载电压增益是集电极电阻 R_{C} 除以发射极交流电阻(R_{E1} 和 r_{e}' 之和)。为了估算 r_{e}'，首先必须求得 I_{E}。由于输入分压器上的负载效应，基极电压大约为 2.7V(此处省略了计算过程)，因此发射极电压约少一个二极管压降，为 2.0V。应用欧姆定理可求得发射极电流为

$$I_{\text{E(T}_1)} = \frac{V_{\text{E(T}_1)}}{R_{\text{E1}} + R_{\text{E2}}} = \frac{2.0\text{V}}{47\Omega + 330\Omega} \approx 5.3\text{mA}$$

因此，由式(2-14)，可求得 r_{e}' 约为 $25\text{mV}/5.3\text{mA} \approx 5\Omega$。因此，空载时电压增益为

$$A_{\text{v1}} = -\frac{R_{\text{C}}}{R_{\text{e}}} = -\frac{R_{\text{C}}}{R_{\text{E1}} + r_{\text{e}}'} = -\frac{1000\Omega}{47\Omega + 5\Omega} \approx -19.2$$

第一级的输入电阻由三个并联通路组成(如项目 2 的 2.1.4 节所讨论的那样)，包括两个偏置电阻和发射极电路的交流电阻乘以 VT_1 的 β_{ac}。查 2N3904 数据手册可知其电流放大系数在 $100 \sim 300$ 之间，故假设 $\beta_{\text{ac}} = 200$，则有

$$R_{\text{in1}} = [(r_{\text{e1}}' + R_{\text{E1}}) \times \beta_{\text{ac}}] \| R_1 \| R_2 = [(47\Omega + 5\Omega) \times 200] \| 20\text{k}\Omega \| 5.1\text{k}\Omega \approx 2.9\text{k}\Omega$$

第一级的输出电阻就是集电极电阻 R_{C}，即有

$$R_{\text{out1}} = 1.0\text{k}\Omega$$

② 第二级放大器的基本参数。

VT_2 和 VT_3 是达林顿晶体管，组成了共集电极放大器(射极跟随器)。由项目 2 中的表 2-7 可知，对于共集电极放大器而言，第二级的电压增益约为 1，因此有

$$A_{v2} = 1.0$$

用与求得第一级放大器输入电阻相同的方法求第二级输入电阻。第二级放大器有三条到地的并行通路。从耦合电容 C_3 向 VT_2 的基极看进去，这三条通路是：一条通过 R_3 的通路，一条通过 R_4 的通路，一条通过 VT_2 和 VT_3 基极的通路。

在这个计算过程中，只有偏置电阻是重要的。这是因为通过达林顿晶体管的通路具有非常高的电阻。因此，忽略通过晶体管的通路，并且只计算 R_3 和 R_4 的并联组合，就可以得到第二级输入电阻的合理估算。

$$R_{in2} \approx R_3 \| R_4 = 15\text{k}\Omega \| 5.1\text{k}\Omega = 3.8\text{k}\Omega$$

注 1：通过包含 VT_2 和 VT_3 基极通路的精确计算为

$$R_{in2} = [(R_{E3} \| R_L) \times \beta_{ac2} \times \beta_{ac3}] R_3 \| R_4$$

一般来讲，功率晶体管的 β_{ac} 要比信号晶体管的 β_{ac} 更小。查阅功率晶体管 VT_3(BD436) 的数据手册，其值为 50，对于信号晶体管 VT_2，其值可取为 200。因此，将数值代入到上式中，可求得第二级的输入电阻为

$$R_{in2} = [(R_{E3} \| R_L) \times \beta_{ac2} \times \beta_{ac3}] R_3 \| R_4 = [(16\Omega \| 16\Omega) \times 200 \times 50]15\text{k}\Omega \| 5.1\text{k}\Omega = 3.6\text{k}\Omega$$

注 2：通过对比以上精确计算可以看到，精确计算与前面的估算结果只相差 6%。

由项目 2 中的表 2-7 可知，由于第二级的输出电阻很小，可以忽略，所以有

$$R_{out2} \approx 0$$

总结果：使用计算得到的参数，放大器的交流模型如图 4-67 所示。

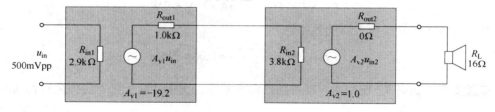

图 4-67　功率放大器交流模型

③ 总电压增益通过项目 2 的 2.4.1 小节中介绍的方法计算得到。最后的分压器由扬声器和输出电阻组成，由于输出电阻可以忽略，因此没有包含在计算中。因此有

$$A_v = A_{v1} \times \frac{R_{in2}}{R_{out1} + R_{in2}} \times A_{v2} = -19.2 \times \frac{3.8\text{k}\Omega}{1.0\text{k}\Omega + 3.8\text{k}\Omega} \times 1.0 = -15$$

④ 利用式(4-16)可以计算得到功率增益为

$$A_p = A_v^2 \times \frac{R_{in}}{R_L} = A_v^2 \times \frac{R_{in1}}{R_L} = (-15)^2 \times \frac{2.9\text{k}\Omega}{16\Omega} = 41000$$

实践练习：用分贝来表示例 4-14 的功率增益。

6. 效率

任何放大器的效率是指提供给负载的信号功率与直流电源所能提供的功率之比。能够获得的最大信号功率由式(4-18)给出。而直流电源所能提供的功率为

$$P = I_C U_{CC}$$

其中，直流电源的平均电流 I_c 等于 I_{CQ}，而电源电压至少是 $2U_{CEQ}$。因此，电容耦合负载的最大效率为

$$\eta = \frac{P_{\text{out(max)}}}{P_{\text{DC}}} = \frac{0.5 \times I_{CQ} \times U_{CEQ}}{2 \times I_{CQ} \times U_{CEQ}} = 0.25$$

电容耦合甲类功率放大器的最大效率不超过 0.25 或 25%。在实际应用中，此类功率放大器的效率通常只能在 10% 左右。虽然可以利用变压器来耦合信号到负载来提高效率，但变压器耦合应用中的许多缺点，如变压器的尺寸、变压器的成本以及潜在的失真问题等，都使得甲类功率放大器因受低效率的影响，而限制了它们在小功率应用中的使用。

【例 4-15】 求图 4-66 所示功率放大器的效率。

解：效率是负载上的信号功率与直流电源提供的功率之比。输入电压是峰-峰值为 500mV 的正弦信号，其有效值为 176mV。因此，信号的输入功率为

$$P_{\text{in}} = \frac{U_{\text{in}}^2}{R_{\text{in}}} = \frac{(176\text{mV})^2}{2.9\text{k}\Omega} \approx 10.7\mu\text{W}$$

由式(4-15)可得输出功率为

$$P_{\text{out}} = A_p \times P_{\text{in}} = 41000 \times 10.7\mu\text{W} \approx 0.44\text{W}$$

来自直流电源的大多数功率提供给输出级。输出级中的电流可以从 VT_3 的发射极电压计算得到，VT_3 的发射极电压约为 9.5V，它产生 0.6A 的电流。忽略其他晶体管和偏置电路，总的直流电源电流大约为 0.6A。因此，来自直流电源的功率为

$$P_{\text{DC}} = I_c \times U_{\text{CC}} = 0.6\text{A} \times 15\text{V} = 9\text{W}$$

对于此输入信号，放大器的效率为

$$\eta = \frac{P_{\text{out}}}{P_{\text{DC}}} = \frac{0.44\text{W}}{9\text{W}} \approx 0.05 = 5\%$$

实践练习：如果 R_{E3} 使用扬声器替换，那么效率会发生什么变化？这样会有什么缺点？

2.7.2　乙类功率放大器

当功率放大器的偏置使其输入信号在半个周期内处于线性工作区域，而在另外的半个周期内处于截止区域时，那么该放大器就属于乙类功率放大器。相比于甲类功率放大器，乙类功率放大器的优势是它的效率更高。在给定大小的输入功率下，乙类功率放大器能够获得更多的输出功率。

乙类功率放大器的 Q 点在截止区，这导致输出电流只在输入信号的半个周期内变化。在线性放大器中，这就需要有两个晶体管器件来完成整个周期的放大工作。一个放大正半周期，而另一个放大负半周期。这种需要两个晶体管器件轮流工作，来交替放大输入信号波形中正的部分和负的部分的工作方式称为推挽。

1. 静态工作点

如前所述，乙类功率放大器的偏置在截止区，因此有

$$I_{CQ} = 0, \quad U_{CEQ} = U_{CEQ(\text{cutoff})}$$

这样，当没有信号时，就没有直流电流或者说也没有功率损耗。因此，当某信号驱动乙类功率放大器并使其晶体管导通后，它就能够运行在线性区域。图 4-68 是利用射极跟随器(共集电极电路)来说明这个情况。

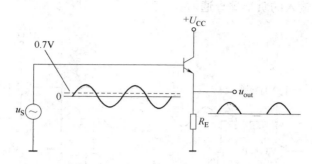

图 4-68　共集电极乙类功率放大器

2. 推挽工作

由图 4-68 可以看到：图示电路只在信号的正半周期导通。为了放大整个周期信号，就必须再增加第二个乙类放大器，并使电路也能在负半周期时工作。将两个乙类放大器组合在一起进行工作的方式称为推挽工作。

有两种使用推挽放大器来复制完整信号的常见方法。第一种方法是使用变压器耦合。第二种方法是使用两个互补对称的晶体管，它可以由一对匹配的 NPN/PNP 型双极晶体管组成，也可以由一对匹配的 N 沟道/P 沟道的场效应晶体管组成。

1) 变压器耦合

变压器耦合方式如图 4-69 所示。输入端变压器的二次绕组是中间抽头的，将中间抽头接地后，此二次侧两端的信号则互为反相。这样输入端变压器将输入信号转变成两路反相的输出信号后传输给晶体管。需要注意的是，此时电路中的两个晶体管都是 NPN 型。因为信号的反相，所以 VT_1 将在正半周期时导通，而 VT_2 将在负半周期时导通。输出变压器在两个方向上都允许电流流过，所以它可以将晶体管的两个输出信号整合起来。

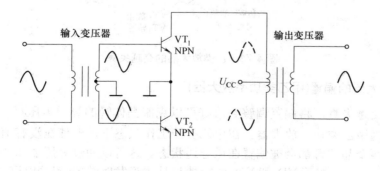

图 4-69　变压器耦合的推挽放大器

2) 互补对称晶体管

图 4-70 给出了一个最常用的推挽乙类功率放大器，它使用两个射极跟随器，以及两个

正负电源供电。这是互补放大器，因为一个射极跟随器使用 NPN 型晶体管，而另一个使用 PNP 型，它们分别在输入信号的两个半周期内交替导通。需要注意的是，两个晶体管都没有直流偏置电压($V_B = 0$)。因此只有信号电压才能驱动晶体管进入导通状态。VT_1 在输入的正半周导通，VT_2 在输入的负半周导通。

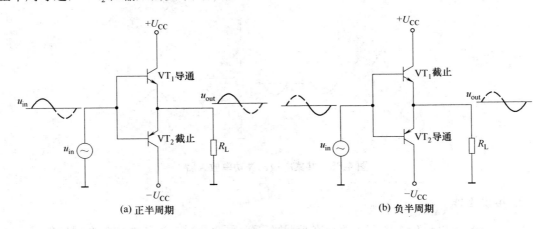

图 4-70　乙类推挽工作方式

3. 交越失真

当基极直流电压为 0 时，输入信号电压必须大于 $U_{BE} = 0.7V$ 才能使晶体管导通。结果是在输入信号正负交替的一个时间间隔内，两个晶体管都不导通，如图 4-71 所示。此时在输出波形上产生的失真被称为交越失真。

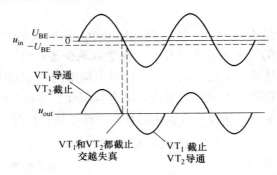

图 4-71　乙类放大器的交越失真

4. 推挽放大器的偏置(甲乙类功率放大器)

为了克服交越失真，将偏置调整到恰好可以克服晶体管的导通电压 U_{BE}，这样修改后的工作方式称为甲乙类功率放大器。在甲乙类的工作状态下，即使在没有信号输入的情况下，推挽级的两个晶体管都会被偏置在微导通状态。这可以通过分压器和二极管来完成，如图 4-72 所示。当二极管 VD_1 和 VD_2 的特性与晶体管发射结的特性相匹配时，二极管中的电流就与晶体管的电流相同，这称为镜像电流。而这个镜像电流的存在就使得晶体管工作在甲乙类的同时消除了交越失真。

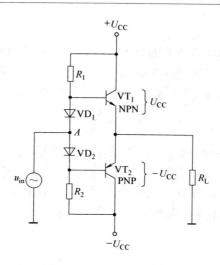

图 4-72　对推挽放大器进行偏置来消除交越失真

在偏置电路中，R_1 和 R_2 的值相等，正负电源电压的值也相等。这使得 A 点的电位为 0，因此不需要耦合电容。输出端的直流电压也为 0。假设两个二极管和两个晶体管相同，VD_1 两端的管压降等于 VT_1 的 U_{BE}，VD_2 两端的管压降等于 VT_2 的 U_{BE}。则由于两者匹配，因此二极管电流将等于 I_{CQ}。对 R_1 或 R_2 应用欧姆定律可求得二极管电流和 I_{CQ} 为

$$I_{CQ} = \frac{U_{CC} - 0.7\text{V}}{R_1}$$

这个小电流满足了甲乙类放大器消除交越失真的工作要求，见图 4-74(a)。

交越失真同样也存在于如图 4-69 所示的变压器耦合放大器中。为了消除交越失真，可以在变压器的二次侧加上 0.7V 的电压，来使所有的晶体管都能够刚刚导通，如图 4-73 所示。

在图 4-73 中，单个二极管从电源中产生压降为 0.7V 的偏置电压。这相当于将变压器中间抽头的电位抬高到了 0.7V。

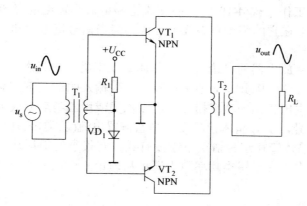

图 4-73　在变压器耦合推挽功率放大器中消除交越失真。二极管补偿了晶体管的发射结电压
**　　　　并使放大器处于甲乙类工作方式下**

5. 交流工作原理

图 4-72 所示的甲乙类放大器 VT_1 的交流负载线，与乙类功率放大器中，Q 点恰好在截止点上相比，图 4-72 所示的甲乙类功率放大器的 Q 点在截止区略微偏上的位置。在双电源供电时，交流截止电压为 U_{CC}，双电源供电的推挽放大器的交流饱和电流为

$$i_{c(sat)} = \frac{U_{CC}}{R_L} \tag{4-19}$$

图 4-74(a)给出了图 4-74(b)所示甲乙类功率放大器 VT_1 的交流负载线(VT_2 交流负载线情况与 VT_1 类似，但电源极性正好相反)。如图 4-74(a)所示，所加信号在交流负载线上(黑粗线表示的区域内)摆动变化。在交流负载线的最上端，晶体管管压降(u_{ce})最小，输出电压最大。而在交流负载线的最下端，晶体管管压降(u_{ce})最大，并接近偏置电源电压 $+U_{CC}$，输出电压最小(接近 0V)。

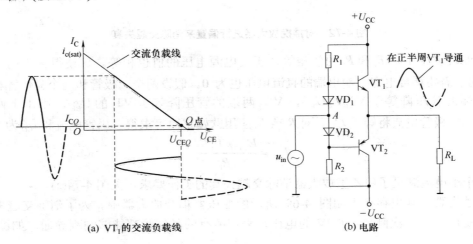

(a) VT_1 的交流负载线　　　　(b) 电路

图 4-74　甲乙类功率放大器的交流负载线及电路

由图 4-74(a)可见，甲乙类功率放大器在最大工作状态下，VT_1 和 VT_2 可以交替在接近截止与饱和的区间内工作。式(4-19)给出的交流饱和电流是输出的峰值电流。从本质上来看，每个晶体管都可以在它的整个负载线上工作，但当信号接近饱和电流时有可能会使信号出现"削顶"失真。

由前面对甲类功率放大器的讨论可知，晶体管在甲类工作状态下，静态工作点(Q 点)是位于负载线中点的位置。因此，即使是在没有信号输入的情况下，晶体管中也因为存在较大的静态电流而产生出相应的功率损耗。但在乙类或甲乙类功率放大器的工作状态下，若放大器没有输入信号，那么晶体管就没有静态偏置电流(乙类)或只有很小的静态偏置电流(甲乙类)。因此，晶体管在这种情况下就没有或只有很小的损耗功率。所以乙类或甲乙类功率放大器的效率大大高于甲类功率放大器。从理论上说，甲乙类功率放大器的最大效率可以达到 79%。

6. 单电源工作

互补对称推挽功率放大器可以组成单电源工作方式，如图 4-75 所示。电路工作原理与前面描述的相同，只是此偏置方式会使得发射极输出电压为 $U_{CC}/2$，而不是双电源时的

U_{CC}。因为输出不是偏置在 0V，所以必须在输入和输出端采用电容耦合来将偏置电压与信号源和负载电阻进行隔离。在理想情况下，输出电压可以从 0 变到 U_{CC}，但实际上是达不到这个理想值的。

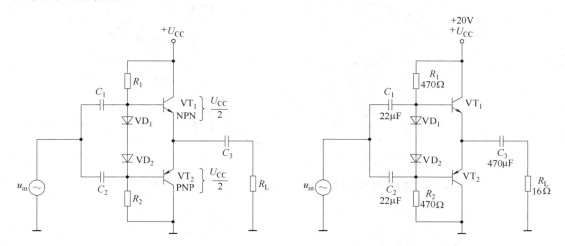

图 4-75 单电源推挽功率放大器   图 4-76 例 4-16 图

【例 4-16】求图 4-76 所示电路理想最大峰值输出电压和电流。

解： 理想最大峰值输出电压值为

$$U_{P(out)} \approx U_{CEQ} \approx \frac{U_{CC}}{2} = \frac{20V}{2} = 10V$$

理想最大峰值电流值为

$$I_{P(out)} \approx i_{c(sat)} \approx \frac{U_{CEQ}}{R_L} = \frac{10}{16\Omega} = 0.63A$$

实践练习： 当电源电压上升到 +30V 时，计算最大峰值输出电压和电流。

2.7.3 丙类功率放大器

丙类功率放大器主要应用于射频电路，比如调频发射装置，其电路一般都是围绕着双极晶体管或场效应管来进行搭建。图 4-77(a)给出了一个具有电阻性负载的共发射极丙类功率放大器。需要注意的是：丙类功率放大器一般是和谐振电路负载一起工作，但此处使用电阻性负载只为了说明其工作原理。

如图 4-77(a)所示，利用负电源电压 U_{BB} 使放大器输入端的偏置在截止电压以下，因此交流信号电压只有在瞬时值大于 $U_{BE} + U_{BB}$ 时，才能使晶体管导通。这样，输入的交流信号在每个周期只有在接近正向峰值的一小段时间内导通，从而形成集电极的脉冲电流，如图 4-77(b)所示，两个脉冲之间的时间间隔为交流输入电压的周期 T，其工作原理如图 4-77(c)所示。

由于丙类功率放大器的集电极电压(输出电压)不是输入信号的复制，所以电阻性负载的丙类功率放大器本身在实际应用中是没有价值的。因此，丙类功率放大器必须采用一个并联谐振电路来作为它的负载，如图 4-78 所示。其目的是利用集电极的短脉冲电流来维持 LC 并联谐振电路的振荡，从而产生正弦输出电压。

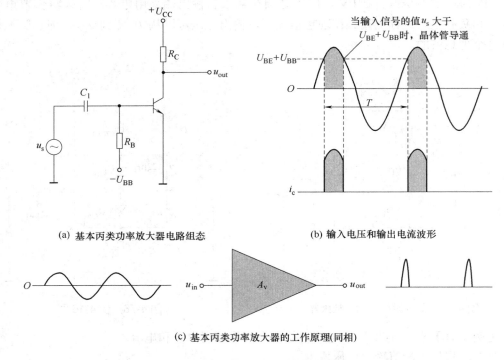

(a) 基本丙类功率放大器电路组态　　　　　　(b) 输入电压和输出电流波形

(c) 基本丙类功率放大器的工作原理(同相)

图 4-77　基本丙类功率放大器

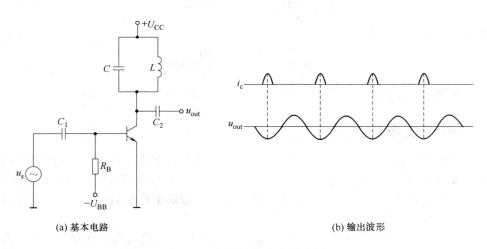

(a) 基本电路　　　　　　　　　　(b) 输出波形

图 4-78　调谐丙类功率放大器

调谐丙类功率放大器的工作原理用图 4-79 进行描述。

如图 4-79(a)所示，假设在开始时，晶体管导通，谐振电路中的电容 C 已经被直流电源充电至约为 $+U_{CC}$。那么，在集电极脉冲过后，晶体管在保持截止的情况下，电容 C 开始向电感 L 快速放电，并将电场能转换成磁场能储存在电感 L 中，如图 4-79(b)所示。当电容 C 放电完成之后，电感 L 将其所储存的磁场能释放出来并再次向电容 C 充电至 $-U_{CC}$(对于第一次充电，此次充电的电流方向与前次充电方向相反)。这样就完成了半个周期的振荡，如图 4-79(c)所示。

接下来，电容 C 再次放电并将电场能转换为磁场能，然后电感 L 又再次对电容 C 充电。此次充电的峰值会略小于前一次的峰值，因为有部分能量消耗在线圈电阻上。如此便完成了整个周期，如图 4-79(d)、(e)所示。

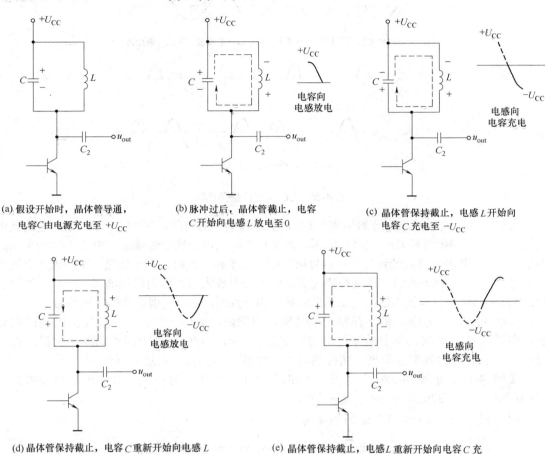

图 4-79　LC 振荡电路的振荡过程

振荡信号每个周期的振荡幅度都会比上一个周期的振荡幅度要小一些，这是因为能量会在振荡电路的阻抗上产生损耗，如图 4-80(a)所示。如果这种状态持续下去，振荡最终会停止。但是，集电极电流脉冲周期性地再现会重新激励谐振电路并使振荡维持在一个固定不变的幅度(峰-峰值约为 $2U_{CC}$)，如图 4-80(b)所示。

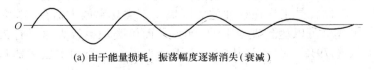

(a) 由于能量损耗，振荡幅度逐渐消失(衰减)

图 4-80　LC 电路的振荡

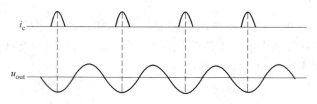

(b) 通过集电极电流的短脉冲可维持振荡信号的幅度，实现等幅振荡

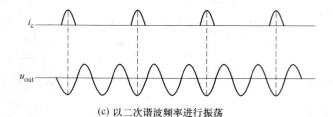

(c) 以二次谐波频率进行振荡

图 4-80　LC 电路的振荡(续)

丙类功率放大器输出信号的频率与 LC 谐振电路的参数有关。例如，当 LC 谐振电路调谐到与输入信号的频率(基频)一致时，谐振电路在每个周期都会被重新激励，如图 4-80(b)所示。再如，当 LC 谐振电路调谐到与输入信号第二谐波频率相一致时，则会间隔一个周期才会被重新激励，如图 4-80(c)所示。在这种情况下，丙类功率放大器可作为倍频器工作(×2)。通过将 LC 谐振电路调谐到与输入信号更高的谐波频率相一致时，可以实现更高的倍频系数。

如前所述，一方面，由于在整个信号输入周期内，晶体管只在一个很短的时间段内导通，所以丙类功率放大器中晶体管的功耗非常低。另一方面，由于丙类功率放大器没有偏置电流，所以它的效率非常高。实际的丙类功率放大器的效率可达到90%以上。

【例 4-17】求图 4-78(a)所示电路的振荡频率及输出信号电压。其中谐振电路参数：$C = 680\text{pF}$，　$L = 220\text{mH}$，　$+U_{CC} = +15\text{V}$。

解：根据电路理论，LC 谐振频率为

$$f_r = \frac{1}{2\pi\sqrt{LC}} = \frac{1}{2\pi\sqrt{220\mu H \times 680\mu F}} = 411\text{kHz}$$

输出信号的峰–峰值为

$$U_{\text{out(p-p)}} = 2U_{CC} = 2 \times 15\text{V} = 30\text{V}$$

实践练习：在例 4-17 所示参数下，如何使图 4-78(a)所示电路的频率加倍？

2.7.4　丁类功率放大器

在丁类功率放大器中，晶体管是作为开关器件来工作的，而不像甲类、乙类或甲乙类功率放大器那样，晶体管是工作在线性放大区域。丁类功率放大器在实际应用中的一个主要优势是它的工作效率可以达到理论上的100%，而甲类功率放大器只有25%，乙类或甲乙类功率放大器只有79%。即使从实际应用上来说，丁类功率放大器都可以实现大于90%的工作效率。

图 4-81 是一个丁类功率放大器驱动扬声器的基本系统框图。系统中包括一个脉冲宽度调制器、一个丁类功率放大器(开关式功率放大器)和一个低通滤波器。

图 4-81　丁类基本功率放大器的组成框图

1. 脉宽调制

与前面所讨论的幅度调制不同，脉宽调制(PWM)是将输入信号转换为一系列脉冲的过程，其中脉冲的宽度与输入信号的幅度成比例变化。脉宽调制信号可以利用比较器电路来产生。图 4-82 以一个周期的正弦波为例给出了脉宽调制的概念，其中同相端加上了一个周期的正弦波电压，反相端加上了一个更高频率的三角波。

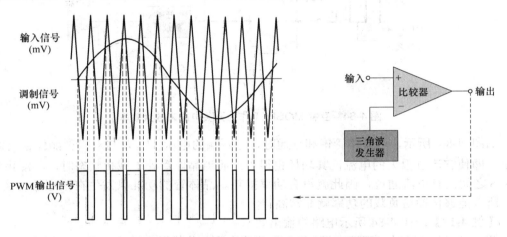

图 4-82　脉宽调制正弦波及基本脉冲宽度调制器

由项目 3 中 2.1 节的讨论可知，当比较器反相输入端电压大于同相输入端电压时，比较器将切换到负饱和输出状态；而如果比较器同相输入端电压大于反相输入端电压时，则比较器切换至正饱和输出状态。

从另一方面来看，比较器的输入一般来讲都比较小(mV 量级)，但是由于比较器的输出为"轨到轨"(即正的最大值接近于正的直流电源电压，负的最大值接近于负的直流电源电压)，所以接近于直流偏置电源电压的峰-峰值是比较常见的输出。由此也可以看成调制电路对输入信号的放大，且其增益也是非常高的。

2. 频谱

所有非正弦周期波形都可以由不同频率的谐波信号组成，而且一个特定波形所包含的频率有其特定的频谱。当三角波调制正弦波输入信号时，得到的频谱包含一个正弦波频率 f_{in}、三角调制信号的基波频率 f_m，以及以基波频率 f_m 为中心且上下变化的谐波频率。一个脉宽调制信号的简化频谱如图 4-83 所示。由图可见，

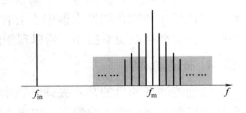

图 4-83　一个脉宽调制信号的频谱

三角波的频率必须大大地高于输入信号的最高频率，这样，最低谐波频率才会高出输入信号频率的范围。

3. 互补金属-氧化物场效应晶体管

丁类功率放大器多采用金属-氧化物效应晶体管(MOSFET)作基本的推挽放大器。图 4-84 是一个将 MOSFET 设置成共源互补组态来提供功率增益的功率放大器。其中，每个晶体管在导通和截止状态之间切换，并且当一个晶体管导通时，另一个则截止。另外，当晶体管作为开关器件工作时，一般都会采用双极性电源供电。

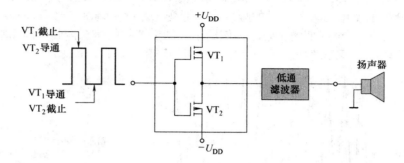

图 4-84　互补 MOSFET 作为开关电路来放大功率

如图 4-84 所示，当晶体管饱和导通时，它两端的电压(U_{DS}，与双极型晶体管类似)非常小，即使它流过很大的电流，其功耗也很小；而当晶体管处于截止状态时，其漏极 D 和源极 S 之间没有电流通过，因此就没有功率损耗。晶体管的功耗只发生在很短的切换时间里，所以能够传输给负载的功率就非常高。

【例 4-18】求图 4-84 所示电路的输出效率。

解：当 VT_1 导通时，直流电源 $+U_{DD}$ 通过晶体管向负载提供电流。但在理想情况下，晶体管漏-源极之间的管压降 $U_{DS}=0V$，因此 VT_1 在导通时的内部功耗为

$$P_{VT_1} = U_{VT_1} \times I_L = 0V \times I_L = 0W$$

与此同时，VT_2 截止，通过的晶体管 VT_2 的电流为0A，因此 VT_2 内部功耗为

$$P_{VT_2} = U_{VT_2} \times I_L = U_{VT_2} \times 0A = 0W$$

在理想情况下，输出到负载的功率为 $2U_{DD} \times I_L$。因此，理想最大效率为

$$\eta = \frac{P_{out}}{P_{all}} = \frac{P_{out}}{P_{out}+P_T} = \frac{2U_{DD}I_L}{2U_{DD}I_L+0W} = 1$$

以百分比表示为 $\eta = 100\%$。

在实际情况中，因为每一个场效应晶体管在饱和导通时都会有零点几伏的管压降。因此，在比较器和三角波发生器中也会有一些很小的内部功率损耗。此外，在有限的开关切换时间里也会存在功率损耗，所以理想的100%的效率在实际中是永远也达不到的。

4. 低通滤波器

低通滤波器的目的是除去调制频率和谐波，只传递原始信号到输出端。滤波器具有仅允许通过输入信号频率的带宽，如图 4-85 所示。

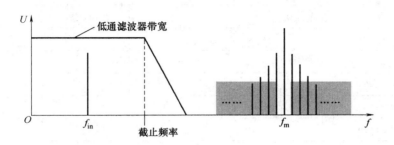

图 4-85　低通滤波器 PWM 调制信号中除了输入信号频率以外的所有频率

5. 信号流

图 4-86 给出了丙类功率放大器中每个点的信号。一个小的音频信号被加入到系统中并进行脉宽调制后在调制器输出端生成一个 PWM 信号，其中调制器也实现了电压增益。

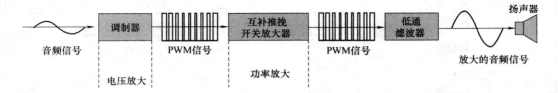

图 4-86　丙类功率放大器的系统组成框图及信号流

在 PWM 信号驱动互补 MOSFET 实现功率放大后，再经过滤波，便在输出端产生了一个放大后的音频信号，从而使它具有足够的功率来驱动扬声器。

2.8　项目任务：遥控小车的制作与调试

学习领域	项目 4：遥控小车的制作与调试				任课教师	
班级		姓名		学号	完成日期	
材料与工具清单						
材料类型	材料名称	规格			型号	数量
机电材料	齿轮	齿数 30　模数 (M)·圆周齿距 (P) 0.5MMP			GEFB0.5-30-[2-5/1]-4-W[6-10/1]	一套
	电机	20×15×25 轴长：8mm				一个
	继电器	T75，5V，直插 5 脚				一个
	轴承	ϕ4mm 深沟球轴承				
	车轮	ϕ30mm				
	微动开关	6×6×5mm 立式 4 脚				
	碳素杆	ϕ4mm，L11mm				

机电材料	网孔板	$15 \times 9mm^2$		
	胶棒			
	接插件			
	热熔枪			
电子电气元件	PT2262			一个
	PT2272			一个
	电阻			
	电容			
	电池	7V		
	电池	12V		
	开关二极管		1N4148	
	整流二极管		1N4007	
	三极管		S9014	
	三端稳压器		LM7805	
	发送模块	315MHz 发射模块		
	接收模块	315MHz 超再生接收模块		
	漆包线			若干
	导线			若干
工具	圆规、铅笔、502 胶水、电烙铁、焊丝、钻机等			

任务内容

项目内容	完成一辆遥控小车的制作与调试，并能够使制作与调试好的小车按接收到的遥控信号行驶起来。
参考样图	

\multicolumn{3}{c}{工作步骤与要求}
序号	工作步骤与要求	时间分配
1	设计小车机械结构	
2	熟悉器件技术参数	
3	阅读电路图	
4	安装线路板元器件	
5	通电测试	
6	组装试车	

步骤一　设计小车机械结构

设计小车结构：规划电池、电动机的安装位置，应尽可能运用所学习过的机械方面的知识，保持小车结构的均衡和平稳。请画出你设计的小车结构图，并将相关的材料准备好。

步骤二　了解器件参数

在教师指导下，按照项目 4 中项目任务 2.3 的方法，阅读器件数据手册、参考资料。理解核心器件的引脚功能，并能够解释器件的工作原理。

步骤三　分析电路图

在教师指导下，阅读电路图。理解电路的工作原理，并能够描述电路中各元器件的作用与功能。

步骤四　安装线路板元件

参考以下元件布置图和项目 4 中任务 2.3 中的原理接线图，在网孔板上合理布局电路中的各种元器件，并完成元器件的焊接。

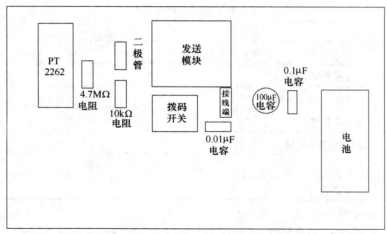

发送部分元器件布置图

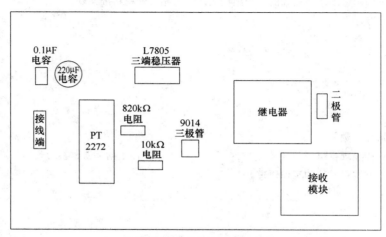

接收部分元器件布置参考图

步骤五 通电测试

电路板通电，利用万用表、示波器等仪器测试电路各点是否存在问题。修复断点和漏点，并将测试结果填入下表。

测试项目	工作情况	存在问题	解决方法
1. IC 引脚信号输入输出			
2. 收发信号			
3. 焊点质量			

步骤六　完成组装，小组展示

完成整体组装后进行试车，展示作品并进行答辩。将答辩纪要记录下来，总结问题并加以改进。

答辩纪要：

任 务 总 结

1. 谈谈此次制作过程中遇到的问题？

2. 通过本次无线遥控小车的设计与组装，取得了哪些收获？

3. 对其他小组完成的作品进行评价。

4. 对自己小组的作品进行评价

自评	□	😊	□	☹	学生	
指导教师					日期	

扩 展 任 务

课外学习手工焊接工艺的方法，多练习尝试，并总结手工焊接工艺方法。

1. 焊前加工：

焊前加工包括_____的处理以及_____的处理。

2. 常用焊接方法为五步焊接法，请具体写出步骤。

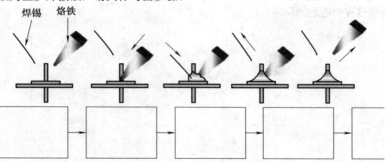

3. 如何检验一个焊点是否合乎标准？如何才是一个标准的焊点？

自评	□	😊	□	☹	学生	
指导教师					日期	

3.1　工　作　页

学习领域	项目 4　遥控小车的制作与调试						
班级		姓名		学号		完成时期	

自 我 检 查

1. 噪声能通过_____途径进入电路。

A. 通过电容或者电感耦合	B. 通过电源
C. 通过电路内部	D. 以上所有途径

2. 同轴电缆的阻抗一般为_____。

A.　小于100Ω	B. 50～100Ω	C. 200～200Ω	D. 取决于线的长度

3. 应用于高频放大器的中和技术用来消除_____。

A. 振荡	B. 噪声	C. 失真	D. 上述答案都对

4. 振荡器与放大器不同，因为它_____。

A. 具有更大的增益	B. 不需要输入信号	C. 不需要直流电源	D. 始终有相同的输出

5. 文氏桥振荡器基于_____。

A. 正反馈	B. 负反馈	C. 压电效应	D. 高增益

6. 振荡的第一个条件是_____。

A. 环绕反馈环路的相移是180°	B. 环绕反馈环路的增益是1/3
C. 环绕反馈环路的相移是0°	D. 环绕反馈环路的增益小于1

7. 振荡的第二个条件是_____。

A. 环绕反馈环路没有增益	B. 环绕反馈环路的增益为1
C. 反馈网络的衰减必须为1/3	D. 反馈网络必须为容性负载

8. 为了让振荡器正常开启，环绕反馈环路上的初始增益必须_____。

A. 等于1	B. 小于1	C. 大于1	D. 等于1/3

9. 在文氏桥振荡器中，如果反馈电路中的电阻减小，频率将_____。

A. 减小	B. 增大	C. 不变	D. 不确定

10. 文氏桥振荡器的正反馈电路是一个_____。

A. RL 网络	B. LC 网络	C. 分压器	D. 超前-滞后网络

11. 考毕兹振荡器是参考_____命名的。

A. RC 网络的类型		B. 发明者	
C. LC 振荡器的类型		D. 有源滤波器的类型	

12. 晶体振荡器的主要特点是_____。

A. 经济性	B. 可靠性	C. 稳定性	D. 宽的带宽

13. 在幅度调制中，载波信号峰值所形成的形状叫作_____。

A. 指数	B. 包络	C. 音频信号	D. 上下边带频率

14. 在 AM 接收机中，本地振荡器产生频率总是比输入 RF 的频率高_____。

A. 10.7kHz	B. 465MHz	C. 10.7MHz	D. 465kHz

15. 为了能够处理所有输入电压极性的组合，一个乘法器必须有_____。

A. 四象限能力	B. 三象限能力	C. 四个输入	D. 双电源电压

16. 乘法器的内部衰减叫作_____。

A. 跨导	B. 比例系数	C. 衰减系数	D. 反馈系数

17. 如果线性乘法器的输入 X_2 接地，那么输入 X_1 作为_____工作。

A. 差输入	B. 差分输入	C. 单端输入	D. 平均输入

18. 幅度调制本质上是_____。

A. 两路信号叠加	B. 两路信号相乘	C. 两路信号相减	D. 非线性过程

19. 抑制双边带调制的频谱不包括_____。

A. 和频	B. 差频	C. 载波频率	D. 中频

20. 品质因数 Q 表示_____的比值。

A. X_L 与 X_C	B. X_L 与 R	C. X_C 与 R	D. 上述答案都不对

21. 如果调谐电路的 Q 值很高，则_____。

A. 电阻很大	B. 带宽很小	C. 频率很低	D. 功率很大

22. 接收机中的 IF 是_____。

| A. 本地振荡器频率和 RF 载波频率之和 | B. 本地振荡器频率 |
| C. 本地振荡器频率和 RF 载波频率之差 | D. 载波频率和音频频率之差 |

23. AM 检波器的输出直接输入到＿＿＿＿＿＿＿＿。

| A.　IF 放大器 | B. 混频器 | C. 音频放大器 | D. 扬声器 |

24. 甲类功率放大器能提供给负载的峰值电流取决于＿＿＿＿＿＿＿＿。

| A. 电源的最大额定值 | B. 静态电流 | C. 偏置电阻中的电流 | D. 散热器的尺寸 |

25. 始终工作在线性区域的放大器是＿＿＿＿＿＿＿＿。

| A. 甲类功率放大器 | B. 甲乙功率类放大器 | C. 乙类功率放大器 | D. 上述答案都对 |

26. 功率放大器的效率是提供给负载的功率和＿＿＿＿＿＿＿＿的比值。

| A. 输入信号功率 | B. 最后一级的功耗 | C. 来自电源的功率 | D. 上述答案都不对 |

27. 交越失真是＿＿＿＿＿＿＿＿放大器的问题。

| A. 甲类功率放大器 | B. 甲乙类功率放大器 | C. 乙类功率放大器 | D. 上述答案都对 |

28. 推挽放大器中的镜像电流应该提供的 I_{CQ} ＿＿＿＿＿＿＿＿。

| A. 与偏置电阻和二极管中的电流相等 | B. 是偏置电阻和二极管中电流的 2 倍 |
| C. 是偏置电阻和二极管中电流的二分之一 | D. 0 |

29. 丁类功率放大器的最后一级为＿＿＿＿＿＿＿＿。

| A. 开关放大器 | B. 低通滤波器 | C. 比较器 | D. PWM 调制器 |

实 践 练 习

1. 某同轴电缆的额定阻抗为 95Ω ，每米的电容为 $15.5\mu F/m$ ，则它每米的电感为多少？

2. 为什么以其特性阻抗终止对高频电缆很重要？

3. 某个超前-滞后网络具有 3.5kHz 的谐振频率，如果一个频率等于 f_r，当有效值为 2.2V 的信号加到输入端时，输出电压的有效值为多少？

4. 如果一个超前-滞后网络的参数值如下：$R_1 = R_2 = 6.2\text{k}\Omega$，$C_1 = C_2 = 0.02\mu\text{F}$，试计算这个网络的谐振频率。

5. 如下图所示，为了让电路振荡，R_2 的值应为多少？忽略齐纳二极管的正向电阻。

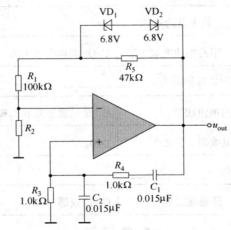

6. AM 接收机被调谐到 680kHz 的传输频率，则本地振荡器振荡频率是多少？

7. 对下面的 AM 接收机框图进行标注。

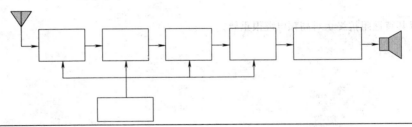

8. 计算 AD532 线性乘法器的输出。

① $X_1 = -6.22\text{V}$ ，$X_2 = 1.15\text{V}$ ；$Y_1 = 4.33\text{V}$ ，$Y_2 = -4.85\text{V}$

② $X = 12.1\text{V}$ ，$Y = -4.2\text{V}$

9. 下图是标准的幅度调制器的输出频谱，求载波频率和基波频率。

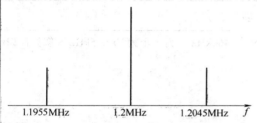

| 1.1955MHz | 1.2MHz | 1.2045MHz | f |

10. 某 AM 接收机的输入包含一个频率为 1500kHz 的载波和两个边带频率，其中两个边带频率距载波频率 20kHz。试求：

① 混频器放大器的输出频谱；

② IF 放大器的输出频谱；

③ AM 检波器(解调器)的输出频谱。

11. 下图为 LM386 功耗与 8Ω 负载两端输出功率的函数关系，试描述该负载如何基于输出功率和最小失真要求来选择电源。

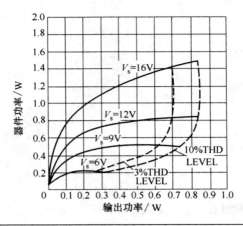

故 障 诊 断

1. 在某 AM 接收设备中，一个放大器的通带范围是 $450 \sim 460\text{kHz}$，另一个为 $10 \sim 5\text{kHz}$。您如何识别这两个放大器？

2. 集成功率放大器 LM386 作为音频功率放大器的电路图如下所示。

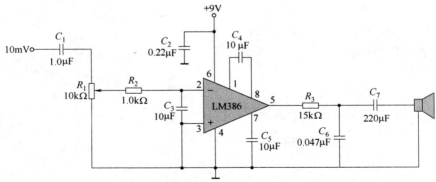

① 如果电位计 R_1 的电阻选的是 $20\text{k}\Omega$ 而不是 $10\text{k}\Omega$，那么输出的音频信号范围会出现什么问题？

② 如果电容 C_3 开路，音频输出信号电压会出现什么问题？

③ 如果电容 C_2 开路，放大器增益会出现什么问题？

④ 如果电容 C_6 开路，音频输出信号会出现什么问题？

⑤ 如果电容 C_7 短路，音频输出信号会出现什么问题？

参 考 文 献

[1] 童诗白，华成英. 模拟电子技术基础[M]. 北京：高等教育出版社，2001.

[2] 黄培根. Multisim10 虚拟仿真和业余制版实用技术[M]. 北京：电子工业出版社，2008.

[3] 李琳，自动控制系统原理与应用[M]. 北京：清华大学出版社，2011.

[4] 李棠之，杜国新. 通信电子线路[M]. 北京：电子工业出版社，2001.

[5] 宋树祥. 高频电子技术[M]. 北京：机械工业出版社，2011.